MYSTERIOUS LANDFORMS

不思議3D 地形図鑑

今尾恵介 著

朝日新聞出版

目次

第1章 海の地形

波と土砂の造形

第2章 川の地形

流れが作る百態　47

第3章 火山と地盤
地球の熱は今も

第4章 農業景観
先祖が耕した作品群

まえがき

どういう計算か知りませんが、世界で起こる地震の1割ほどを、日本列島とその周辺が引き受けているそうです。記憶に新しい能登半島地震や東北地方太平洋沖地震（東日本大震災）、ちょうど30年前に起きた兵庫県南部地震（阪神・淡路大震災）など、あちこちで大きな地震が続いてきました。思えば地球に15前後あるとされるプレートのうち4つに関連しているので、この多さはある意味当然なのでしょう。

よりによって私たちは何という不安定で危ない場所に生まれてしまったのでしょうか。歴史の教科書を開いても、地震だけでなく火山の大噴火による災害、急峻な地形ゆえの大雨による土砂災害など、過酷な被害に実に頻繁に苦しめられてきたことがわかります。しかしその一方で、動きの激しいホットな地面ゆえに各地に良質な温泉が湧き、大きく動いた大地ならではの風光明媚な山々などの絶景も各地に出現しました。

これらの個性あふれるいろいろな地形も、俯瞰《ふかん》してみると地上で見上げたのとはまた違った味わいがあります。その魅力を存分に味わうべく、最新の技術を用いた衛星画像でそれらの地形を一望の下に眺めるアングルで捉えながら「地形名所」を巡る本ができないかとの提案を朝日新聞出版の谷野友洋さんからいただきました。衛星画像を提供いただいたのは一般財団法人リモート・センシング技術センター（担当は雑賀宗志さん、吉田順平さん）。おかげさまでいろいろな方向から眺めた迫力ある画像が満載です。

自然地形だけでなく、人間が作り出した都市や施設、農業景観などにも意外な形状や風合い

○本書に使用した国内の地図は国土地理院（およびその前身機関である陸地測量部）発行の50万分1地方図、20万分1地勢図・帝国図、5万分1地形図、2万5千分1地形図、2万5千分1土地条件図、2万分1正式地形図、1万5千分1火山土地条件図、1万分1地形図、地理院地図（地形分類図、空中写真、自分で作る色別標高図等を含む）を使用しました。
○その他の国内発行の地図は大阪鉄道「大鉄電車沿線案内」（昭和8年・191ページ）、石川六太郎「新潟市全図」（昭和11年・20ページ）
○外国発行の地図・画像は、①米国地質調査所発行の25万分1地図、6万2500分1地形図、2万4千分1地形図、②ドイツ各州測量局発行の5万分1地形図、2万5千分1地形図、③オープンストリートマップ、④その他著作権保護期間を終了した各種古地図、ガイドブック、地図帳、その他パブリックドメインの写真等を使用しました。

を持ったものが多いので、これも対象にしました。せっかくですから外国の珍しい地形も少し加えましたが、驚いたのはアメリカの砂漠地帯に見える同じようなクレーターです。あるものは隕石由来の世界中に分布するもので、その一方で規模も形状もそっくりな核実験由来のクレーターも。まさに「神をも恐れぬ仕業」に慄然とすることもありました。

人間には規則的な図形に惹かれる性質があるのか、地面に碁盤目の街路を引くのが好きなようで、日本の古代条里制《じょうりせい》区画から北海道の各都市、ニューヨークなどアメリカを中心とした都市に見られるグリッド状の区画は珍しくありません。中には北海道の根釧《こんせん》台地にある防風林のように人工衛星からでも見えるという格子模様も。

本書ではそれらのさまざまな自然の造形と、人間が作った「空からも見える仕事」の画像を味わっていただくのが主目的ですが、わかりやすい解説も試みました。ただし筆者は地形学や地質学、自然地理学の専門家ではありませんので、言葉足らずや不適切な表現、あるいは誤解があるかもしれません。お気づきの点はご指摘いただければ幸いです。

より一層理解を深めていただくため、衛星画像の他に各種の地図や空中写真（航空写真）も多数載せました。現在の「地理院地図」が中心ですが、地形などのわかりやすさを優先するため、場合によっては古い地図も入っています。その点はご理解の上、お読みください。

本書をご覧になって地形や地図に興味を持ってくださる人が一人でも増えたとすれば筆者として嬉しい限りです。

２０２４年12月　今尾　恵介

※「地理院地図」はデジタル機器のディスプレイ上で閲覧する関係で縮尺が明示できないため、本書でも表示していません。なおその他の紙地図の拡大・縮小率は概数です。

日本・世界の3次元表現はこうして作られた

本書で使用している日本・世界の3D地形図は、最先端技術である人工衛星の超高解像度画像、3次元モデリング技術（AW3D）、3次元表示ソフト（Infraworks）の組み合わせで実現した。3D地形図がどのように作られたのかを3つのポイントにしぼって紹介する。

POINT 1 超高解像度の人工衛星画像

宇宙空間を飛来する人工衛星からの情報が、いまや我々の生活になくてはならないものになって久しい。中でも地球の現在を撮影し続けているのが、高度500～600km程度を秒速7km、地球一周を90分程度で休まず周回している観測衛星だ。現在、地上30cm解像度までの画像を取得することが可能で、それは航空写真と同じレベルと言える（車、家が識別可能）。観測衛星で最高スペックを有するのがアメリカのMaxar Intelligence社（マクサーインテリジェンス社、以下Maxar社）のWorldViewシリーズ衛星。1990年前半からスタートとした商業衛星ビジネスをリードする世界のトップランナー企業で、2024年には新しいコンステレーション衛星WorldView-Legion（リージョン）衛星の打ち上げを成功させた。

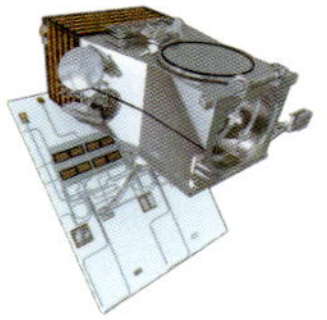

POINT 2 世界中の地形を3次元モデリング

そのMaxar社衛星画像を使って世界中の3次元データを製作しているのがAW3Dサービス。画像の解像度と同じく、世界中どこでも50cm単位で地形の高さを再現可能にした。日本発のプロダクトで、株式会社NTTデータと一般財団法人リモート・センシング技術センター（RESTEC）が共同開発、2024年で10周年を迎えた。日本だけでなく、世界中のユーザーに受け入れられており（130カ国、4000プロジェクト実績／2024年10月現在）、防災、建設、通信、放送、国土管理などさまざまなシーンで活用されている。素材となる衛星画像の高解像度化と3次元生成アルゴリズムの進化により、世界の都市空間の再現が可能となった。

AW3D®

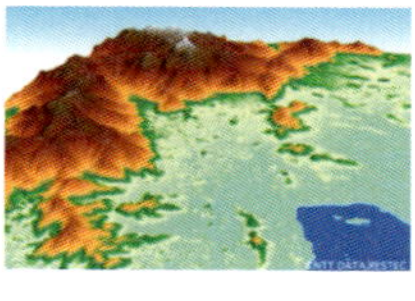

POINT 3 自由な視点で3次元表示

最後にその地形データをPC上で3次元表示する際に利用されたのが米国Autodesk社のInfraworks（インフラワークス）。道路・鉄道・区画整理・土地開発・都市計画などの3次元計画モデルを作成できるコンセプトデザイン・ソフトウェアで、360度の視点で高品質のレンダリングが可能。衛星画像や地形データもドラッグ＆ドロップで簡単にインポートできる。

第1章

海の地形

波と土砂の造形

エビのシッポ型に延びた砂嘴

——北海道・野付半島

海岸から細長く延びた砂の岬は長さ20㎞以上に及ぶ。沖合に進むにつれて少しずつ曲がり始めて、どういうわけかエビのシッポ型に湾曲。壮大な「芸術作品」の原料は知床あたりで削られた土砂で、これが海岸線に沿う沿岸流に運ばれて堆積した。

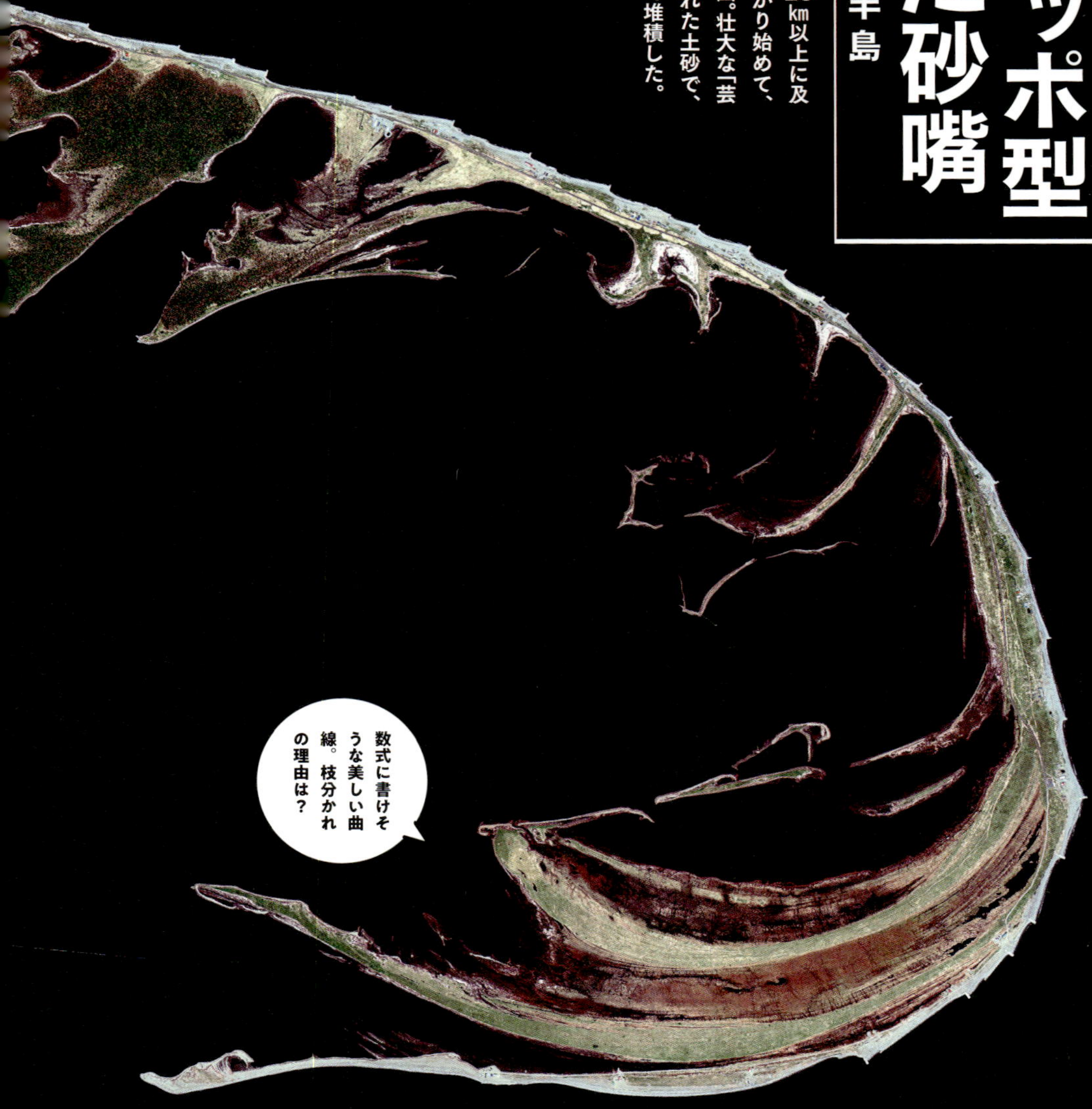

数式に書けそうな美しい曲線。枝分かれの理由は？

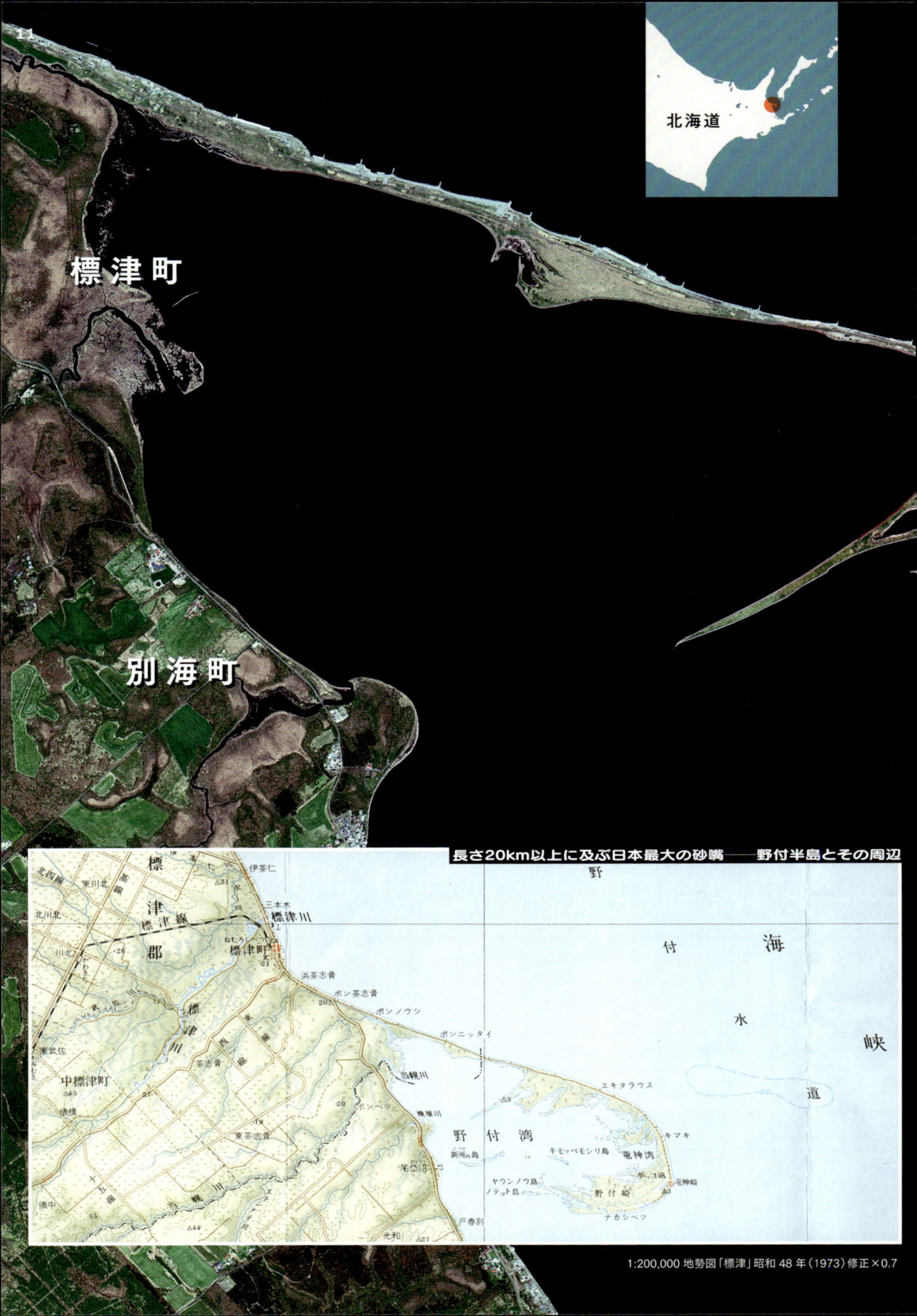

長さ20km以上に及ぶ日本最大の砂嘴——野付半島とその周辺

1:200,000 地勢図「標津」昭和48年(1973)修正×0.7

旧砂嘴の先端が複数に分かれた分岐砂嘴

北海道の東端近く、知床半島と根室半島の間にエビのシッポのように突き出した印象的な地形。トドワラなどの観光地で知られる野付《のつけ》半島である。学校の授業で親しんだ地図帳や分県地図では北海道の縮尺だけ小さいため、「誤った距離感」で育った人が多い。このため北海道はたいてい小さめに把握されており、行ったことのない人にとっては、この半島も歩いて先端まで行けそうな錯覚に陥るかもしれない。画像でもスケールはわかりにくいが、付け根から先端までは約21㎞ある。21㎞といえば東京の鉄道なら品川～横浜間、関西なら大阪～芦屋間に相当する距離だ。「全長28㎞」という資料も見られるが、どう測ってもそんなに長くはない。

　ひょろ長く延びたこの半島の材料は、断崖絶壁が続く知床半島の岸辺を荒波が削ったもので、その土砂が海岸線に沿って流れる「沿岸流」によって長い年月をかけて運ばれ、ここに堆積して砂嘴《さし》となった。削られた元の海岸は「海食《かいしょく》崖《がい》」と呼ばれる崖になる（28ページ参照）。

　砂嘴ができる海域は湾内、もしくは両側に陸のある「水道」の地形が多く、沿岸流の方向が一定である場所に目立つ。野付半島も国後《くなしり》島との間の野付水道に位置するが、この半島は先端へ行くほどエビの尻尾のように巻いている。延びるにつれて先端部が内側に向くのは、砂嘴の外側の波が内側の波より強いためだ。野付半島は砂嘴の先端がいくつにも分岐しているので「分岐砂嘴」と呼ばれる。各分岐は過去の砂嘴の先端で、沿岸流の変化などの累積の名残り。

　左ページ上図はアメリカ東部マサチューセッツ州東端に伸びたケープ・コッド（鱈《たら》岬の意）で、典型的な鉤《かぎ》型の砂嘴だ。ボストンにほど近い州の本体から東へ伸びた半島が北へ曲がった先端がここで、岬の先端がさらに内側へ曲がっているのは野付崎と同様である。その内側は波も穏やかで、湾の内側にある現プロヴィンスタウンは、１６２０年に清教徒たちがメイフラワー号で上陸した地点として知られている。

　右下は現在の静岡市清水区にある三保半島。分岐砂嘴に分類されるが、現在では内側の埋め立てが進んだため原形がわかりにくいので、当初の名残をとどめる昭和戦前期の図を掲載した。砂嘴は砂が多く堆積した外側ほど高くなっており、駿河湾に面して長く続く有名な三保の松原の中でも「羽衣の松」付近は標高13ｍほどに達している。

米国マサチューセッツ州最東端にあるコッド岬（半島）の先端部に発達した砂嘴

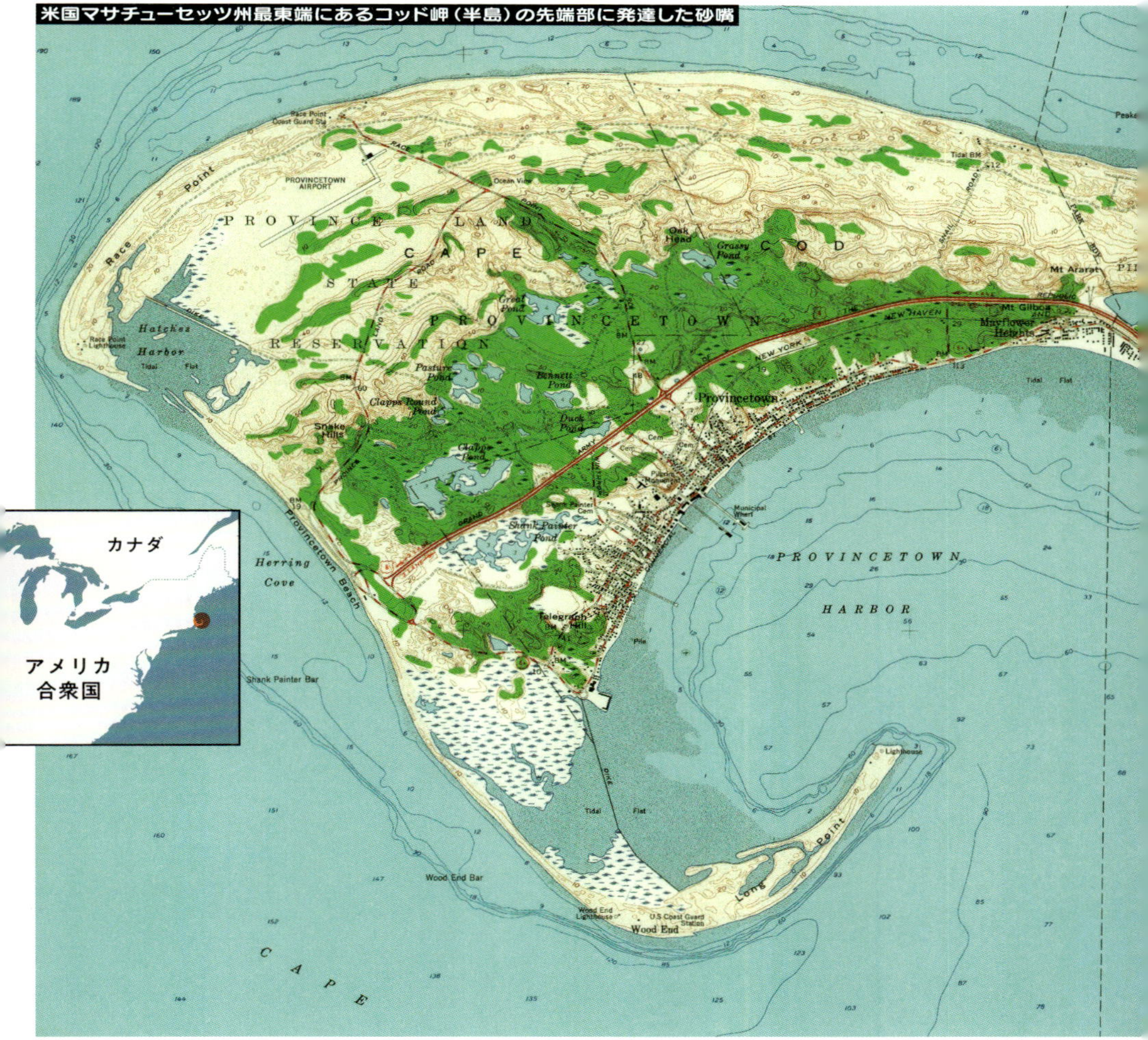

米国官製 1:24,000「Provincetown (MA)」1958 年発行×0.4

5万分1地形図で見る野付崎の主要部

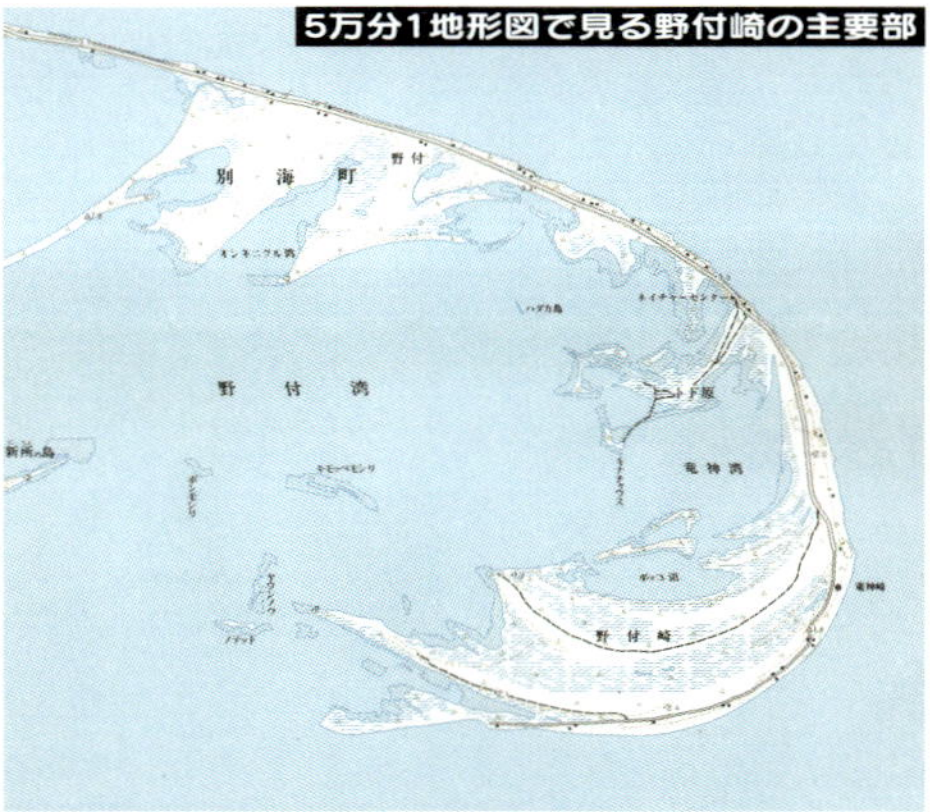

北海道別海町 1:50,000「野付崎」平成 20 年（2008）修正×0.3

典型的な分岐砂嘴の三保半島

現静岡市清水区 1:200,000 帝国図「静岡」昭和 11 年（1936）修正・原寸

細長く延びた自然の防波堤

——由良・淡路の橋立

ゆらゆらと砂が揺り上げられてできた土地には、しばしば「由良」という地名が付く。和歌山県と兵庫県を隔てる紀淡海峡に面した淡路島（兵庫県）の南東端にある古くからの港町には沿岸流によって運ばれた砂によって形成された天然の防波堤があり、海が荒れたらこの中に避難。

砂嘴先端に淡水の池がある
伊豆半島・大瀬崎

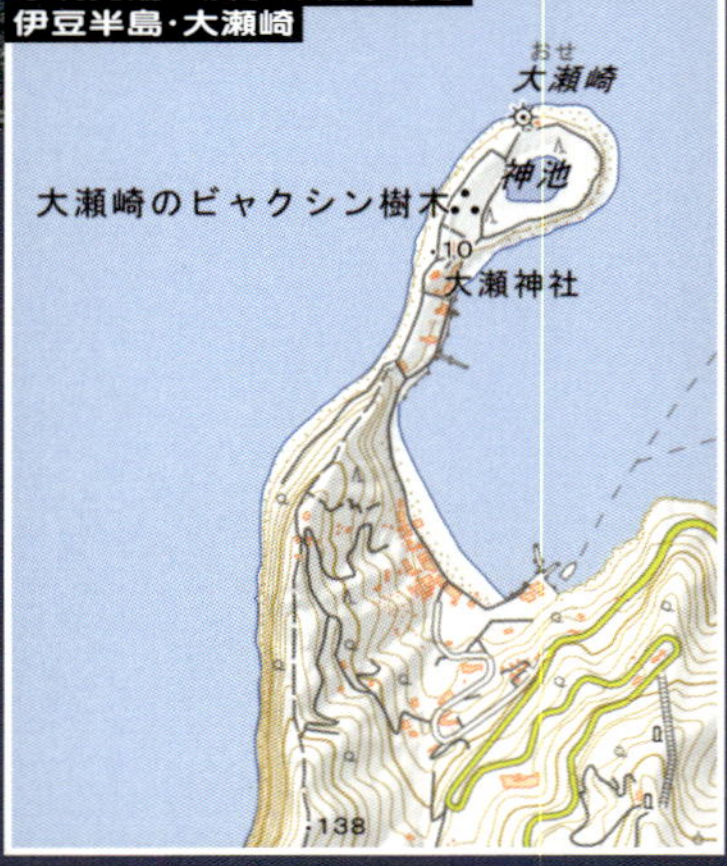

静岡県沼津市 地理院地図 2024年4月20日

港町・由良とその周辺

兵庫県洲本市 1:50,000「由良」平成12年（2000）要部修正×0.8

兵庫
京都
大阪
奈良
徳島
和歌山
洲本市
ヒョウタン型の海面。左右どちらが人工的なカット？

陸地が海の中に延びる珍しい地形

淡路島の南東端に位置する由良は紀淡《きたん》海峡に面する交通の要衝であった。紀伊国から始まる古代の南海道《なんかいどう》のルートも紀ノ川北岸の紀伊国府から陸路で賀太《かだ》駅（現和歌山市加太町＝218ページ参照）を経て海路でこの由良に上陸、四国へ向かった。近代以降は大阪方面へ通じる重要海峡のため要塞地帯となって多くの砲台が建設され、この地域では戦後になるまで地形図が一般公開されなかった。

ユラという地名は国内にいくつかあるが、「砂が揺り上げられたところ」とされている。前ページの画像は淡路島の南東端で、砂礫《されき》供給地はこの南西側に長く続く海食崖《かいしょくがい》だろう。この砂嘴はかつて淡路島と繋がっていたが、18〜19世紀に新川口と今川口が開削されて成《なる》ヶ島となった。陸地が海の中に細長く延びた地形から、丹後の天橋立になぞらえて「淡路橋立」とも呼ばれる。島の北端にある成山《なるやま》は古くは独立の島であったが、砂嘴により繋がった。淡路の支配を命ぜられた姫路藩主池田輝政の三男忠雄が成山城を築いたところである。由良には城下町が整備されるが、寛永18年（1641）に蜂須賀氏の徳島藩が城と町を洲本《すもと》に移した。

左ページ右の図は米国ニュージャージー州のサンディフックという名の砂嘴である。ニューヨーク湾と大西洋を画するこの半島の長さは9・7km、最大幅1・6kmに及ぶ。たまたま由良と同様だが、ニューヨーク湾口にあたるため南北戦争期から要塞として活用された。1972年までは軍の演習場や射爆場として利用され、ナイキミサイルも配備されたが、現在は観光地として親しまれており、海岸の一部はヌーディストビーチとして知られている。夏はニューヨークから船便が運航される。

左上の空中写真は天草下《あまくさしも》島の北西端に位置する苓北《れいほく》町。野母《のも》半島（長崎半島）の対岸だ。天草下島との間は、こちらも沿岸流の働きによる陸繋《りくけい》砂州《さす》（トンボロ）によって繋がれているが、東側にはその名の通りの「曲崎《まがりさき》」という砂嘴がひょろりと延びている。この地形のために天然の良港として用いられた。現在の富岡という地名は「遠見丘」が転訛《てんか》したとも言われるが、元は袋という地名で、袋のように包まれた地形に由来するという。左下は青森県むつ市大湊の芦崎《あしざき》。下北半島の陸奥湾側で、大湊の町を包み込むような砂嘴だ。やはり天然の防波堤として重宝され、戦前には海軍の要港部（鎮守府に次ぐ拠点）が置かれた。現在も海上自衛隊大湊基地がある。

トンボロ上の富岡の町と曲崎の砂嘴

熊本県天草郡苓北町 地理院地図（写真）2024 年 4 月 20 日

米国ニュージャージー州の砂嘴・サンディフック

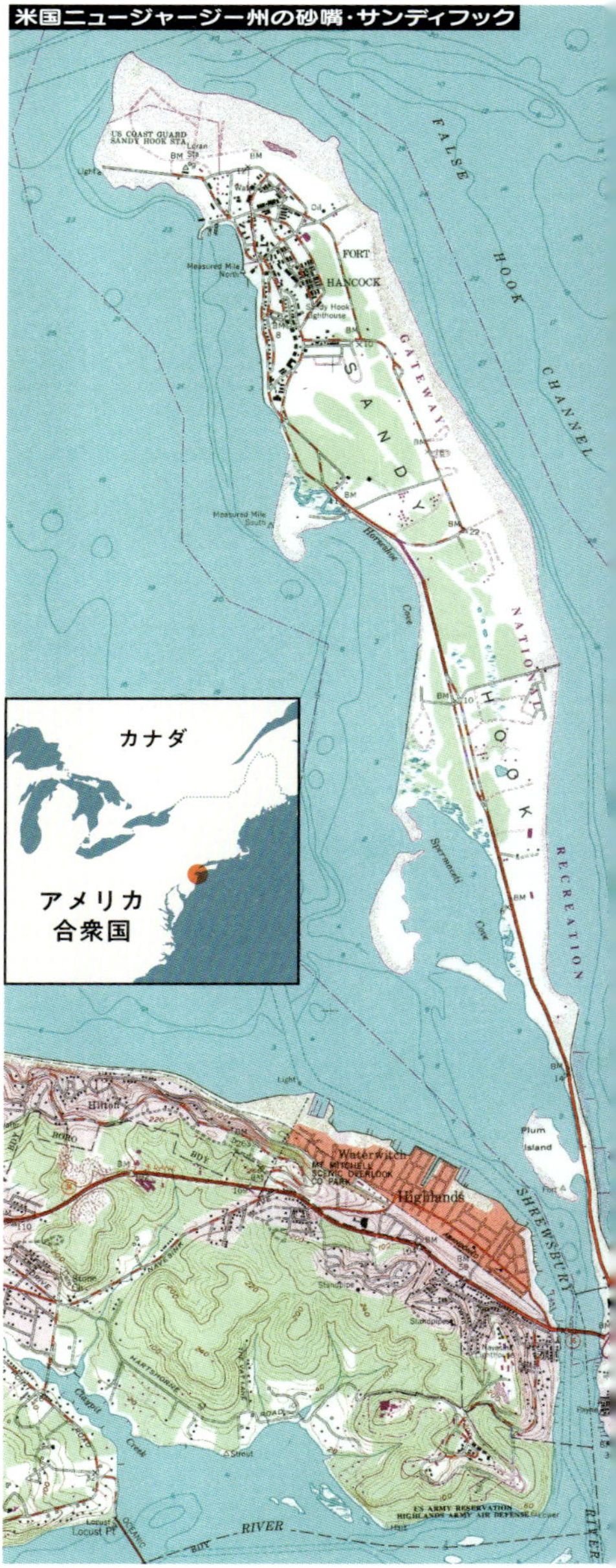

米国官製 1:24,000「Sandy Hook (NJ)」1954 年発行×0.35

軍港・大湊要港を守る大きな砂嘴・芦崎

現青森県むつ市 1:50,000

「大湊」昭和 4 年（1929）修正・原寸

海岸に連なるラグーン
——十勝・湧洞沼ほか

一直線に続く砂浜の海岸は意外に高く堆積していて、その内側には静かな水面が広がっている。背後の丘陵地からは原始そのままのように蛇行した川がその水面に流入。開発が及んでいない十勝の海岸ならではの風景だ。

豊頃町
海が砂州で仕切られた貴重な風景も未来には消滅？

細長い湧洞浜で海と仕切られた湧洞沼

湧洞沼
湧洞浜

北海道豊頃町 1:50,000「湧洞沼」平成 13 年（2001）修正を 45 度右傾斜×0.8

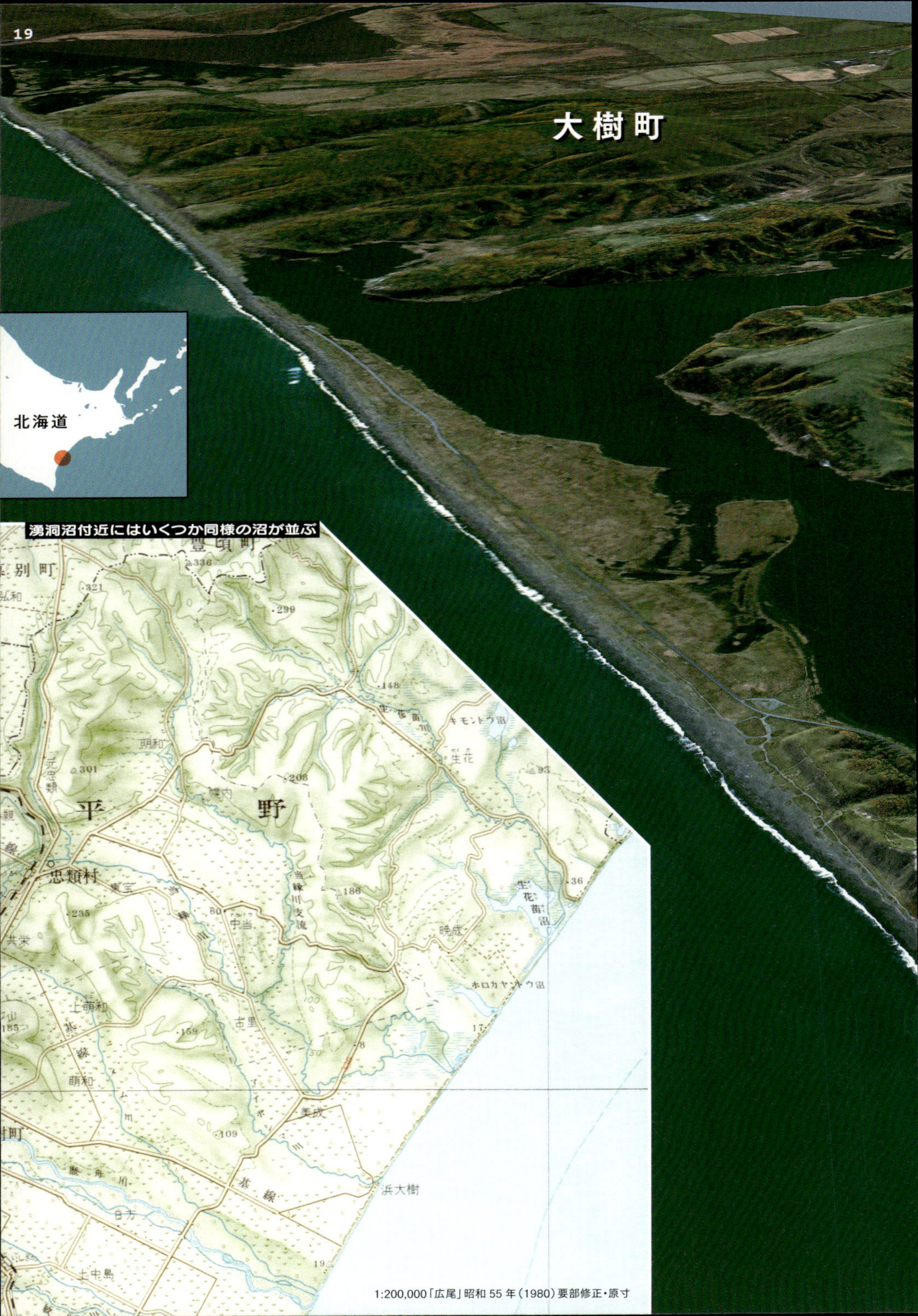

湧洞沼付近にはいくつか同様の沼が並ぶ

1:200,000「広尾」昭和 55 年(1980)要部修正・原寸

長い年月をかけて埋積し いずれは消滅する運命

北海道の十勝平野といえば、見渡す限りのジャガイモや小麦の畑が連想されるかもしれないが、ほぼまっすぐ続く海岸線に沿ったあたりは高さ100m内外に達する丘陵地がかなり広い面積を占めている。その丘陵や段丘と海岸線の間に点在するのがこの湧洞沼《ゆうどうぬま》などのラグーンだ。畑が広がる内陸部は晴天日数の多い大陸性気候なのに対して、海辺では夏場に暖かい空気が寒流の親潮に冷やされて海霧が立ちこめる。

ラグーンとは、沿岸流の運ぶ土砂の堆積によって発達した砂州が浅い海の一部を締め切り、外海から切り離すことで湖沼となったものだ。日本語では「潟《かた》」または「潟湖《せきこ》」と呼ばれ、外海と完全に隔絶したものは淡水化されるが、狭い出入口を介して海水と淡水が出入りしている場合は「うす塩」の汽水湖となる。湧洞沼は湧洞浜という細長い砂丘で海と隔てられており、砂丘の最も低い部分は標高1・5m程度と低いため、ときに外海と繋がることもある。

湧洞沼は途中でくびれた形で面積4・3㎢。その名の由来はユ・ウン・トウ（湯・ある・沼）などとされており、それが正しいとすれば洞と沼は「同語反復」だ。ただしどこに湯が出たかはわからない。画像の右手から流れ込むのは丘陵部に源を発する湧洞川で、その運んだ土砂が沼の北部に流れ込んできれいな鳥趾状《ちょうし》三角州（82ページ参照）を形成しているのがわかる。ラグーンはこのように長い年月をかけて流入する河川によって少しずつ埋積《まいせき》され、いずれは消滅する運命だ。

左ページの図は戦前の下北半島（青森県）の東海岸で、北から順に尾駮《おぶち》沼、鷹架《たかほこ》沼、市柳《いちやなぎ》沼で、いずれも海岸に発達した砂丘に閉じ込められたラグーンである。南側にはこの地域のラグーンでは最大の小川原《おがわら》湖が続く。六ヶ所村の名は核燃料サイクル基地の所在地として知られるが、課題山積で今も本格稼働に至っていない。

現在ではウラン濃縮工場など核燃料関係の施設や、燃料搬入のための港湾などが整備されているため、ここでは開発以前の姿を残す古い地形図を掲載した。海沿いに点々で表現された砂丘と、その西側の湿地の表現がわかりやすい。その湿地も古くは海面→湖面だった。ちなみに六ヶ所という村名は倉内、平沼、鷹架、尾駮、出戸《でと》、泊《とまり》の6つの村が合併したことによるが、このうち鷹架の集落はむつ小川原開発計画の一環で立ち退き、別の場所に集団移転している。

下北半島東側に続くラグーンの尾駮沼、鷹架沼、市柳沼

現青森県六ヶ所村　1:50,000「平沼」大正３年（1914）測図×0.8

休みなく波が削った断崖

——銚子・屏風ヶ浦

常に打ち寄せる荒波は50m台の断崖を少しずつ剥がして崩落させる。森も耕地も海の藻屑となり、土地は減少。そのスピードは100年で200mに及び、鎌倉時代にあった佐貫城ははるか沖合に消えた。

波浪によって侵食された9.3km近く続く海辺の断崖

千葉県銚子市 地理院地図 2024年2月13日を16度右傾斜

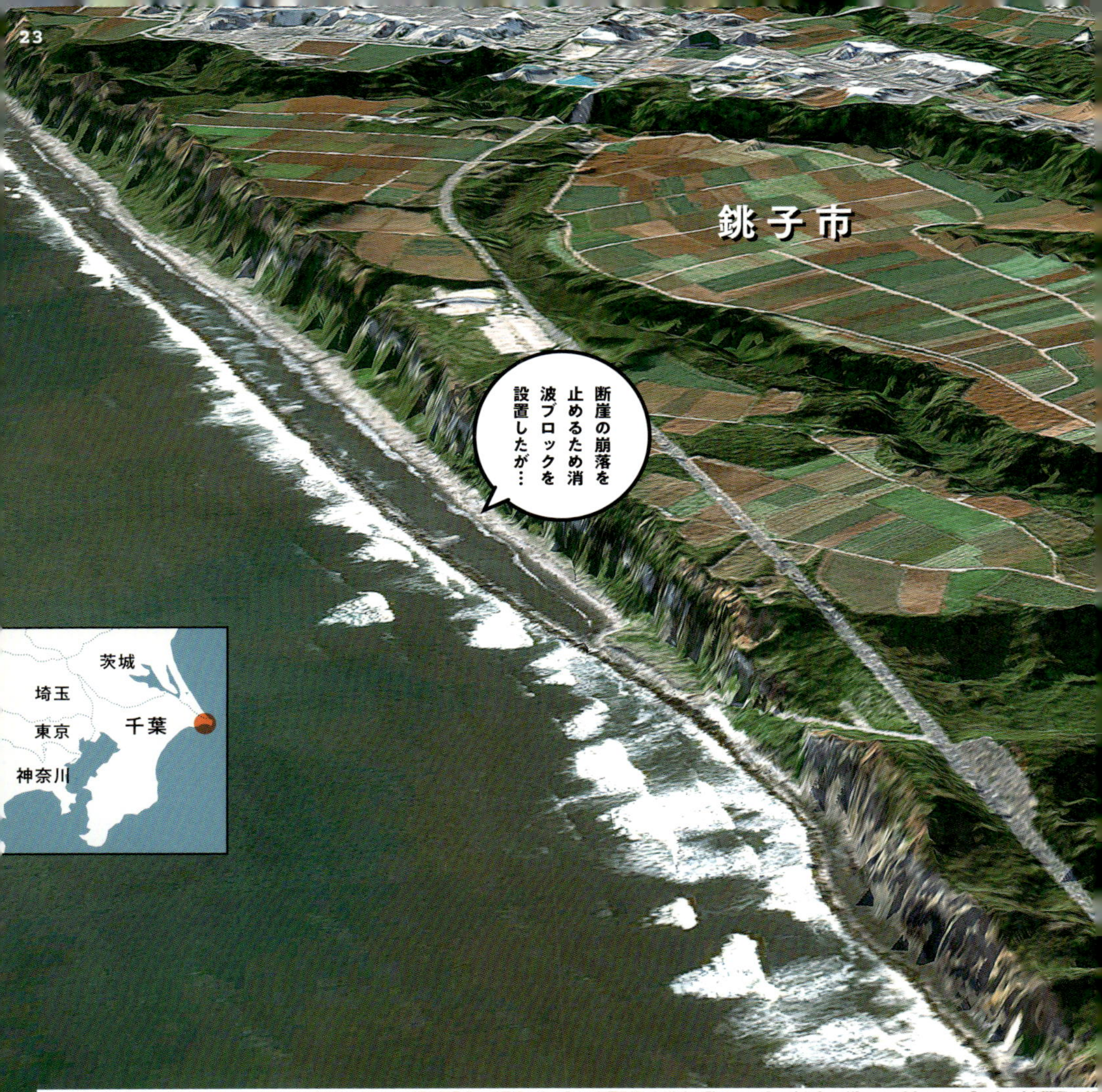
銚子市
断崖の崩落を止めるため消波ブロックを設置したが…
茨城
埼玉
東京
千葉
神奈川

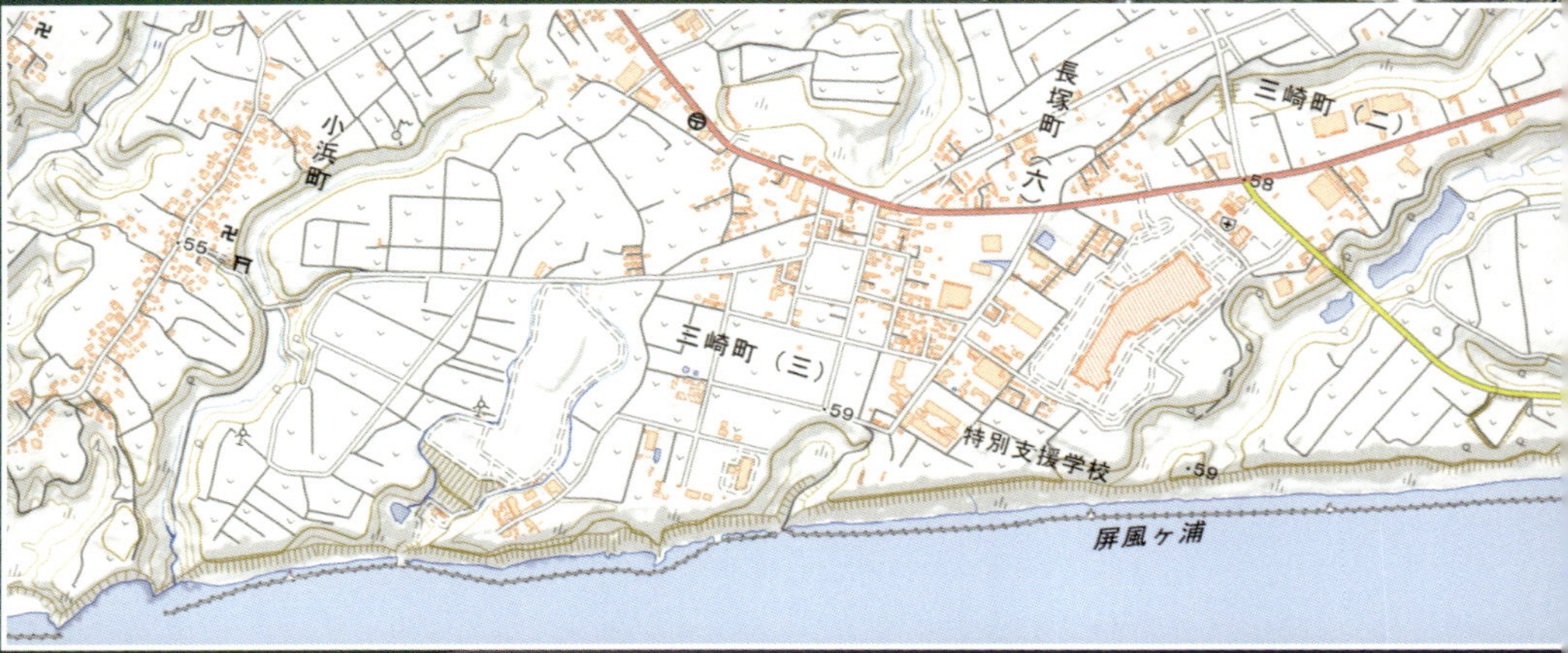
小浜町
長塚町（六）
三崎町（二）
三崎町（三）
特別支援学校
屏風ヶ浦
55
58
59
59

切り立った岩が展開し、崖下では波が土地を侵食

屏風のつく地名は全国に数多い。中でも目立つのが「屏風岩」である。地形図でそれぞれを見ると、ほとんどの場合に「岩がけ」記号が連なっている。まさに屏風のように切り立った岩が目の前に展開するような場所だ。海に面してこのように切り立った崖が続いている所は、同じ発想で屏風ヶ浦《びょうぶがうら》（屏風浦）と呼ぶことがある。知名度の高い例としては京浜急行電鉄本線の屏風浦駅だろうか。所在地は横浜市磯子《いそご》区森だが、埋め立てられる以前は磯子から南側の海沿いに高い崖が屏風を立てたように長く続いていたことにちなむ。駅はその南端に近い。

こちらは千葉県銚子市から旭市（旧飯岡町）にかけて、高さ40～60mに達する崖が9・3kmほども続く文字通りの屏風ヶ浦である。崖上は平坦で、おおむね畑として利用されてきた。もとは海底であった土地が隆起し、そこに火山灰の関東ローム層が載っているため、その鉄分が酸化して赤い部分を帯状に見せている。

片時も休むことなく崖下で砕ける波は少しずつその土地を侵食し、崖上の土も少しずつ崩落していくため、海岸線は着実に後退していく。試しに手元の5万分1地形図「銚子」を明治36年（1903）測図と平成13年（2001）修正のものを比較してみると、測量精度の差があるとはいえ、この縮尺の実寸で2～3ミリ、つまり実際には100～150メートルもの後退が明らかになった。ある論文によれば1年平均では1mというから尋常ではない。かつて鎌倉時代に存在した片岡常春の佐貫《さぬき》城もはるか沖合に消えた。ざっと1000年も前の話であるから、海岸線は1kmも後退した勘定になる。

削られた大量の土砂は沿岸流に乗って南西側に広がる九十九里浜に供給されてきた。とはいえ畑などとして用いられている現状の土地が毎年これほど消えてしまうのを放置するわけにもいかず、昭和35年（1960）頃からは消波ブロックが設置され、侵食を低減させている。地形図では海岸沿いに描かれた黒いチェーン状の線がそれだ。ところがここからの土砂の供給が減った九十九里浜では逆に海岸が侵食されて後退、江戸時代からの名物であった地引き網漁に支障を来すなどの弊害も顕在化している。本来は自然の営みである侵食や堆積のバランスで保たれてきた地形の平衡であるから、それに人工構造物を加えることでこれを失うのは当然だろう。左ページは全国の典型的な海食崖の例。

北陸道随一の天険・親不知

新潟県糸魚川市 地理院地図 2021年10月18日

高さ257mの大断崖・隠岐島前（どうぜん）の摩天崖

島根県西ノ島町 1:25,000「浦郷」平成３年（1991）修正

崩壊が頻繁な大崩海岸は交通の要衝

静岡市駿河区・焼津市 地理院地図 2022年1月6日

兵庫県日本海側の但馬御火浦（たじまみほのうら）

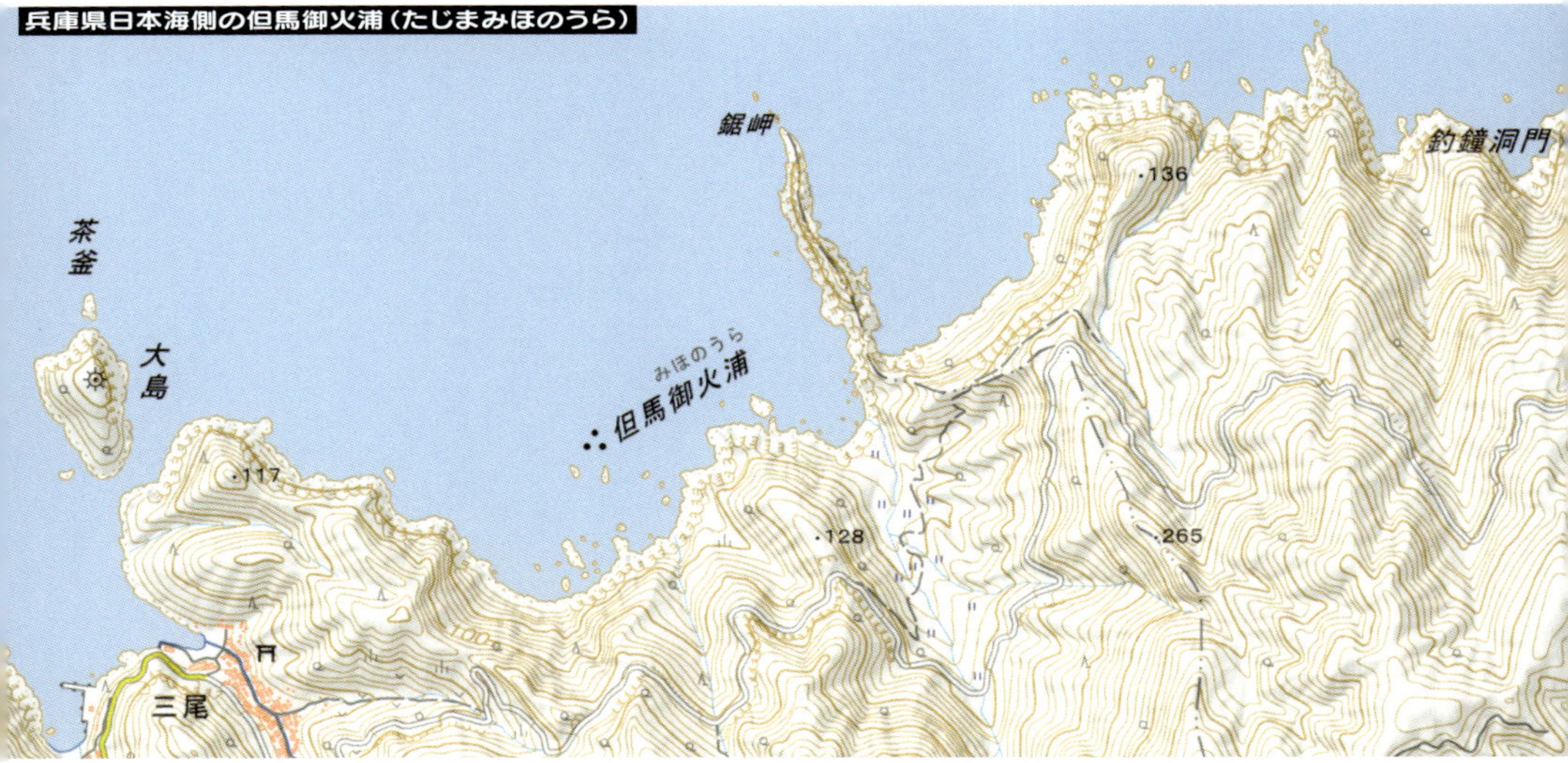

兵庫県香美町 地理院地図 2024年2月13日

海沿いに連なる崖と台地

——室戸の海成段丘

地上から見れば崖が連なっているようにしか見えないが、俯瞰《ふかん》するとその上に広がる平坦地。テラス状のこの平らな部分、実ははるか昔の海底だ。高知県のこの一帯は隆起が著しく、かつての海底が巨人の階段のように見事なテラス地形を成す。

海成段丘が目立つ室戸岬とその周辺

1:200,000「剣山」平成 9 年（1997）要部修正を 35 度左傾斜×1.1。赤枠は左ページの範囲

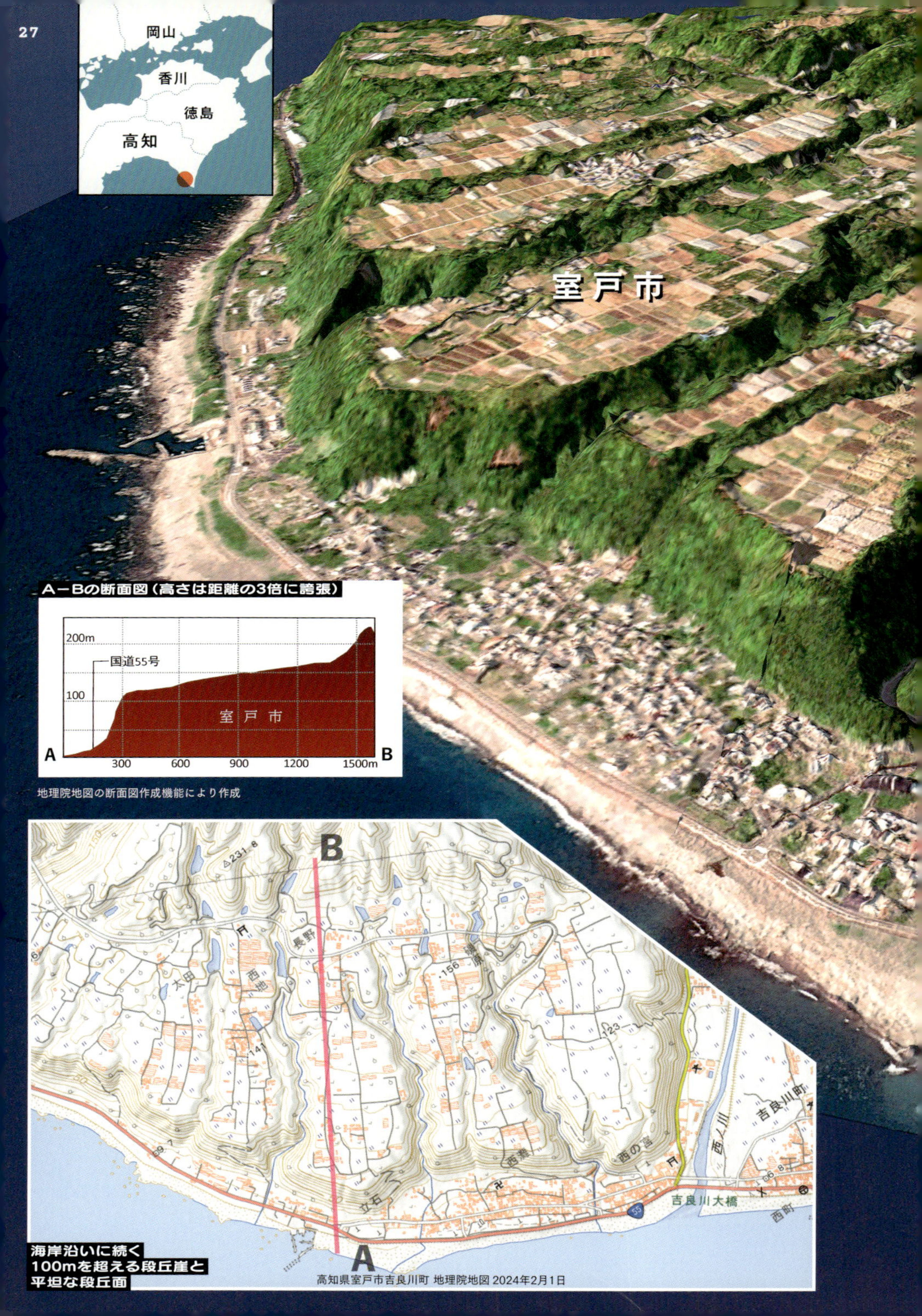

地理院地図の断面図作成機能により作成

海岸沿いに続く
100mを超える段丘崖と
平坦な段丘面

高知県室戸市吉良川町 地理院地図 2024年2月1日

長年にわたる隆起が形成した海成段丘

海沿いから見上げれば急斜面の森が続いているが、標高差１００ｍにも及ぶ森を上ってしまうと、その向こうには田畑や集落のある意外に平坦な土地が広がっている。室戸岬に至る土佐湾の東側にはそのような「海辺のテラス」と形容すべきダイナミックな地形が続くが、これらはどのように形成されたのだろうか。

平坦地は海の底や川の底で土砂が堆積してできるため、この高い平坦地もその昔は海底であった。それが海面の低下や陸地の上昇で相対的に持ち上がったものが海成段丘《かいせいだんきゅう》（海岸段丘）である。日本列島は陸側のプレートの下に海側のプレートがもぐり込む構造で、土佐湾ではその境界の海底に南海トラフの深い谷が形成され、陸側のプレートに載った列島は少しずつ隆起して現在に至っている。

高知県南東部の室戸半島では特に隆起が著しく、巨大地震が起きるたびに数十cm～数ｍほど隆起してきた。ただし巨大地震間には少しずつ沈下する。これが長年にわたって繰り返されて、最大約２００ｍに及ぶ段丘が形成された。この一帯は海成段丘の典型として、昔から自然地理の教科書によく取り上げられたものである。

このテラス状地形は枦山《はぜやま》－西山台地と呼ばれ、台地上では地形図にもあるように水田や畑、果樹園として利用され、加えて多数のビニールハウスが建てられている。作物はサツマイモや大根、ナス、ビワ、柑橘類などで、深く切れ込む谷は、それぞれ小規模ながら急傾斜を流れ下る川が侵食したものだ。

左ページは同じく海成段丘の例で、右上は種子島の最南端に位置する門倉《かどくら》岬（図の右下端）付近。ポルトガル人が漂着して鉄砲を伝えた地として知られている。海側から1段上がると標高40ｍ前後、中段が１００ｍ前後、さらに上段は１５０ｍ前後の高さをもつ大規模な段丘だ。

左上の図は宮崎県の川南《かわみなみ》町に広がる標高50ｍ台の「川南原《ばる》」と呼ばれる段丘面である。かつて小丸《おまる》川や平田川が堆積させた礫層の上に火山灰が積もった。ＪＲ日豊本線はその海食崖の下に敷設されている。下の図は青森県西部の深浦町で、ここも海成段丘が発達している地域。図は北西が上だが、左端の黄金崎から右端の入前《にゅうまい》崎（右上範囲外）の手前までの約5kmで、2段の平坦面がよくわかるよう傾斜量図で示した。海食崖の下には見事な車窓風景で知られるＪＲ五能線が通る。

日向灘に面した海成段丘の下を日豊本線が通る

種子島南部に発達した海成段丘

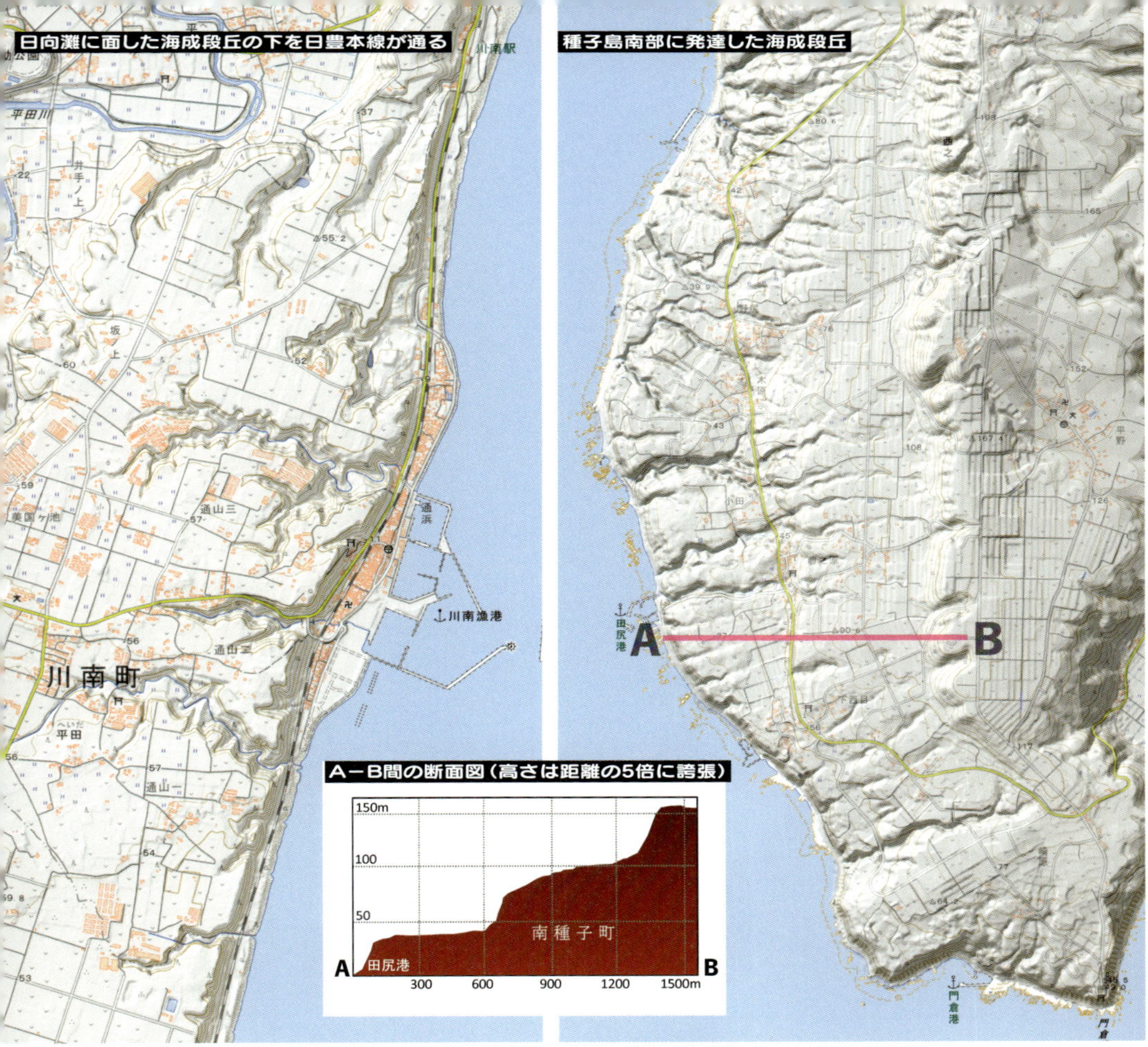

宮崎県川南町 地理院地図 2024 年 2 月 27 日

鹿児島県南種子町 地理院地図 2024 年 2 月 27 日

青森県の五能線沿線にも海成段丘が発達

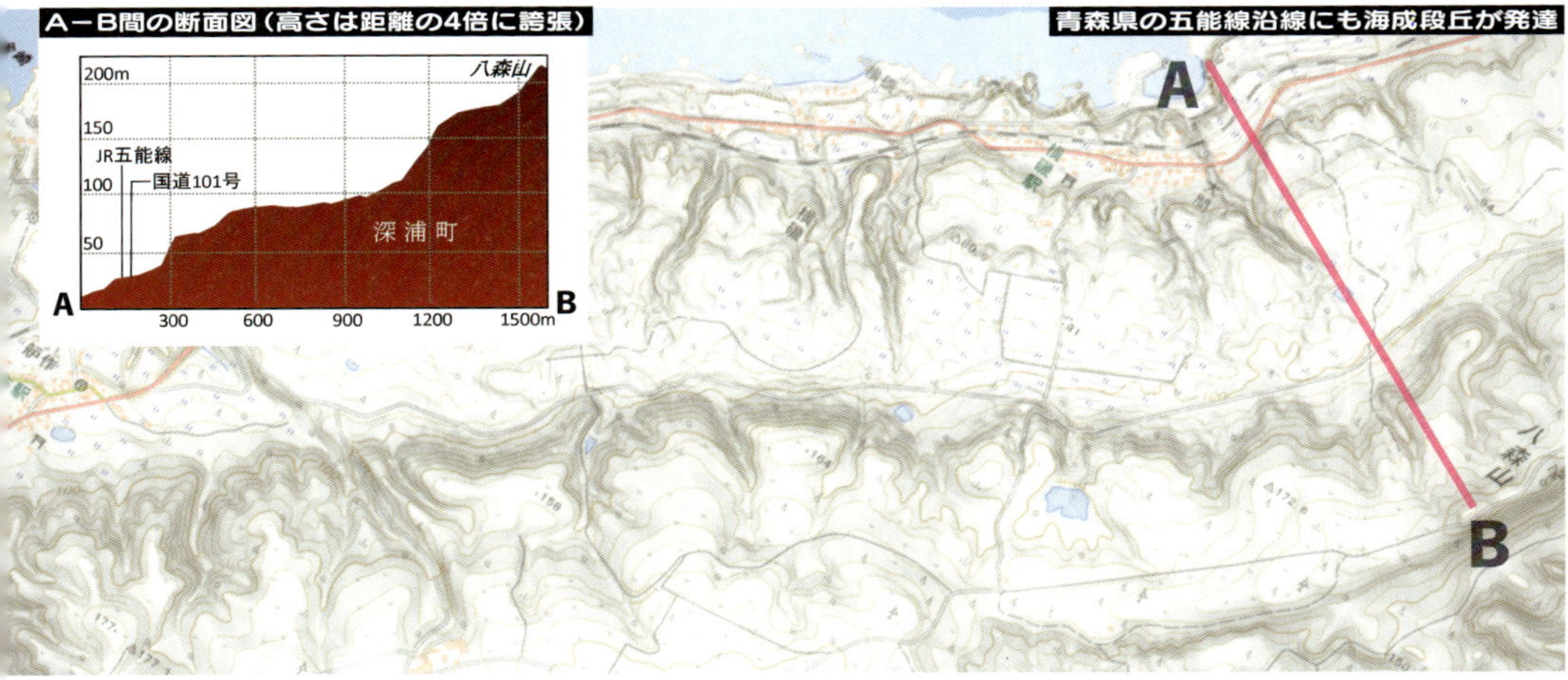

青森県深浦町 地理院地図（傾斜量図）2024 年 2 月 27 日

複雑に入り組んだ海岸

——溺れ谷・対馬

モコモコと滑らかな緑のうねうねが複雑な海岸線を描く。尾根と谷が細かく交錯する丘陵が海に沈んでできたのがこれ。かつての谷間は入江となり、尾根は海上に出て枝分かれした半島になる。戦艦を隠すのにも好都合だった。

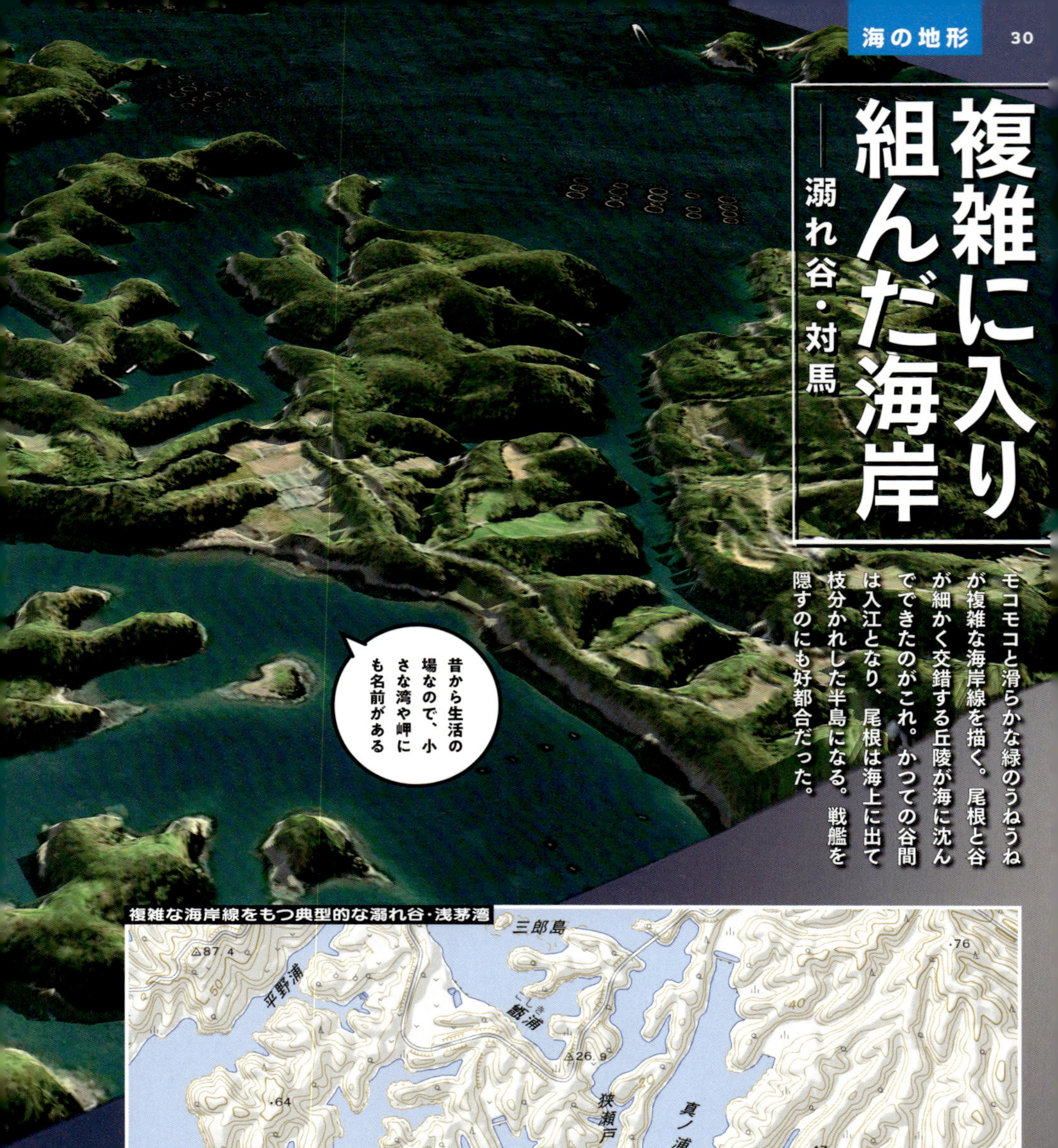

複雑な海岸線をもつ典型的な溺れ谷・浅茅湾

長崎県対馬市 地理院地図2023年5月9日

日清戦争後に要港部が置かれた湾奥の竹敷は中央下部。1:200,000「厳原」大正 10 年（1921）製版×1.2

丘陵地が沈み、谷がすべて入江に

47都道府県の中で、長崎県は海岸線の長さで北海道に次ぐ「第2位」だという。海岸線の長さは測る地図の縮尺によって何倍も異なるので、厳密に測れるものではないが、それでも離島を含むきわめて入り組んだ海岸線を持っているこの県の一側面である。中でもここに掲げた対馬中央部、浅《あそ》茅《う》湾の入り組み方は尋常ではない。地図を見れば人家はあまり見られないが、細かい入江や岬ごとに名前が付けられているのは、好漁場として利用されてきた証拠だろう。

このような地形を溺《おぼ》れ谷と呼ぶ。文字通り緩やかに起伏する丘陵地がそのまま沈んだ結果、谷がすべて入江になった。前ページ左の図は少し広域であるが、対馬の浅茅湾は西側に開いている。かつて東側は閉じていたが、日清戦争後の明治33年（1900）に開削された万関瀬戸《まんぜき》で島は南北2つに分かれた。日露戦争では浅茅湾南岸の竹敷《たけしき》(赤い集落)に海軍の要港部が置かれて急速に発展する。大型艇は瀬戸を通過できなかったが、水雷艇はこの万関瀬戸を通って往来した。

左ページ上の図は三重県志摩半島の英虞《あご》湾。志摩は「島の国」らしく大小合わせて60ほどの島が点在し、景勝地として訪れる人も多く、古くから真珠や青のりの養殖でも知られている。水質改善のために昭和7年（1932）には湾の東端に近い地峡部に深谷水道を開削した。地形的には隆起して形成された海成段丘が侵食を受けて小さな尾根と谷の複雑な地形になったところで再び沈み、低地が海になってこれだけの複雑な海岸線になった。かつて海成段丘の平坦面だった「尾根」部分は比較的平坦で、標高は10～30m台の間におさまっている。

同じように沈んだ海岸といえばリアス海岸だが、その典型として筆頭に挙げられるのが三陸海岸だ。リアスはイベリア半島の北西端の地方名に由来し、「リアス式海岸」とも呼ぶ。広義の溺れ谷のうち、海岸に直角に入江が生じたものをリアス海岸と呼ぶ傾向がある。左下の舞鶴湾も同様で、狭い湾口に対して奥行きが広いため軍港として早くから注目され、舞鶴鎮守府が置かれた。図は舞鶴町と新舞鶴町が別々の自治体だった時代で、戦時中の昭和18年（1943）に現在の舞鶴市域となっている。世界的に見て軍港が置かれる都市は同様な地形が多く、ハワイのパールハーバー、イギリスのポーツマス（湾口の意）、フランスのトゥーロンなどいずれの軍港都市も溺れ谷に位置している。

真珠養殖場が目立つ三重県志摩市の英虞湾中央部　地理院地図 2024 年 4 月 2 日

錨を二重丸で囲んだ中舞鶴の記号が鎮守府。1:200,000「宮津」昭和 9 年（1934）修正×1.3

1:200,000「一関」平成 24 年（2012）要部修正×0.8

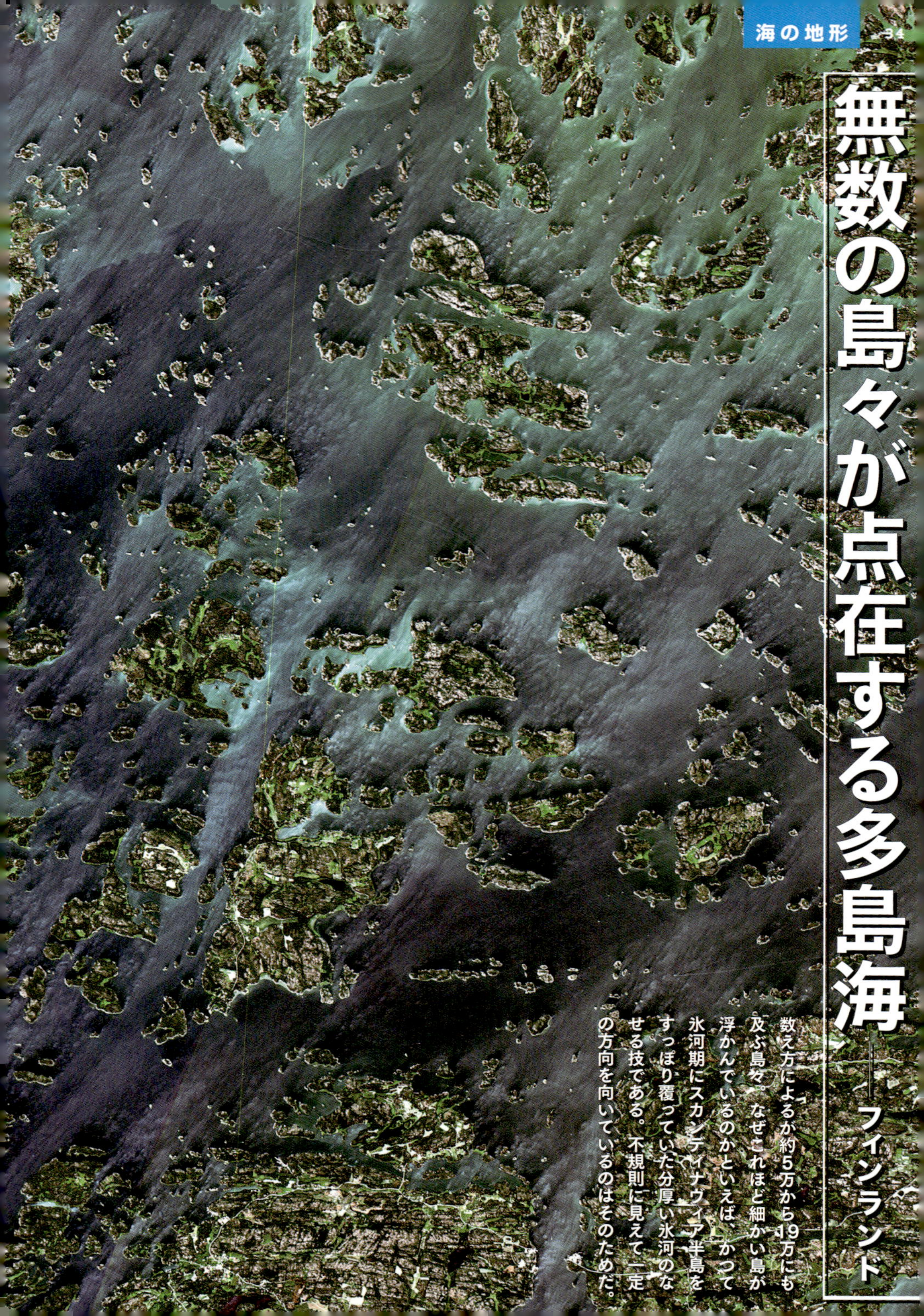

無数の島々が点在する多島海

――フィンランド

数え方によるが約5万から19万にも及ぶ島々。なぜこれほど細かい島が浮かんでいるのかといえば、かつて氷河期にスカンディナヴィア半島をすっぽり覆っていた分厚い氷河のなせる技である。不規則に見えて一定の方向を向いているのはそのためだ。

フィンランド
スウェーデン
ノルウェー
島と岩の区別が難しいので、島を数えるのは意味がない！

巨大な氷床が融け複雑な地形が水面上に

日本の9割ほどの面積に兵庫県とほぼ同じ554万人(2020年)が暮らすフィンランド。おおむねアラスカに相当する北緯60〜70度に位置し、その一部は白夜のある北極圏にかかる。このため人口密度は低いが、1人あたりGDPは日本をはるかに上回る約5万ドル(約800万円)という先進国。ジェンダー平等の面では常に世界のトップクラスであることでも知られている。

地形は氷河期に分厚く積み上がった氷河が間氷期(温暖な時期)に移動したことによる「引っ掻き傷」のような細かい凹凸の多い地形が北西−南東の方向に無数に見られ、そこに水が溜まった無数の湖がある。数え方によって異なるが、公式には500㎡以上で線引きした場合に18万7888、1ヘクタール以上のものに限っても約5万6000にのぼる。

スカンディナヴィアを覆っていた巨大な氷床が最終氷期の後で融け、それまで圧縮されていた地面が少しずつ隆起した。これによりフィンランド南西部では複雑な凹凸をもつ地形が水面上に表れることによって無数の小島が生じたのである。島の総数はこれも数え方によるが、2万から5万にのぼる。一帯は年間5ミリ程度の長期間にわたる隆起により「陸化」が少しずつ進んでおり、トゥルクなど最寄りの都市によく見られる、日本でいえば秋田県の象潟《きさかた》のような陸上の多くの小山もかつては小さな島々だった。多島海は浅いため、船舶の航行には細心の注意が必要だ。海図と首っ引きで正しい航路を進まないと座礁の憂き目に遭うのは言うまでもない。

多島海地域には約3・3万人の住民が暮らしているが、岩がちの地質で耕土が少なく、長らく漁業従事者が多くを占めた。島どうしの交通は当然ながら船便だが、国の政策により最寄りの都市トゥルクからの「列島環状道路」の整備が進められている。ルート上のフェリーは徒歩と自転車に限って無料で運航されており、最近になって急速に増えた観光客は自転車で移動する人も多いという。

下の図は日本の松島である。典型的な溺れ谷で、こちらも隆起と沈降を何度も繰り返した結果だ。小さな岩礁なども多いため数えにくいが、おおむね300ほどの島が存在する。波の力で侵食されやすい地質であるため、大型の台風や大地震により崩壊する小島もあり、東日本大震災でも自然のトンネル状になった長命穴が崩れて失われた。

フィンランド主部の南西に位置する多島海

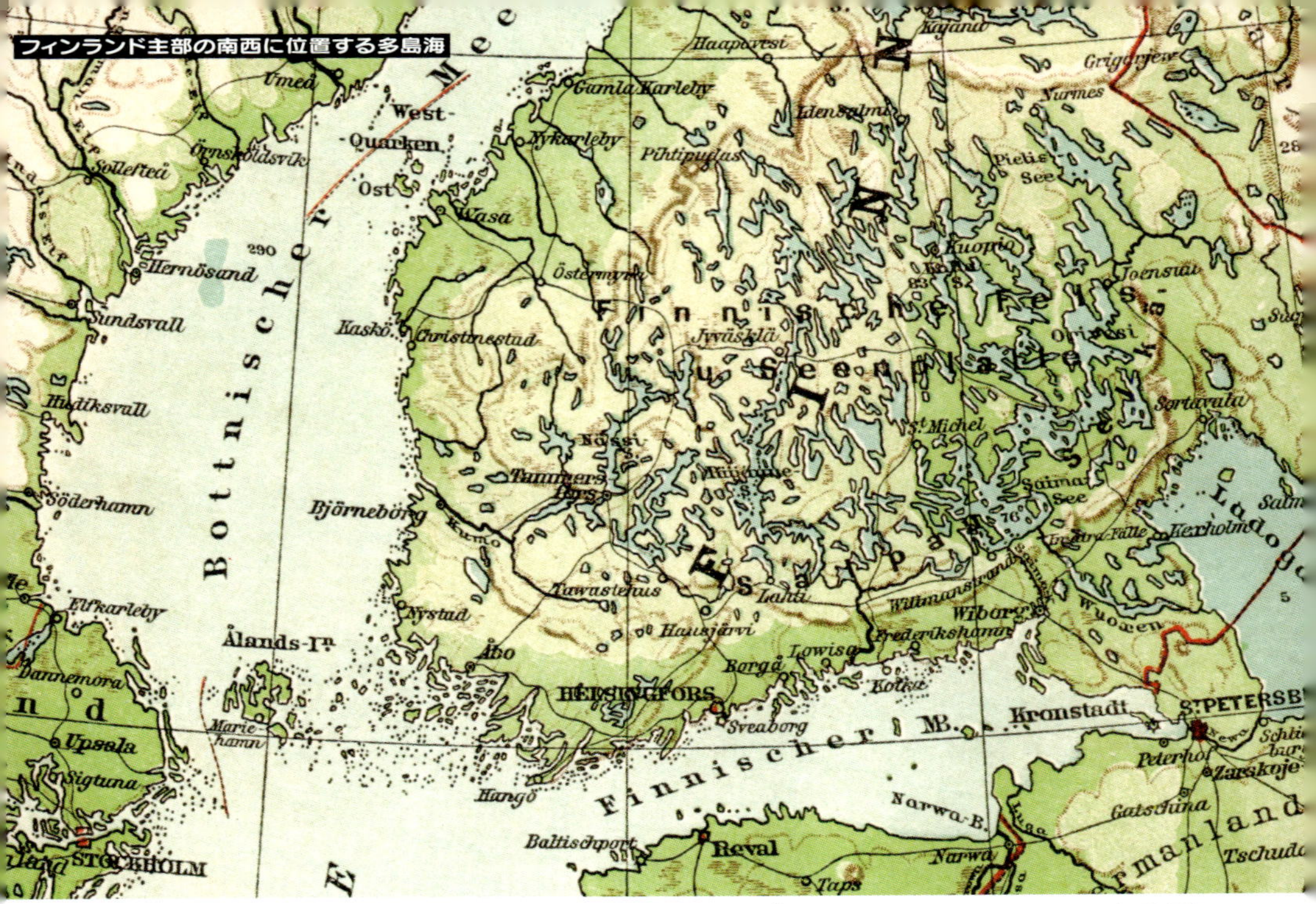

小縮尺の図では点々で描かれているが、ごく一部しか表現できない。最寄りの都会 Åbo（オーボ）はトゥルクのスウェーデン語表記。

Skandinavien, Diercke Schulatlas für Höhere Lehranstalten, 67. Auflage, Verlag von Georg Westermann, 1928

日本三景に数えられる宮城県・松島は溺れ谷の典型

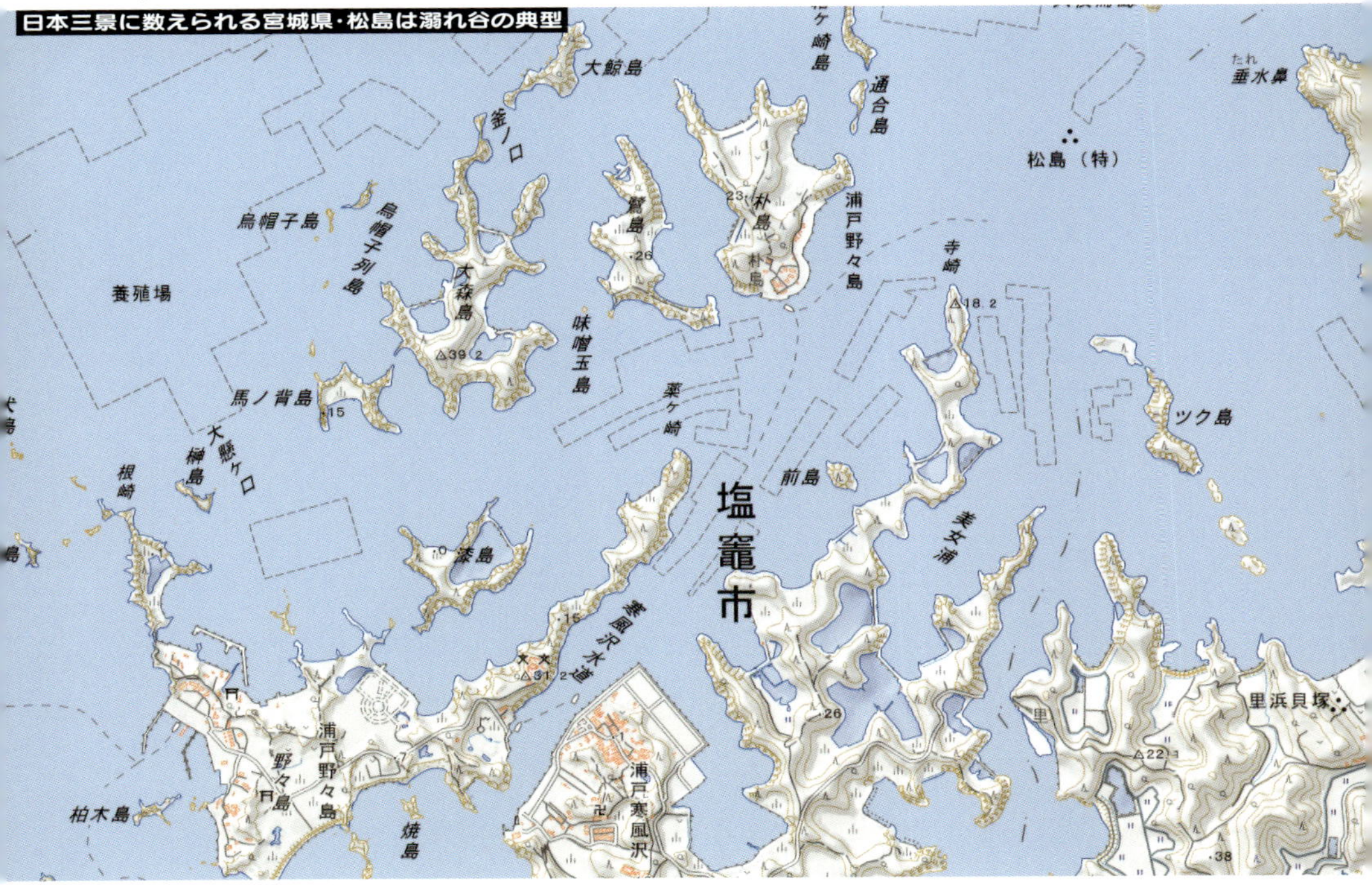

地理院地図 2024 年 4 月 23 日ダウンロード

魚の骨のように細く長く

――愛媛・由良半島

愛媛県で2番目に細長い半島。屈曲しながら細く長く延々と続く尾根は約15㎞に及ぶ一方、幅は最小150mに過ぎない。しかもその尾根が北宇和郡（現宇和島市）と南宇和郡（現愛南町）の境界になっている。「あばら骨」に挟まれた波静かな湾では真珠の養殖が盛んだ。

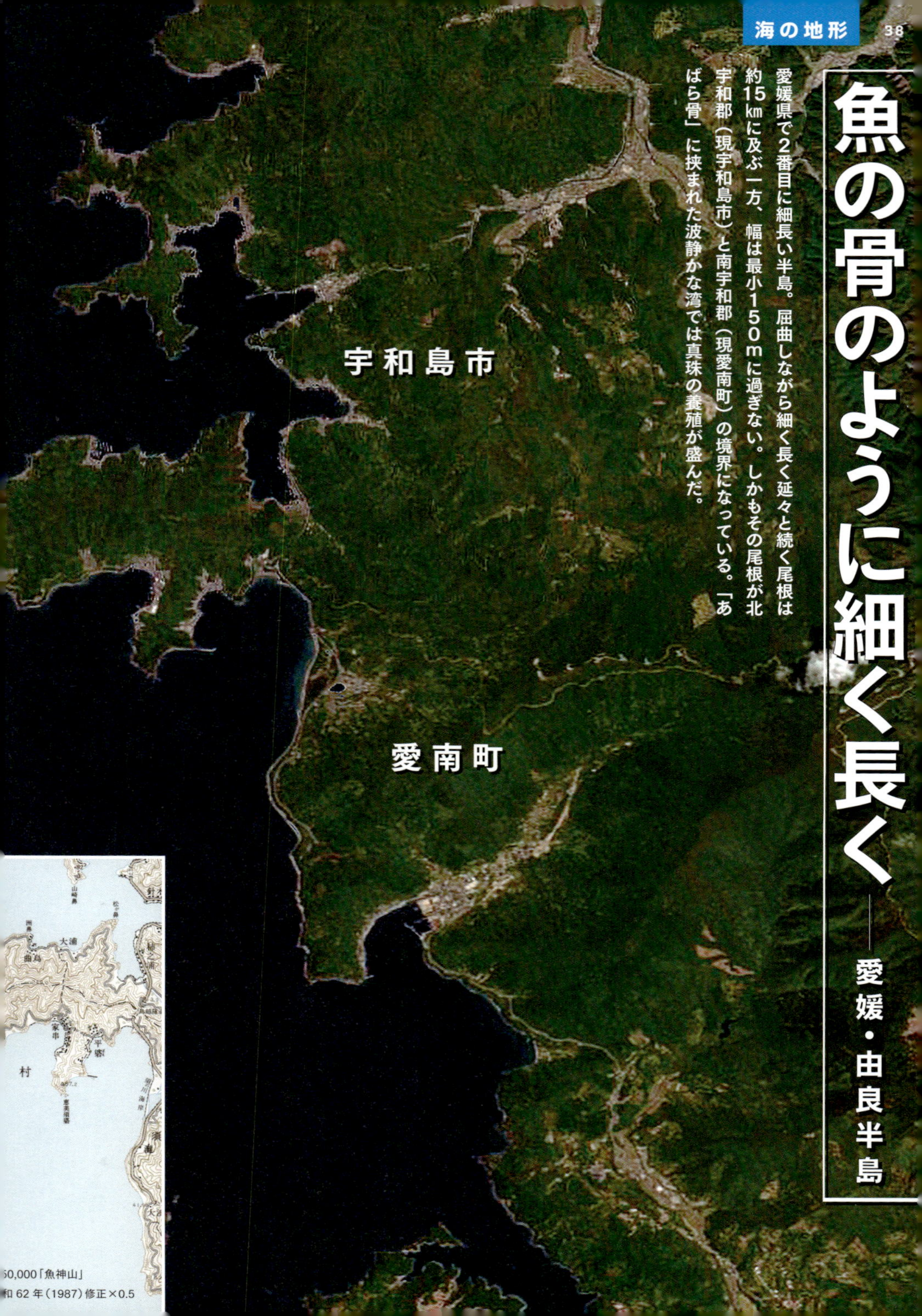

50,000「魚神山」
和62年（1987）修正×0.5

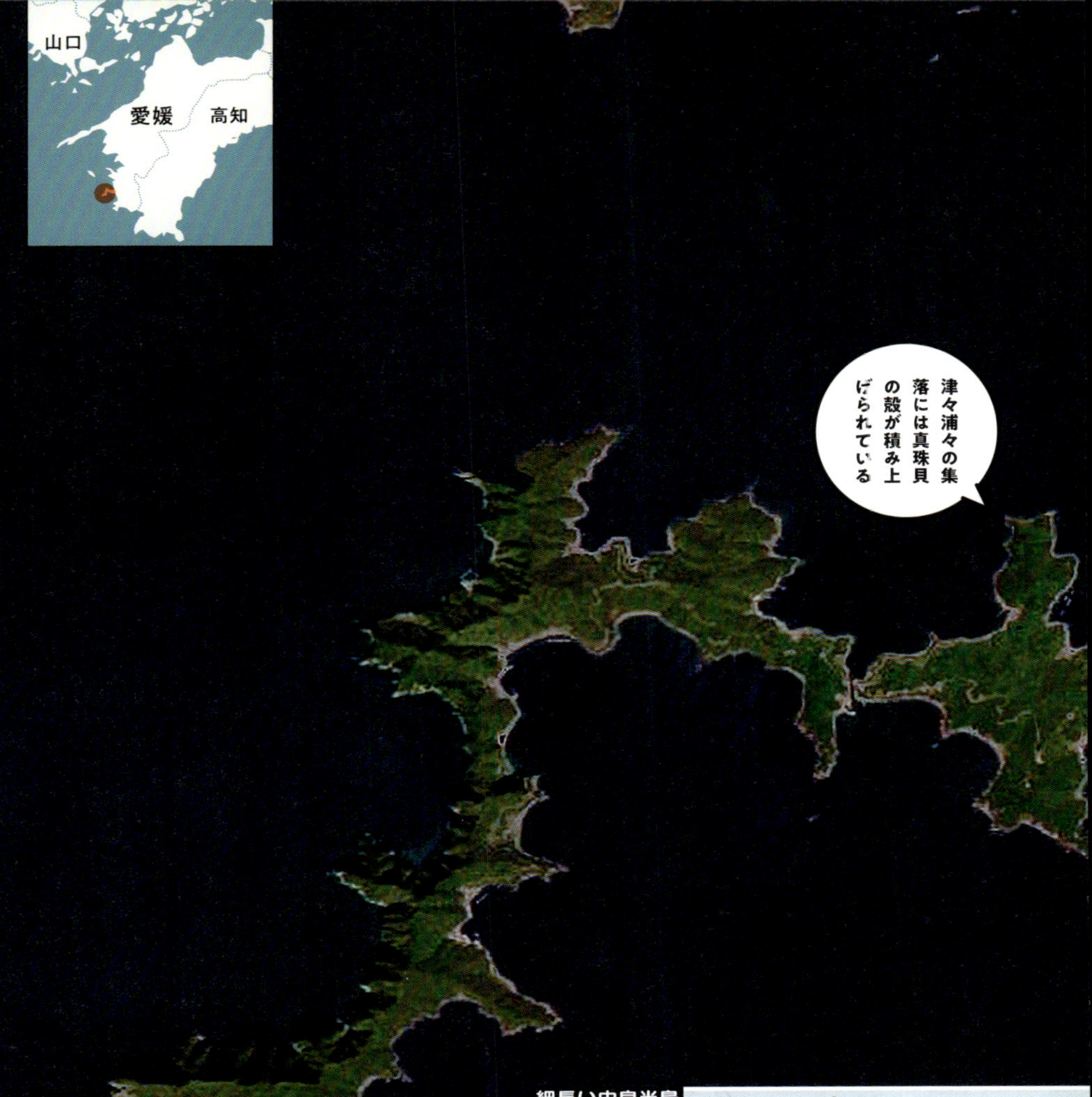
山口
愛媛
高知
津々浦々の集落には真珠貝の殻が積み上げられている

細長い由良半島

須下崎
水ヶ浦
須下
後
寺崎
帆焼
成
漁家
下灘
魚神山
由良半島
船越
観音崎
観音島
荒樫
網代
由良岬
大猿島
雨崎
内海
小猿島

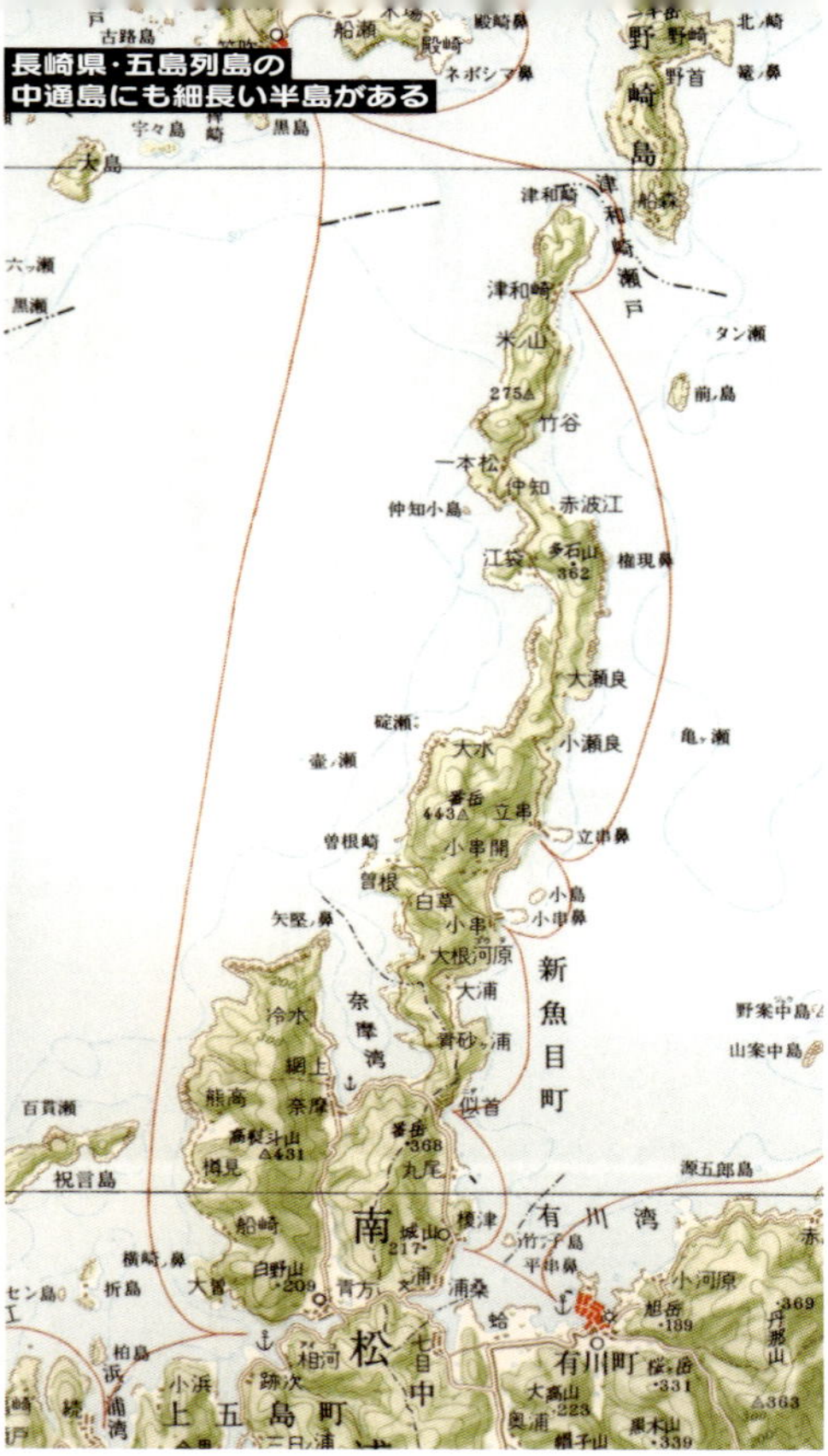

長崎県・五島列島の
中通島にも細長い半島がある

1:200,000「長崎」昭和34年（1959）修正×0.9

尾根が沈んで長い半島に

愛媛県は東西に長い。予讃線の特急で高松から入ると、途中の県都・松山で乗り換えて宇和島までちょうど4時間、香川県境に近い川之江駅からでも約230km、3時間の道のりでようやく宇和島に到着する。その終点からさらにバスに乗り換えて52分ほど南下した「鳥越トンネル」というバス停がこの細長い半島の付け根だ。

そこから西端の由良岬までは約13km、おおむね数百mの幅でひょろひょろと続いている。魚の骨を連想させるのは、その細長い尾根からいくつもの岬が突き出しているからで、それぞれの小さな岬は波の力で侵食された海食崖が目立つ。その海岸に沿って、一部は尾根近くの高所に自動車道路が通じ、集落のあるところにはバスが通じているが、魚神山《ながみやま》まで運行されるようになったのは昭和49年（1974）と遅かった。先端の3kmほどは自動車の通れる道もない。半島のほぼ中央部の幅150mと最も狭い船越という集落には、船越運河が穿《うが》たれて南北へ抜けることができる。

愛媛県の南西側、宇和海の沿岸は典型的なリアス海岸で知

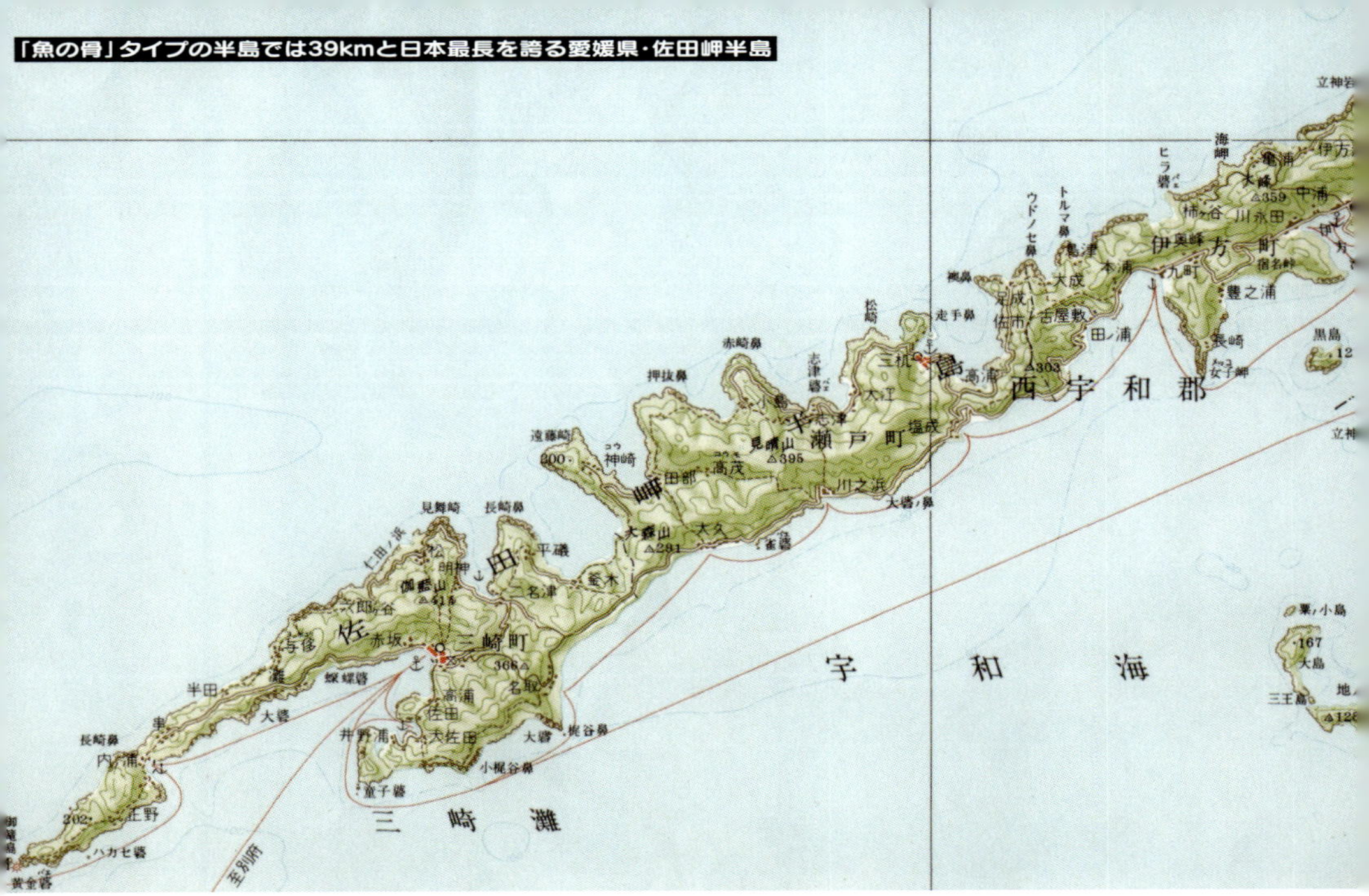

「日本で最も細長い半島」として知られる佐田岬半島。1:200,000「松山」昭和34年（1959）要部修正×0.9

られ、西側に突き出していた尾根がそのまま沈んでいくつもの半島になった。由良半島はこれだけ細長いのにもかかわらず、その尾根線が長らく北宇和郡と南宇和郡の境界で、現在も宇和島市と南宇和郡愛南町の境界である。

この半島に集落ができたのは近世以降で、当初はイワシの好漁場として栄えたが、戦後は内湾を利用した真珠母貝やハマチの養殖場が多く設けられた。30年近く前に私はこの半島を自動車道路が通じている終点の網代《あじろ》までひたすら歩いたが、各所に積み上げられた貝殻が印象的だった。その際にはいくつかあった小学校も、付け根近くの家串《いえくし》小学校を除いて統廃合されて今はない。由良半島は九州・大分県との間に広がる豊予《ほうよ》海峡に面して突き出していることもあり、要塞地帯として岬の先端付近には砲台と兵舎などが置かれていたという。

細長い半島といえば、由良半島より50㎞ほど北にある上図の佐田《さだ》岬半島が有名だ。付け根から中央構造線に沿って約39㎞もまっすぐに延々と延びているのは壮観だが、ほとんどが急斜面で占められ、尾根線には標高400mほどの山が点在する。西側に開いた口の奥にある三崎からは大分県の佐賀関《さがのせき》までフェリーが運航されている。その両側はいずれも国道197号で、海峡がこの道の「海上区間」だ。

まんじゅう型の島

――隆起珊瑚礁の沖縄・多良間島

珊瑚礁の海と
モザイクの畑
が対照的

きれいな楕円形をした島の周りはエメラルド色が印象的な珊瑚礁。沖縄には平たい島が目立つが、これらは長らく海の底にあった平坦面が隆起してできた。その周囲を防風林に守られた畑がモザイク模様を描いている。左ページ下の細長い地形は旧空港で、左上が平成15年（2003）完成の新空港。

多良間島
西表島
宮古島
石垣島
多良間村
美しいまんじゅう型の多良間島
仲筋
塩川
多良間島
放牧場
放牧場
放牧場
製糖工場
多良間空港
1:50,000「多良間島」
平成 5 年（1993）修正×0.55

平らな形は
隆起珊瑚礁ならでは

地図で見る限り、沖縄で最もきれいな「まんじゅう型の島」ではないだろうか。多良間《たらま》島は宮古島の西約五十数km、石垣島の東三十数kmに位置し、東西5・8km、南北4・3kmの楕円形。北約8kmの水納《みんな》島とともに宮古郡多良間村《そん》に属する。島はほぼ平坦だが市街地の北側に小さな丘陵地が東西に連なり、その34mの最高地点には「先島《さきしま》諸島火番盛《ひばんむい》」が保存されている。通行船などの情報を琉球王府に伝えるため、薩摩藩の要請で造られた烽火台だ。

沖縄にはこのように平らな島がいくつもあり、これらは隆起珊瑚礁ならではの地形である。珊瑚礁は珊瑚の死骸が積み重なったもので、これを形成するのが「造礁珊瑚」だ。彼らは触手でプランクトン類を食べる刺胞動物（イソギンチャクやクラゲも同門）の仲間のうち定着性のあるもので、その死骸の石灰質の骨格が蓄積され、長い時間を経て石灰岩となる。

隆起珊瑚礁と言ったが、単純に隆起してできたという話でもない。地球は平均すれば10万年程度の間隔で氷期と間氷期を繰り返してきたが、その海面高度の変化は120m以上に及ぶため、これが珊瑚礁の発達にも大きく影響を及ぼしている。造礁珊瑚は浅い海が生活の場なので、海面が下がれば珊瑚も干上がってしまうし、上がり過ぎても生きていけない。事情は複雑だが、ある時点で波浪による侵食で平らになり、その平らな珊瑚の生息地（礁原）が隆起したのが現在の多良間島である。

珊瑚礁には島の裾にできる裾礁《きょしょう》、島の海岸線の沖に弧状の珊瑚礁が囲み、その間に礁池（ラグーン）が広がる堡礁《ほしょう》、島が海中に没して弧状の珊瑚礁だけになった環礁の3つに分類されるが、南西諸島の島々は裾礁が多い。簡単に分類できない例もあり、左上の久米島西部は堡礁に見えて裾礁（「干瀬－イノー型」という）、最下段のナガンヌ島（長い島の意）は環礁である。こちらは珊瑚礁の輪郭を描いた地形図よりも空中写真の方がわかりやすいので並べてみた。まん中右の新城《あらぐすく》島は旧版地形図の珊瑚礁の描写を紹介するために掲載。上地《かみじ》にあった小学校も今はない。その左は隆起が著しい南大東島で、周囲がすべて断崖絶壁のため、船の乗降に際しては人も荷物もクレーンで運ばれる。中央は凹地で、池の多くは地下の鍾乳洞に通じるドリーネに水が溜まったものだ。島の耕地はサトウキビ畑が多くを占めるが、かつては作物を運搬する軌道が敷設されていた。昭和58年（1983）の廃止時には日本最南端の「鉄道」として知られ、これを目当てに来訪する人もあった。

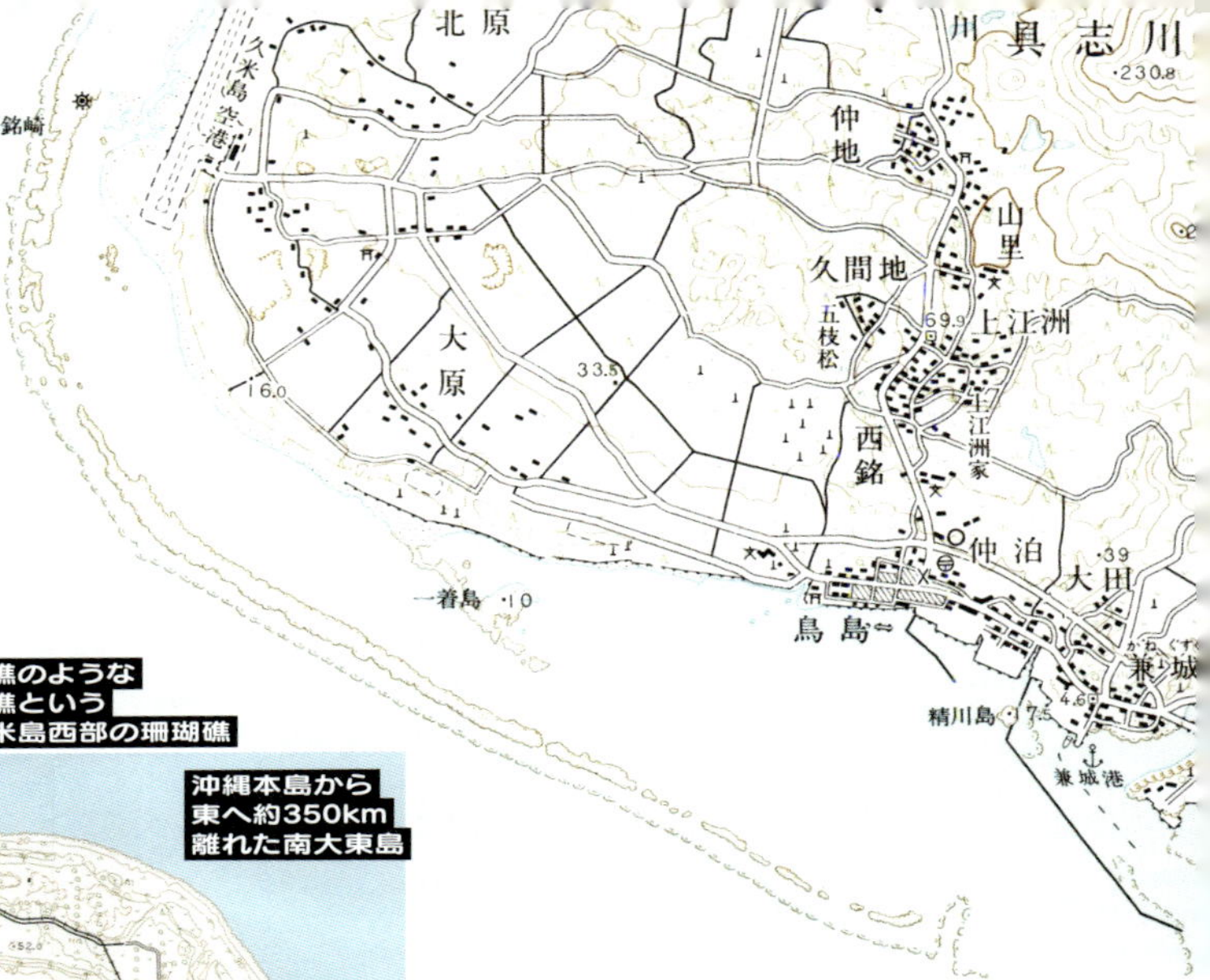

1:50,000「久米島」平成 4 年(1992)修正・原寸

堡礁のような裾礁という久米島西部の珊瑚礁

沖縄本島から東へ約350km離れた南大東島

ドリーネ由来の池の周りにはサトウキビ運搬鉄道があった。

1:50,000「南北大東島」昭和 56 年(1981)編集×0.5

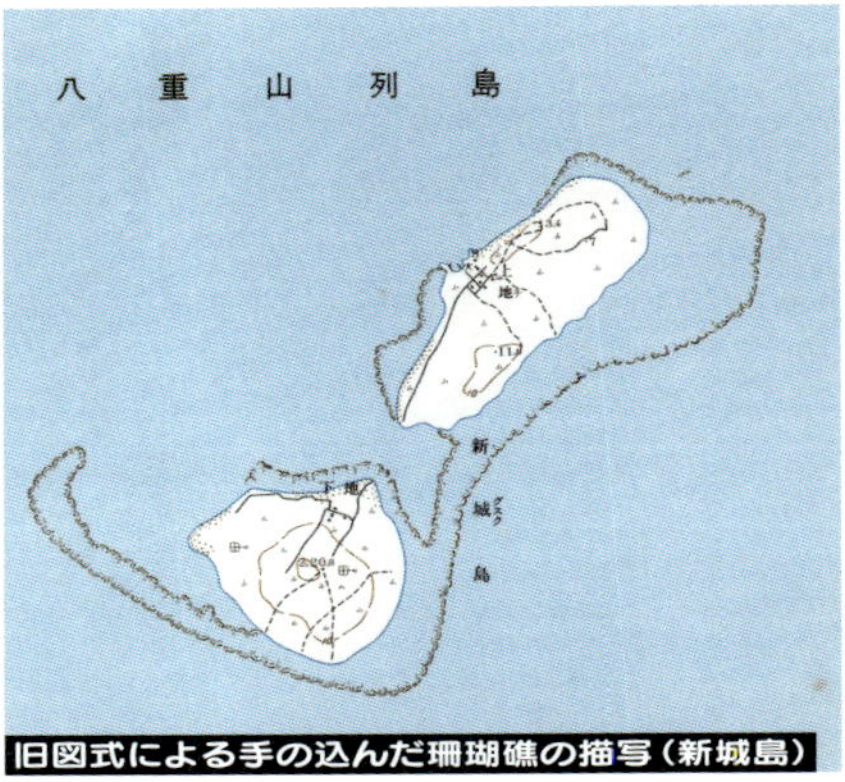

旧図式による手の込んだ珊瑚礁の描写(新城島)

1:50,000「西表島南部」昭和 49 年(1974)修正×0.4

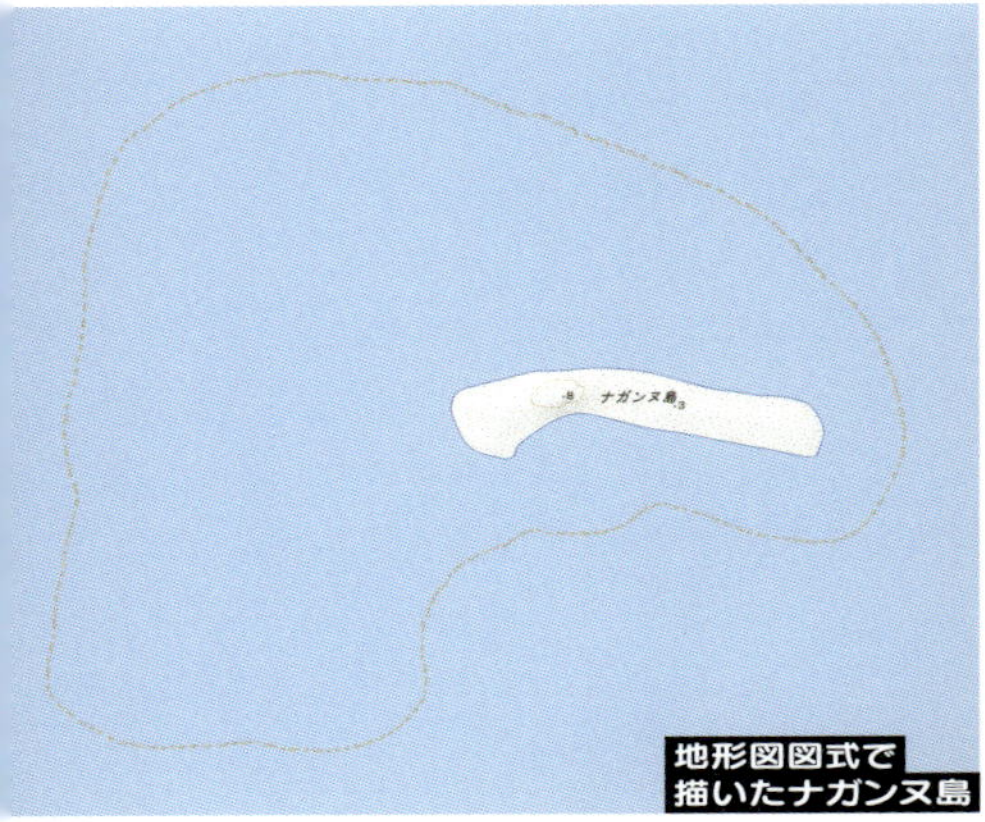

地形図図式で描いたナガンヌ島

地理院地図(標準地図)2024 年 4 月 2 日ダウンロード

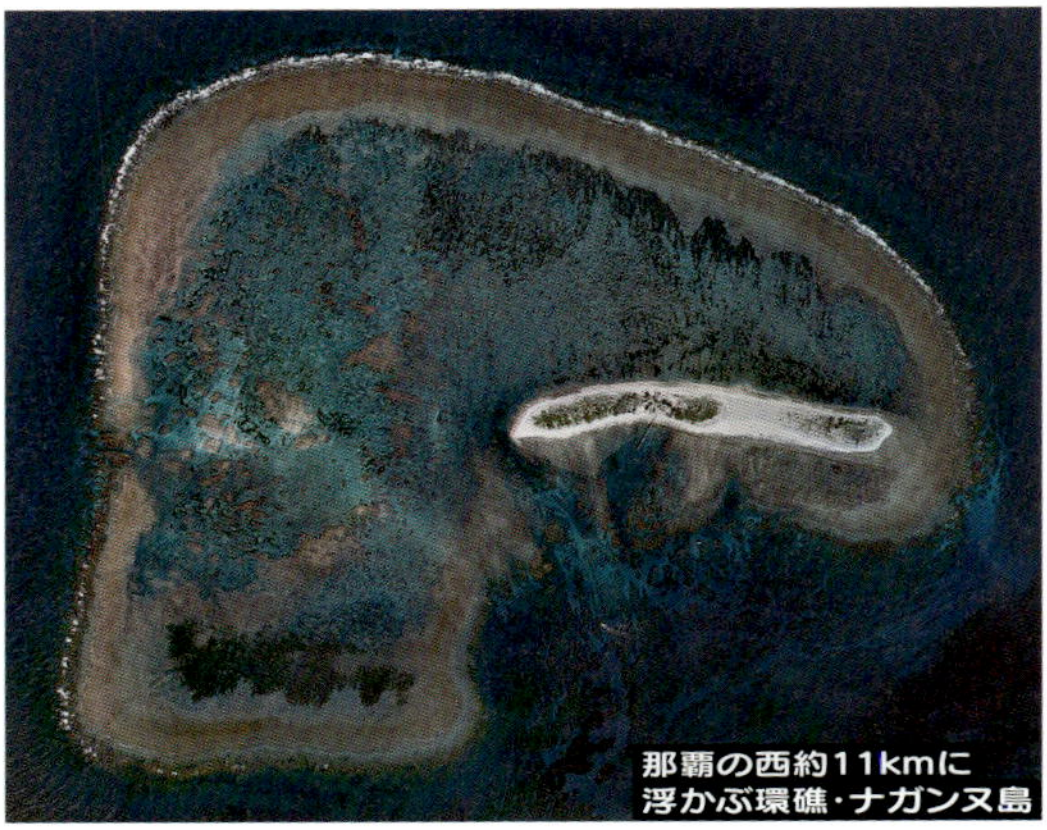

那覇の西約11kmに浮かぶ環礁・ナガンヌ島

地理院地図(空中写真)2024 年 4 月 2 日ダウンロード

COLUMN

島の数と海岸線の長さはどうにでもなる

「日本の島の数が倍増以上に！」という報道に接して苦笑いした。令和５年（2023）２月に国土地理院が日本の島の数を１万4125と発表したのである。それ以前は海上保安庁が海図を基に6852としてきたのだから大違いだ。これについてある全国紙のコラムは「間違った数が長年放置されていた」と批判的にコメントしたが、「日本近海が緊迫の度を増している中で、日本政府はケシカラン」と感じた読者は多いかもしれない。

さて、それではどれだけの大きさがあれば「島」と認定されるだろうか。国土地理院はホームページのQ&Aに明記しているが、海洋法に関する国際連合条約に基づく「自然に形成された陸地であって、水に囲まれ、高潮時においても水面上にあるもの」としており、その上「地図に描画された陸地のうち自然に形成されたと判断した周囲長0.1㎞以上の陸地」と定義した結果が先の１万4125だという。周囲100ｍということは、円形とすれば直径わずか約32ｍに過ぎず、２万５千分の１ならわずか1.3ミリだ。

海上保安庁でも大きさの定義は同じようだが、島の数の根拠は「海図に掲載されているもの」を数えたものだという。海図には範囲の大きさの順に「総図」「航洋図」「航海図」「海岸図」「港泊図」に分かれていて、国土地理院の地図のように２万５千分の１で全国を網羅しているわけではない。港の付近でなければ20万分の１程度の部分もかなり多く、そうなると周囲100ｍ程度の島は多くが省略されてしまう。

海上保安庁と国土地理院で「島の数」に差がある理由はただそれだけである。地図の縮尺が大きくなれば必然的に描かれる「島」の数が増えるだけのことで、「間違いが放置されていた」という見方はピント外れだ。国土地理院の「島」の基準を仮に周囲50ｍにすれば、またまた倍増するだろうし、逆に思い切りハードルを上げて「１万㎢以上」とすれば、日本の「島」は４つだけになる。

考えてみれば海岸線の長さも然りで、測る地図の縮尺によって大きく異なってくる。長崎県は北海道に次いで第２位の4137㎞（出典により異なる）とされる。特に県の面積が全国第39位にもかかわらず、長崎県にいかに島が多く、それぞれ入り組んだ海岸線であるかを教えてくれるが、地図の縮尺によって大きく違ってくるのは間違いない。この数値がどの縮尺の地図で測った結果か知らないが、究極的には磯の岩の長さひとつひとつ、砂浜ならその一粒ずつを測れば無限大に近づくわけで、縮尺が小さくなるにつれて長崎県の海岸線ランキングも少しずつ落ちていくに違いない。

第2章

川の地形

流れが作る百態

アラベスク文様で蛇行する
——佐賀・六角川

一定の勾配以下の平野の川は必ず蛇行する。なぜかと問われても、私には物理学的な説明など無理だが、どうやら水の流れ方に関する流体力学の分野だそうだ。いずれにせよ蛇行は成長するので、放置すればある時の大雨で短絡され、今度は別の流れ方になり、累次の堆積で平野はできる。

蛇行する六角川とその周辺

1:200,000 地勢図「熊本」平成 17 年（2005）要部修正×0.8

上の画像を地図で見るとこんな具合

地理院地図 2024 年 4 月 5 日ダウンロード

平野を流れる河川下流部は自然と蛇行する

ほとんど勾配がない平地を流れる川は必ず蛇行する。なぜかと問われても私には物理学的な説明能力がないけれど、たとえば水平に持ったまな板の上に、蛇口から水道水をちょろちょろ流すと、その軌跡は不定形に曲がって流れていく。平らに持っているつもりでも、わずかに傾いている方向に反応するからだ。その流れは決して直線的にはならない。

そんなわけで、河川勾配がある数値より小さければ川は蛇行する。地質にもよるだろうが、平野の勾配はおおむね1000分の1（1パーミル）以下で、蛇行するのもおおむねそれ以下だ。全国各地の平野を流れる多くの河川の下流部は蛇行を繰り返しており、洪水が起きるとその蛇行が短絡されたり、新たな蛇行ができたりする。平野というのは、長年にわたってその堆積が重なってまんべんなく土砂が堆積したものに他ならない。

前ページの画像は佐賀市の西南西15㎞前後に位置しており、左岸側の杵島《きしま》郡大町町《おおまちちょう》・江北町と右岸側の白石町の境をなす六角川である。見事な蛇行だが、ちょうど長崎本線の通過するあたりがなぜ「アラベスク文様」になったのかはわからない。右下から河口までは10㎞足らずで、勾配はおよそ1万5000分の1（0・07パーミル）から2万分の1（0・05パーミル）ときわめて小さい。

六角川が流れ込む有明海は干満の差が国内最大級のため、大潮の満潮ではおよそ29㎞も海水が遡上する。この河川勾配の小ささゆえに、鉄道開通までは水運が発達し、流域の杵島炭鉱の石炭もこの川を通じて運ばれた。支流の牛津《うしづ》川に面した牛津は長崎街道の宿場町で、小城《おぎ》藩の年貢米はこの船着場から発送されたという。この地域では過去に何度も高潮と塩害に襲われ、かつ慢性的な農業用水不足に悩まされていたため昭和58年（1983）に河口堰《ぜき》が完成している。

画像の右側に弧を描いているのは六角川の旧河道で、貞享元年（1684）に開削して短絡したものだ。これに囲まれた八町という地名は蛇行部分が8町（約874m）あったために起こったという。ここの弧状部分は実際に測るとその約半分しかないが、他の流路も含めてだろうか。

左上はかつての石狩川の河道である。今では短絡工事が進んでだいぶまっすぐになった。左下は東京都23区の北側を流れるかつての荒川で、放水路が建設される以前の蛇行はこんなに大きかったのである。

今より約100kmも長かった頃の石狩川

図の当時の石狩川は全長 365km に及んだ。現在は 268km。1:50,000「滝川」昭和 10 年（1935）鉄道補入・原寸

東京・埼玉の境界を流れる荒川もかつては大蛇行

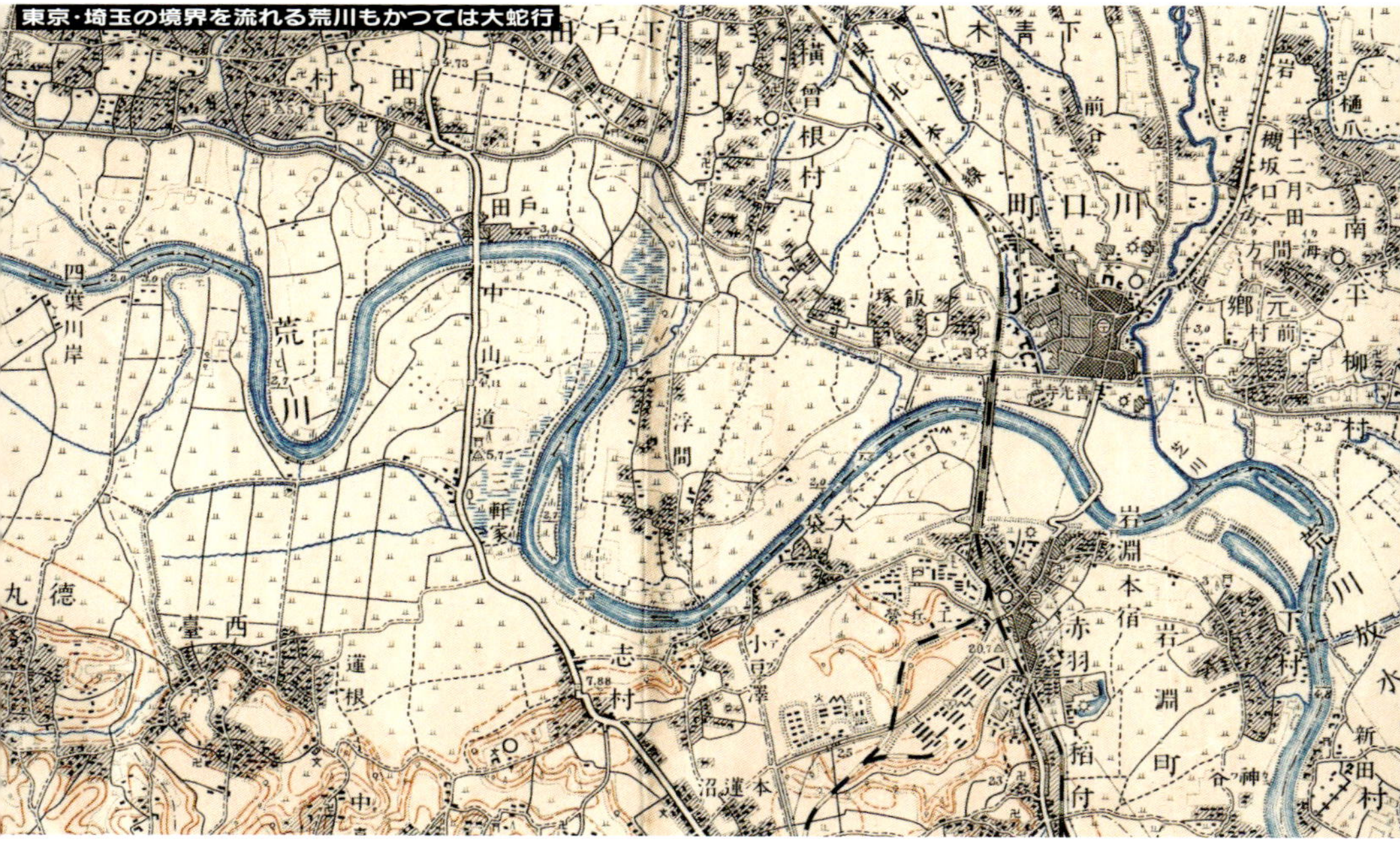

1:50,000「東京西北部」大正 8 年（1919）鉄道補入×0.9

究極の蛇行とその旧河道

——千葉・小櫃川

日本の47都道府県の中で、域内の最高峰が最も低いのは千葉県である（愛宕山408m）。それでも房総半島は山がちで、丘陵地の奥から北上する川はいずれも蛇行がハンパでない。その激しい蛇行をショートカットして新田を開く技法——川廻しが編み出された。

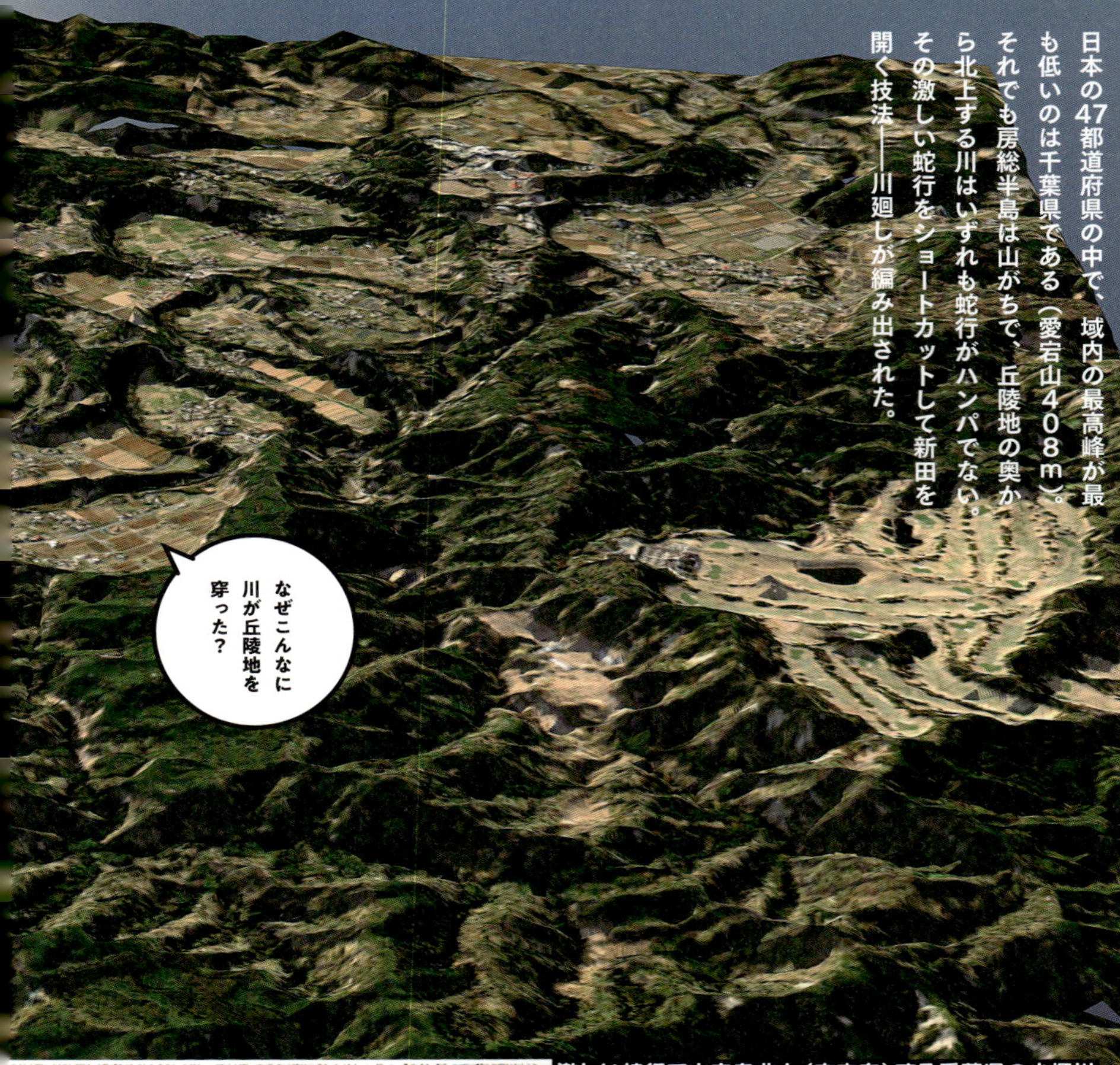
なぜこんなに
川が丘陵地を
穿った？

激しい蛇行で山中を北上（右方向）する千葉県の小櫃川

1:50,000
「大多喜」
昭和62年
(1987) 修正×0.7

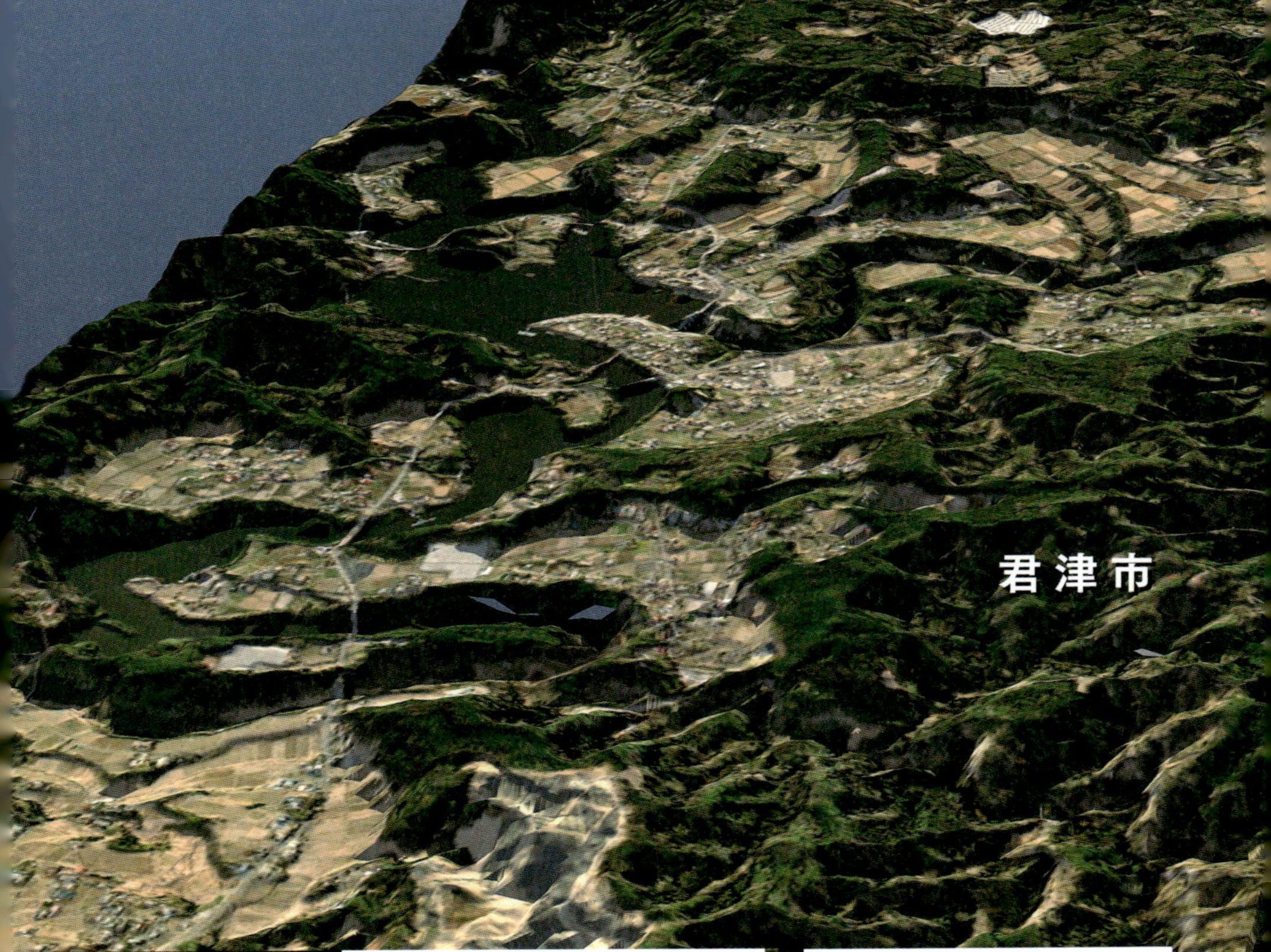

房総半島を北上する蛇行河川

1:500,000 地方図「関東甲信越」昭和 49 年（1974）修正×0.5

蛇行した川を短絡する「川廻し」

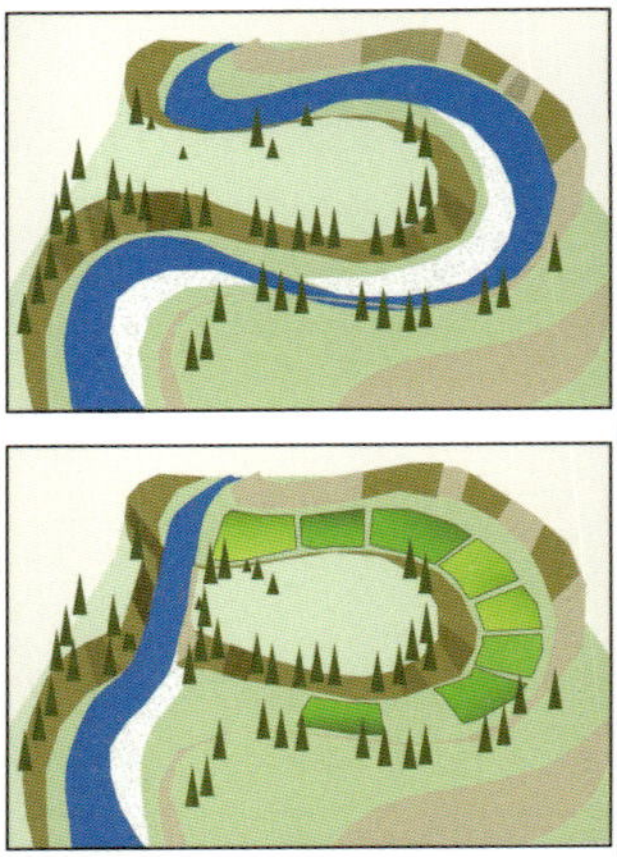

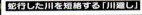

山の中を穿って曲流する穿入蛇行

首都圏でディーゼル車が走る鉄道路線は少なくなったが、そのひとつが千葉県の木更津駅を起点に南東へ向かう久留《く》里《り》線である。木更津を起点に久留里を経て終点の上総《かずさ》亀山までの32・2kmで、このうち22・6km地点の久留里までは県営鉄道として大正元年（1912）に開業した。その後は房総半島を横断して外房の大原（現いすみ市）まで延伸する計画のもと、上総亀山まで通じたのが昭和11年（1936）。ところが昨今では乗客減が著しく、久留里〜上総亀山間の廃止が決まっている。

その区間にほぼ沿って流れるのが小櫃《おびつ》川で、線路の9・6kmに対して河道は19km余とちょうど倍の距離だ。流れは見事なほどに蛇行を極めているが、よく見れば、かつての蛇行区間を短絡したところも見られる。水面はおおむね岸よりだいぶ深いところにあって、両岸との断面を観察すると、カーブの外側が急斜面、内側が緩斜面だ。平野にあって奔放に曲がりくねる「自由蛇行」に対して、山の中を穿《うが》つ流れ方を「穿入蛇行《せんにゅうだこう》」として区別する。

穿入蛇行も、はるか昔に遡れば平野を自由蛇行していた川だ。それが後に地盤の隆起または海面の低下によって下方への侵食が始まり、深く穿っていく。遠心力の働くカーブの外側には側方侵食《そくほう》も併せて起きるため、河床は斜め下へ掘削される。形成された穿入蛇行の地形を見れば、カーブの外側が急斜面（攻撃斜面）となり、内側は緩斜面（滑走斜面）となる。

特に側方への侵食は地質が軟らかいほど顕著で、房総半島のように軟らかい砂岩・泥岩が主体となっている地域ではその蛇行の振れ幅は大きい。流域では水田を作れる平坦面が不足しがちなので、古くから住民によって「川廻し」が行われてきた。これは人工的に蛇行を短絡する（地元では「掘切（ほっきり）」と呼ぶ）ことで旧河道を干し、そこを耕地として利用する方法で、人工的な切り通しまたはトンネルで流路を短絡させせている。

左ページの図は「地理院地図」に影を付けて地形をわかりやすく表示したものだが、赤い破線で示した旧河道が明瞭だ。上流側には昭和55年（1980）に完成した亀山ダムと亀山湖が見えるが、激しく蛇行した地形に水を貯めたので湖岸線も複雑で、かつてカヌーイストの野田知佑《ともすけ》氏が近くに住み、その変化に富むこの地の魅力を語っていたものである。

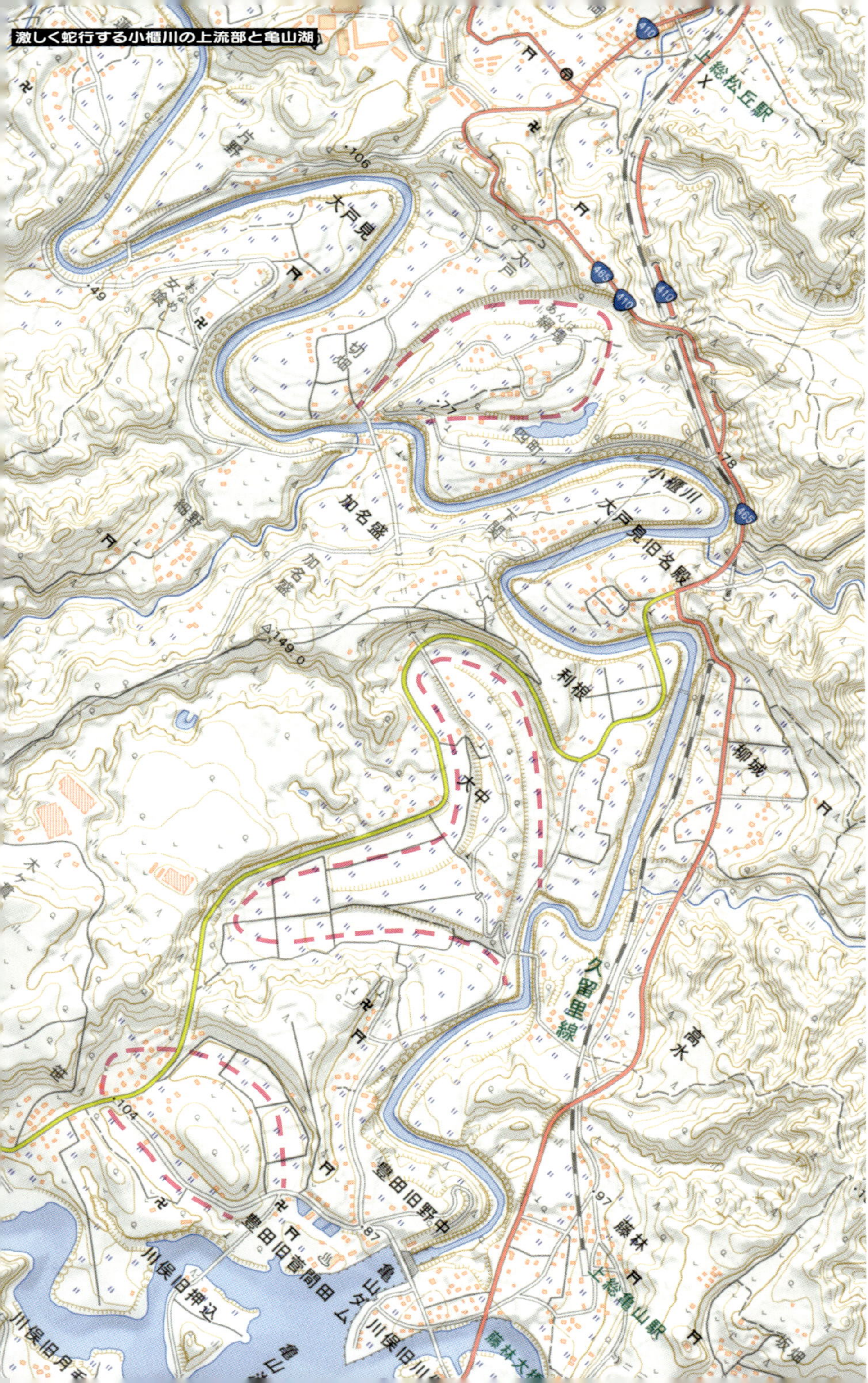

蛇行の跡地も目立つ小櫃川。赤破線は旧河道を示す。

地理院地図2024年4月10日ダウンロード

自由に蛇行させたらどうなる？

ロシア・ハバロフスク付近

日本国内では川の蛇行を放置できるような場所は少ないが、人口密度が低い外国の低地ではしばしば原始そのままの「自由蛇行」が見られることも。ロシアと中国東北部との国境を流れるアムール川とその支流が織りなす大小の蛇行は、ほとんど鑑賞すべき芸術品レベル。

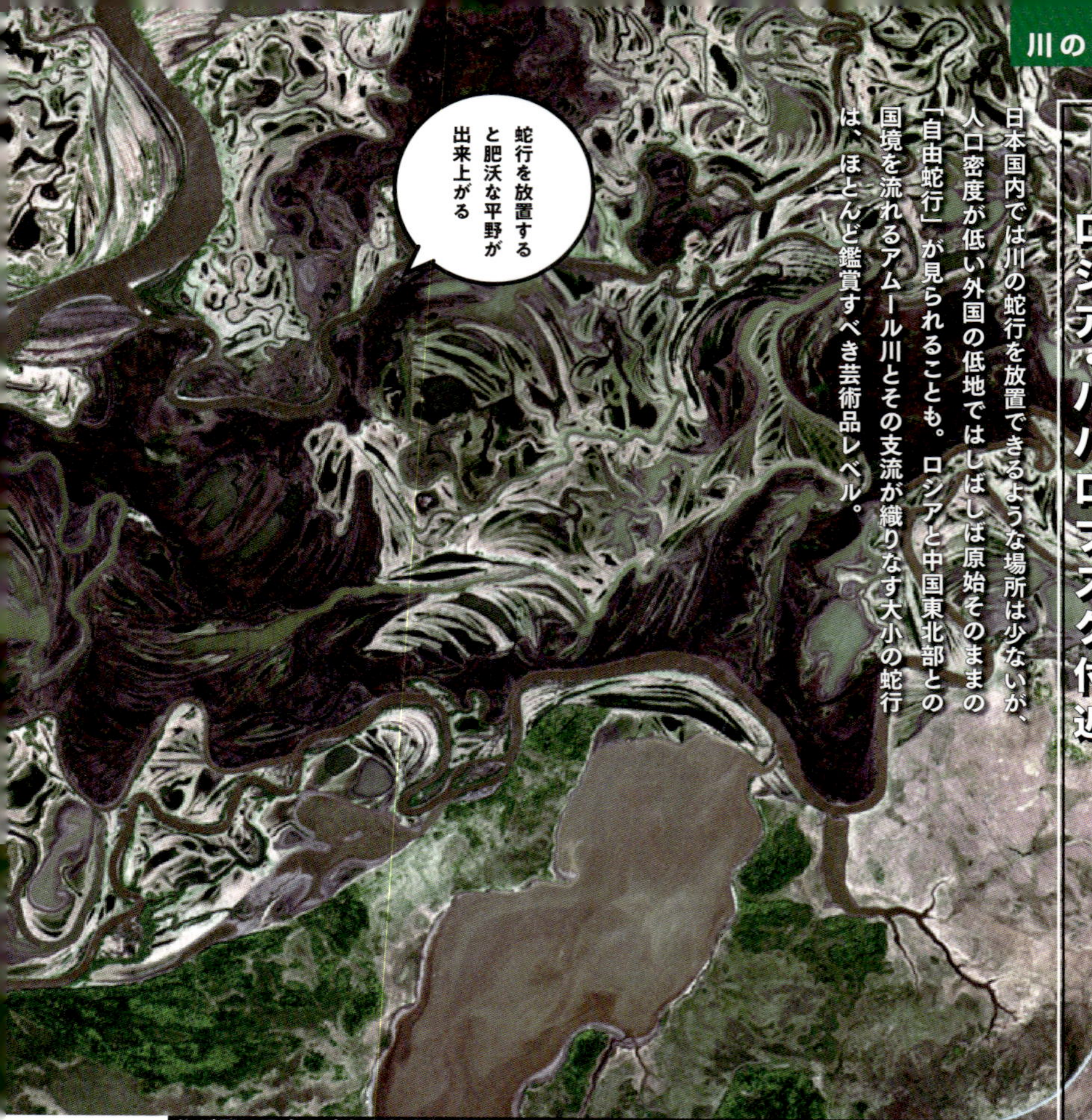

ハバロフスクの少し下流側の極東ロシアは人口密度が低く、ゆったりと蛇行した大河の風貌

OpenStreet Map より ハバロフスク付近

蛇行する用水と田が阿武隈川旧河道の痕跡

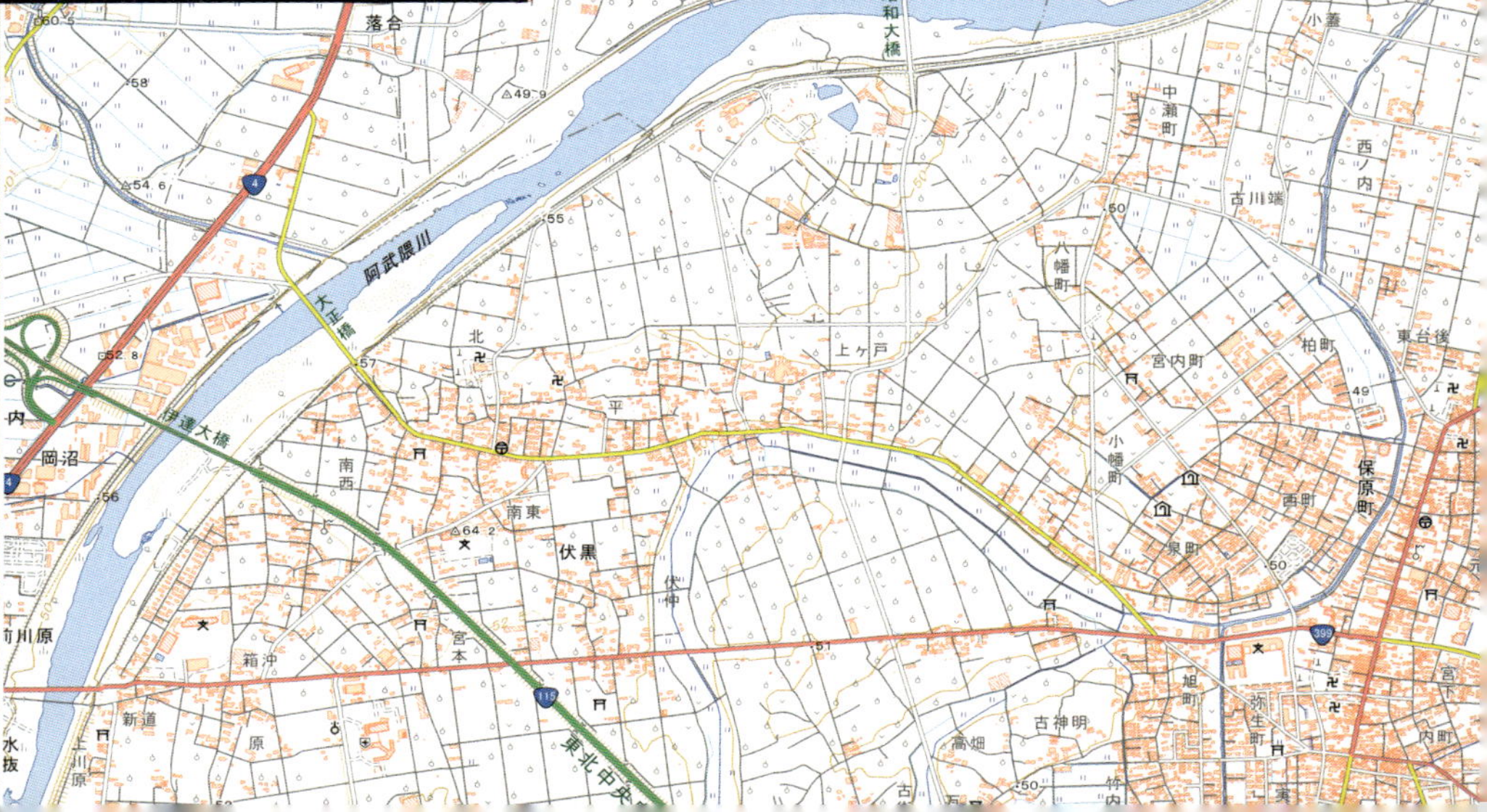

地理院地図2024年4月24日ダウンロード

蛇行河川の象徴、アムール川とミシシッピ川

ロシアのウクライナ侵攻が始まる以前は、東京から欧州便に乗ればほぼ北西へ飛んだ。日本海を越えるとロシア極東部や中国東北部で、やがて窓の下には大平原が広がる。大地を彩るのは無数に蛇行した河川で、機内備え付けのルート図で詳細はわからないが、その蛇行河川の「親玉」はアムール川とその支流に違いない。

画像はアムール川にウスリー川が合流するハバロフスクから北東へ110㎞ほど下ったところ。支流のウスリー川だけで長さ897㎞、流域面積は日本の半分にあたる19・3万㎢と桁違いである。よく見れば分流した無数の流れが細かい模様を成していて、それらも独自の蛇行を繰り返しており、平地で川に手を付けずに「放し飼い」するとこれほど奔放に流れるのかという見本のようだ。

前ページ左側は福島県伊達市で、川のスケールこそ小さいが東流する阿武隈川の蛇行した旧河道が明瞭である。大きな半径で弧状をなす水路とその周囲の水田が図に表れていて、実際に歩いてみるとこのライン周辺の水田は果樹園の周囲より少し低い。右上の阿武隈川に合流する手前（まさに「古川端」の地名が見える）では他の旧河道に阻まれているので、その「上書き」した旧河道のほうが新しい。平地はこのようにして形成されるが、現在ではあまり奔放に流れてもらっては困るので、立派な堤防を作って暴れぬよう流れを固定した。ところが人口密度がきわめて希薄な地域だとその必要もないため、自然のままの蛇行が鑑賞できる。

左図は「蛇行の本家」と称しても過言ではない米国ミシシッピ川の下流部だ。ニューオーリンズから北北西へ約400㎞の位置にあり、左岸側（右側）に見える都市がグリーンヴィル（人口約3万）。ミシシッピ水運の関連で大きな製材工場がある。図のMISSはミシシッピ州、ARKはアーカンソー州で、境界はかつての蛇行を忠実になぞっている。現在の本流は上端中央付近からまっすぐ南下しているのがそれだ。他は旧河道で現在はほとんど流れていないが、図が1939年（和暦では昭和14年）と古く、少し前の33年と35年にショートカット工事を行った（タープレイ・カットオフなどに年号の記載あり）ばかりなので、このような表現になっている。カーブにはそれぞれ名前があり、バチェラー・ベンド（学士曲がり）、ラウディ・ベンド（騒々しい曲がり）などの命名が興味深い。一帯は養分に富む土壌で、南北戦争以前から綿花の栽培が最も盛んだった地域である。

これぞ「本家」米国ミシシッピ川の蛇行

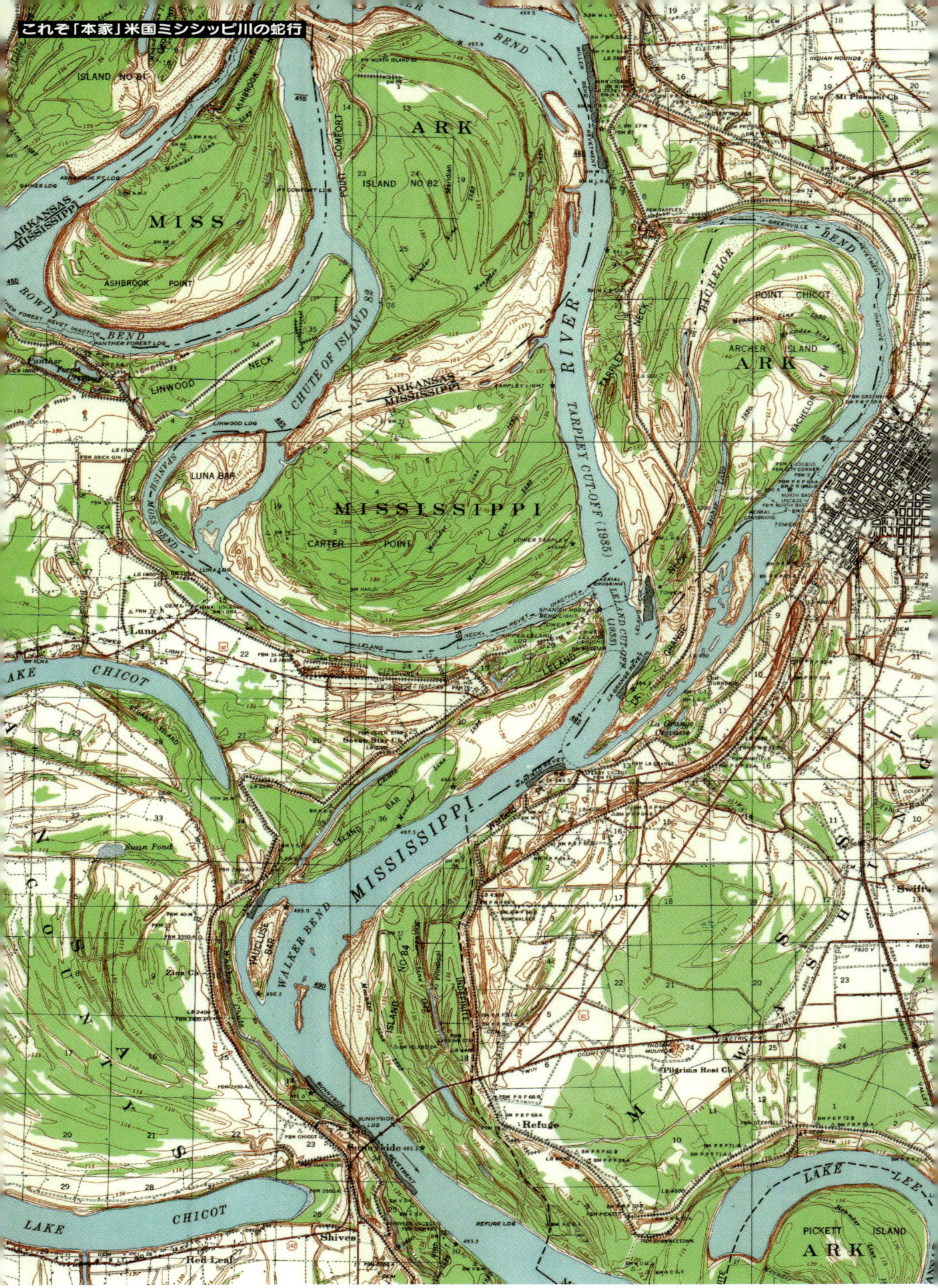

短絡路の開削から間もない時期なので流路がわかりにくい。米国官製 1:62,500「Refuge (AR)」1939 年発行×0.5

山を穿って大胆に曲流

——大井川上流

駿河と遠江の国境を流れる大井川。上流まで遡れば険しい山々の中をダイナミックに蛇行しながら流れ下っている。よく見れば曲流の外側は急斜面、内側は緩斜面で、それぞれ地理用語で「攻撃斜面」「滑走斜面」と呼ぶ。蛇行が極限に達して短絡されると、島のように削り残されるのが環流丘陵。

蛇行が激しい大井川の上流部

1:200,000「静岡」平成 9 年（1997）要部修正×0.9

長野
山梨
静岡

険しい山に囲まれた穿入蛇行

静岡県を流れるいくつかの大河のひとつ、駿河と遠江《とおとうみ》の国境を成す大井川は暴れ川で知られていた。「越すに越されぬ大井川」の両岸に位置する島田宿と金谷宿の間は河口からわずか16・5㎞ながら標高65ｍと高く、ここから急勾配のまま網状流《もうじょうりゅう》で一気に扇状地《せんじょうち》を海まで駆け下るため、下流部には蛇行が存在しない。その代わり上流部に蛇行が多いのがこの川の特徴である。

前ページの画像は大井川の上流部、千頭《せんず》駅から大井川鐵《てつ》道《どう》のトロッコ列車（井川線）に乗って２つ目の沢間《さわま》駅付近だが、このあたりは川根茶の産地で、両岸とも緩傾斜地は茶畑として利用されている。川が国境のため、左岸（右側）が志太《しだ》郡、右岸（左側）が榛原《はいばら》郡と分かれていたが、現在ではどちらも榛原郡川根本町となった。

房総半島の穿入蛇行と違って周囲の山の険しさは段違いだが、でき方は共通している。やはりカーブの外側の攻撃斜面は急な断崖、内側の滑走斜面は緩くて川原も広い。右下方で大回りする蛇行はもう一息でショートカットしそうで、それを表現するのが細尾という地名だ。

大井川鐵道井川線はもともと電源開発のための資材運搬専用線として敷設されたもので、それが戦後に一般に開放されて「地方鉄道」になった。急ぐ必要もないので川に沿って忠実に蛇行している。トンネルは素掘りで線形も悪くスピードは出せないが、それが逆に観光目的の乗り物としては歓迎される。黒部峡谷鉄道と異なって線路幅はＪＲ在来線と同じ１０６７㎜である。東海道本線から大井川鐵道大井川本線を介して資材を搬入するためだ。

左の地形図で土本《どもと》駅の南側で合流するのは支流の寸又《すまた》川で、「池ノ谷」の周囲はクロワッサン型の旧河道が貴重な平地で、茶畑として利用されている。現河道より標高は10ｍ以上も高いため、旧河道になったのはだいぶ昔だろう。地名のすぐ北に見える孤立丘は「環流丘陵」で、これは河道に囲まれて周囲を削られて残った小山。穿入蛇行のある河川にはよく見られる。上から見ればイチジクのような印象だ。山間部にあって旧河道は貴重な平地で、環流丘陵の周りに集落が発達することもある。ずっと下流の徳山や抜里《ぬくり》、家山などはその好例だ。左下はやはり穿入蛇行が目立つ広島県の上下《じょうげ》川。日本海へ注ぐ江《ごう》の川水系であるが、上流側にある上下町の上下駅は福塩《ふくえん》線ではちょうど分水界にあたり、そこから瀬戸内海はわずか30㎞に過ぎない。

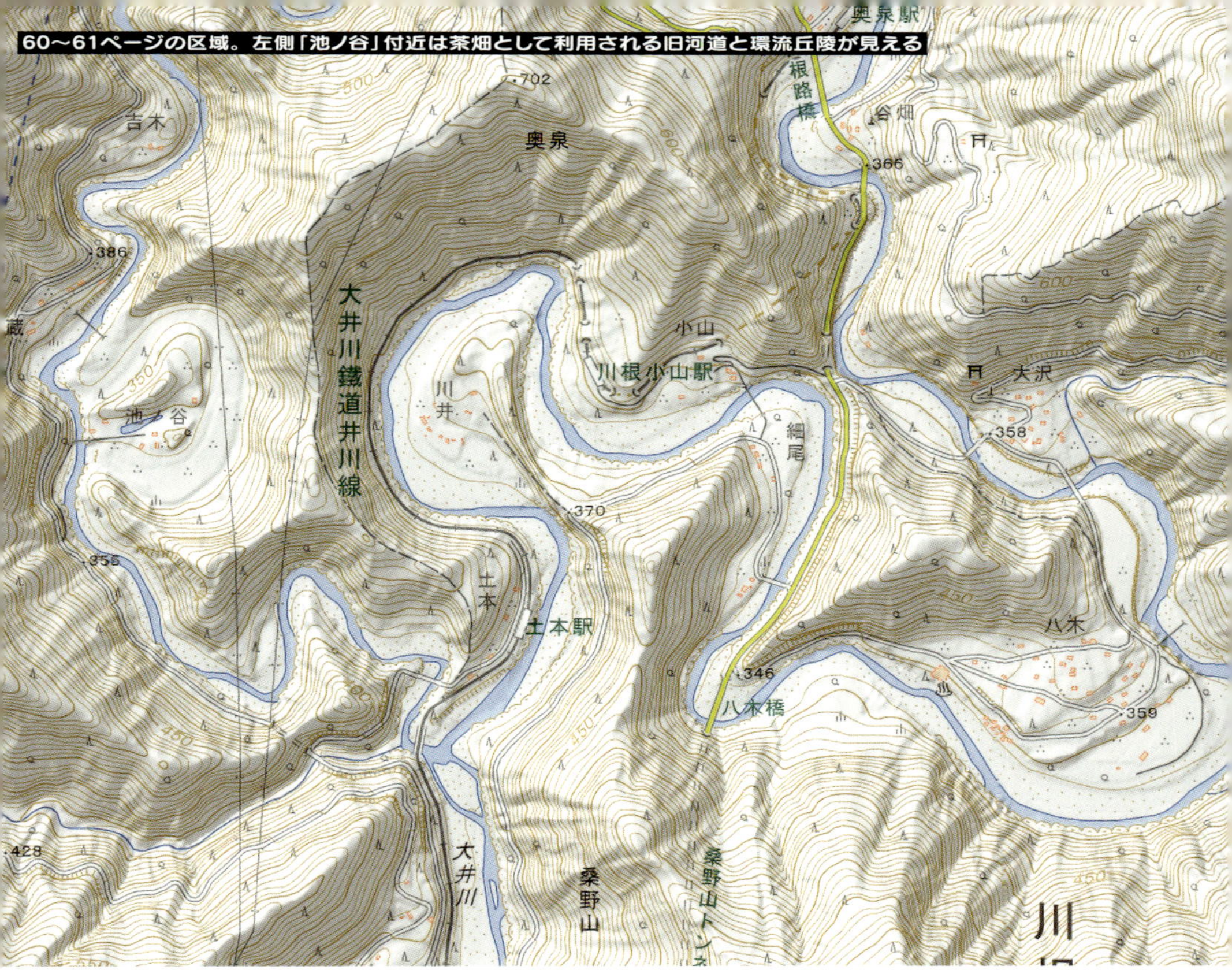

60〜61ページの区域。左側「池ノ谷」付近は茶畑として利用される旧河道と環流丘陵が見える

地理院地図 2020 年 8 月 22 日ダウンロード

広島県三次市付近の蛇行河川・上下川

地理院地図 2024 年 4 月 24 日ダウンロード

信濃川沿いに広がる段テラス

――新潟・十日町の河岸段丘

整然と区画された田んぼを縁取る緑。これらは木々に覆われた急斜面の段丘崖で、それを境に何段かのテラス型を呈するこの地形が河岸段丘である。信濃川の中流域にはこのような地形が多く見られ、そのダイナミックさは全国でも屈指だ。

十日町市
平坦面と崖のコントラストが芸術的！

魚沼丘陵の西側に位置する新潟県十日町市

十日町市
南魚沼市

1:200,000「高田」平成 24 年（2012）要部修正×0.9

高さによって色分けした段丘

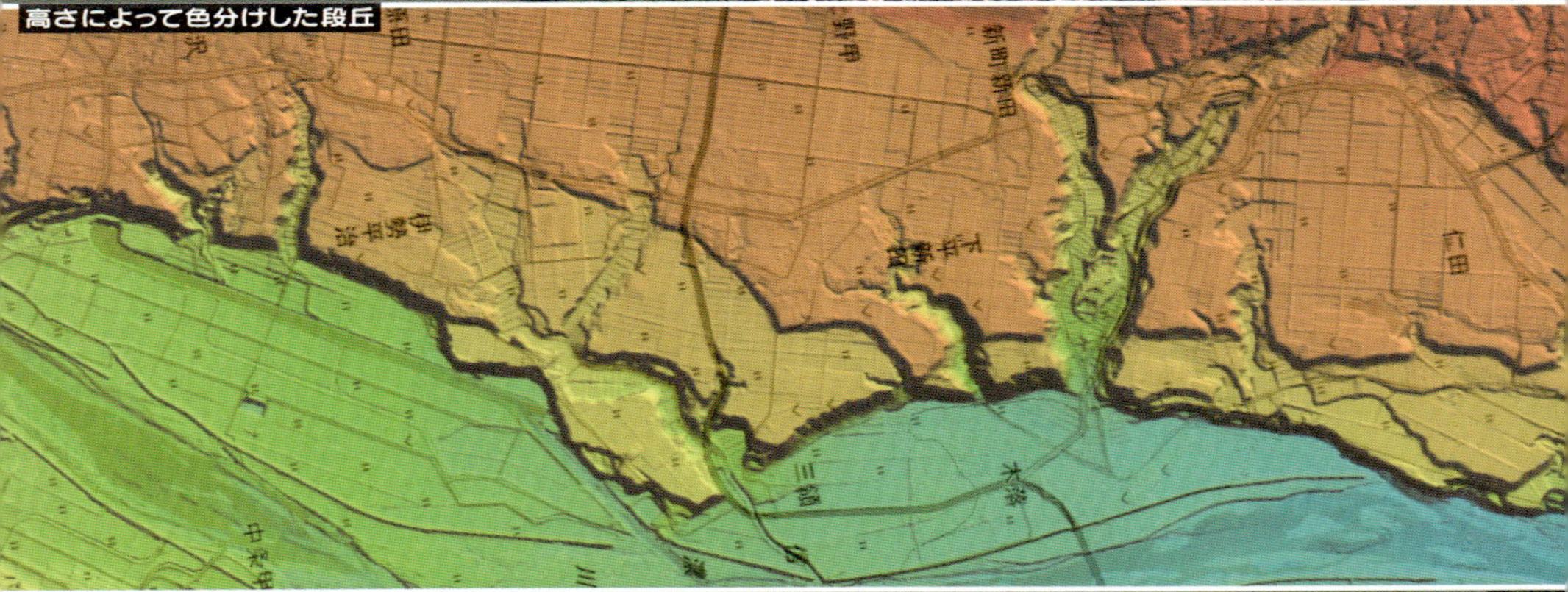

地理院地図（自分で作る色別標高図）2024 年 4 月 25 日ダウンロード

海面の高さの変動などによって形成される河岸段丘

川岸の崖上は平坦で、さらに崖を上るとまた平坦地に至る。数段に及ぶテラスのような地形が「河岸段丘」だ。この画像は信濃川の中流部にあたる新潟県十日町市の北部で、右岸に沿って走るJR飯山線なら魚沼中条から下条《げじょう》付近までの区間にあたる。段差がわかりやすいよう、標高に応じて色を変えて表現したのが前ページ下の図だ（右側が北）。

左図の赤線A－B、C－Dはそれぞれ下に断面図を載せた（高さを誇張）が、A－Bはおおむね4～5段になっていて、標高は西側からA地点が196m、167m（断面図では段として表れていないが、すぐ南側の段丘面の高さ）、148m、110m、90m、河川敷の84mと標高差は大きい。段丘はおおむね5段に及ぶ。C－D間も同様に数段のテラスが認められる。

一般に河岸段丘は海面の高さの変動によって形成されることが多い。これまで地球はおおむね10万年前後の間隔で氷期（氷河期）と間氷期を繰り返して現在に至るが、その間の海面の変動は大きい。現在は約7千年前の縄文海進期（温暖期）から少し寒冷化が進んだ時期であるため、海面が最高水準だった時期より2～3m低いが、氷期の極相期－最も海面が低かった時期は現在より120m以上も低かった。

ただしその変化は一様ではない。温暖化が急速に進むのに対して、寒冷化はジグザグを繰り返しながら少しずつ寒くなるため、海面変動も上昇と下降を繰り返す。縄文海進期のひとつ前の間氷期の極相期は約13万年前（下末吉《しもすえよし》海進）だが、その時期に川が運ぶ土砂の堆積でできた平地が、次の「小氷期」では海面の低下に伴って同じ川が侵食を始めて深い谷ができる。侵食された部分は崖になるが、次に小温暖期が来ると川は再び堆積を始めて小平地ができる。さらに次の「小氷期」ではまた侵食……という具合に堆積と侵食を繰り返し、時に火山灰が積もるなどして何段かのテラスが形成されるのだ。

とはいえ海面変動では説明がつかない段丘もあって、地盤の変動によって引き起こされるものがある。それでも海面変動と同じ効果があり、堆積－侵食の繰り返しで段丘は形成される。このようにしてできた崖を段丘崖《がい》、テラスのような平坦面を段丘面と呼び、多くは地元の地名を冠して「〇〇面」などと呼ばれることが多い。段丘面にはたいてい崖下からのきれいな湧水があるため水田が作られ、また集落も立地する。

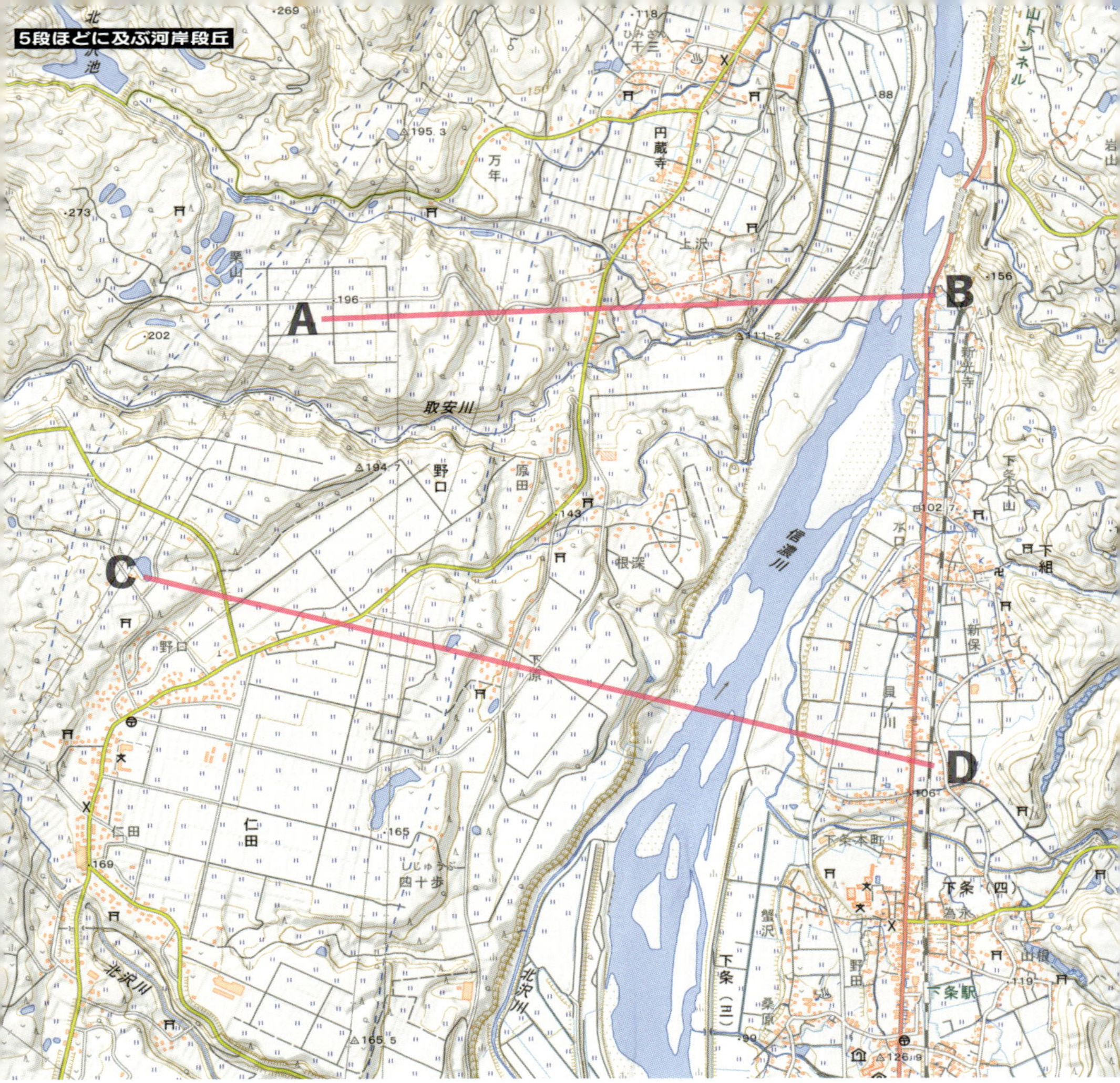

地理院地図 2024 年 4 月 24 日ダウンロード

A－B間の断面図
（高さは距離の
8倍に誇張）

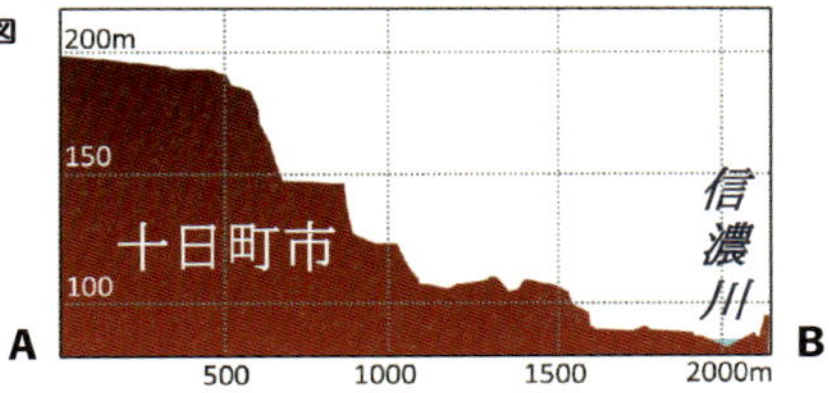

C－D間の断面図
（高さは距離の
8倍に誇張）

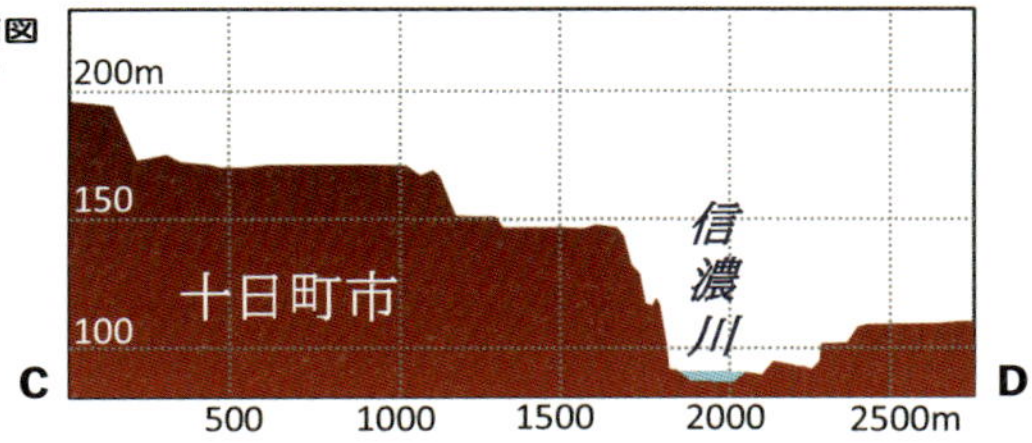

地理院地図の断面図作成機能により作成（上・下とも）

河岸段丘の
でき方

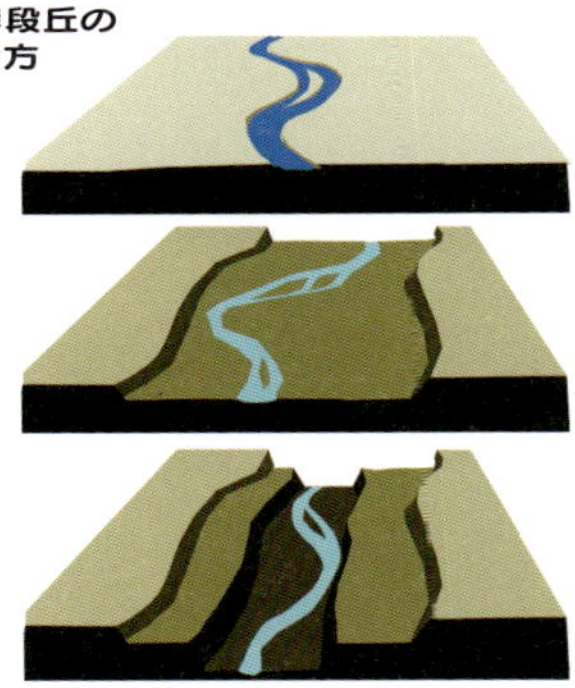

＊実際の段丘は地形の条件により左岸・右岸の
どちらかが一方にできる場合が多い。

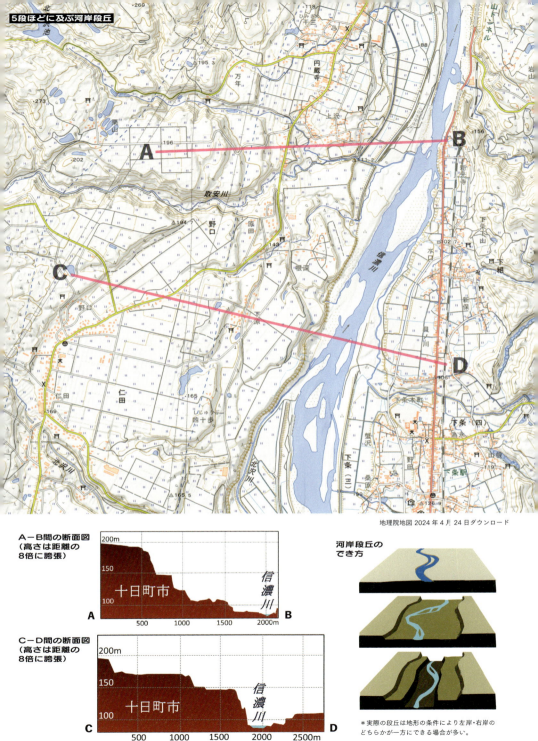

天竜川とその支流が刻む造形

——信州・伊那谷

赤い破線はJR飯田線のルートである。この区間は天竜川右岸に広がる河岸段丘の上の町と下の町を結び、さらに支流が刻んだ深い谷も渡るため、屈曲が著しい。立体的な地形に振り回された結果であるが、現代の土木技術が可能にした直線的ルートで結ぶバイパスとはまさに対照的だ。

飯田線の中で最も屈曲が際だつ区間

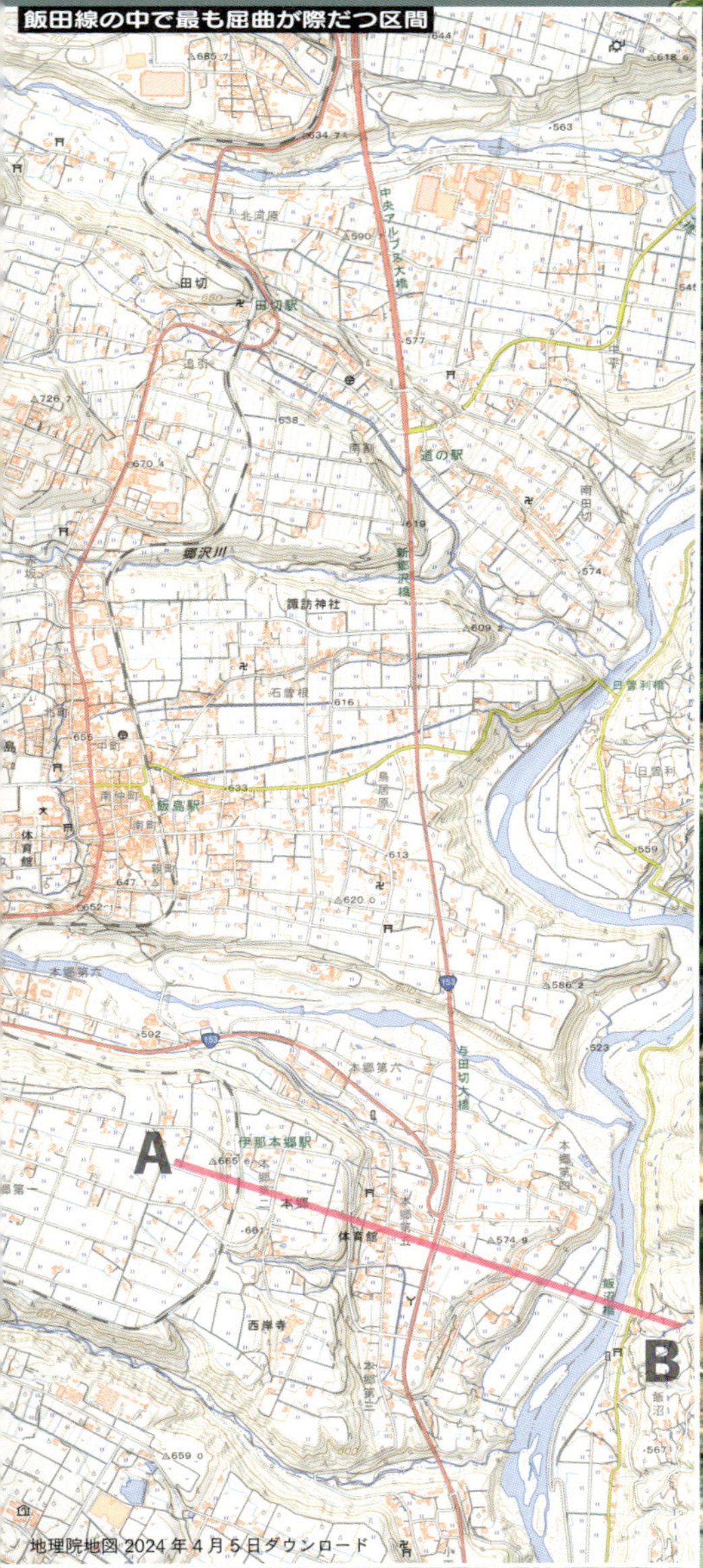

地理院地図 2024 年 4 月 5 日ダウンロード

A－B間の断面図（高さは距離の8倍に誇張）

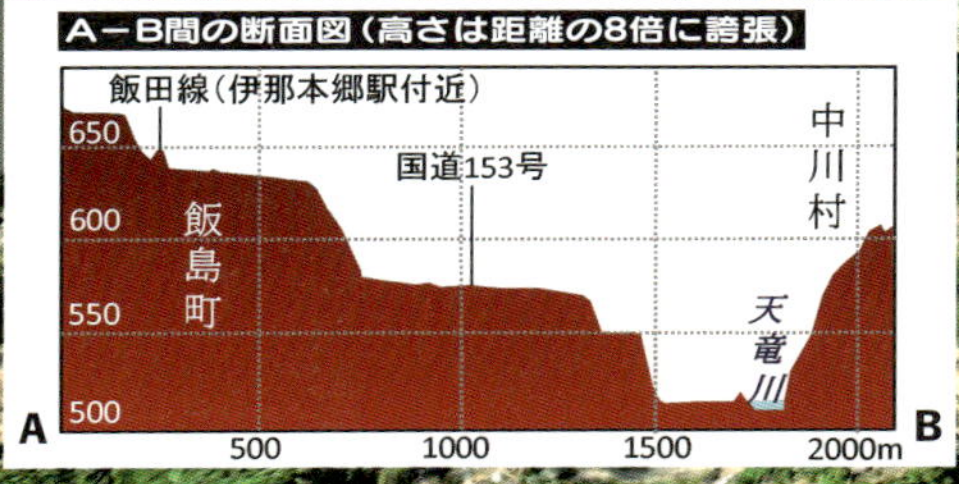

地理院地図の断面図作成機能により作成

断層運動によって形成された河岸段丘

天竜川に沿って伊那谷を南北に結ぶJR飯田線。戦時中までは4社の私鉄が接続して豊橋～飯田～辰野の192・3km（当時）を結んでいた。沿線サービスを重視する私鉄の電気鉄道ゆえに、小さな集落を含めて駅をこまめに設置、平均駅間距離は在来線国鉄の約半分の約2kmに過ぎない。

それ以上に特徴的なのはカーブの多さだ。特にここで取り上げた伊那谷《いなだに》中央部のダイナミックな線形は印象的である。その理由は俯瞰した冒頭の画像を見れば明らかだが、天竜川の右岸側（西側）に大きく発達した河岸段丘のためだ。町はおおむね三州《さんしゅう》街道沿いに発達しているが、同じテラス－段丘面に並んでいるとは限らず、それらに立ち寄るためには上位面から中位面、さらに下位面へと段丘崖を上り下りせざるを得ない。

しかも伊那谷には西から流れ込む多くの支流が深い谷間を穿っており、そこを通過するには高い橋梁を架ける必要がある。ところが鉄道が敷設された大正から昭和初期にかけての土木技術や資金を考えれば非現実的で、走ってきた段丘面を降り、やむを得ず支流の谷を遡って適度な高さの位置で短い鉄橋を渡り、再び支流に沿って下り、以前の段丘に戻ることを繰り返す線形となった。

その後、高さ数十メートルの橋梁を自在に架けられる高度成長期後に開通した中央自動車道は、対照的にまっすぐな線形である（左図参照）。必ずしも町へ立ち寄らなくてもよい高速道路のメリットもあって、飯田線のハンディは一目瞭然。かつては存在した飯田など伊那谷から東京・新宿へ直通する急行列車も撤退して久しい。

伊那谷の河岸段丘は氷期－間氷期の海面変動ではなく、断層運動によって形成された。具体的には伊那谷の西側に聳《そび》える木曽山脈（中央アルプス）の度重なる隆起によって土石流が天竜川に向かって流れ込み、これによ

飯田線（七久保～飯島間）の縦断面略図

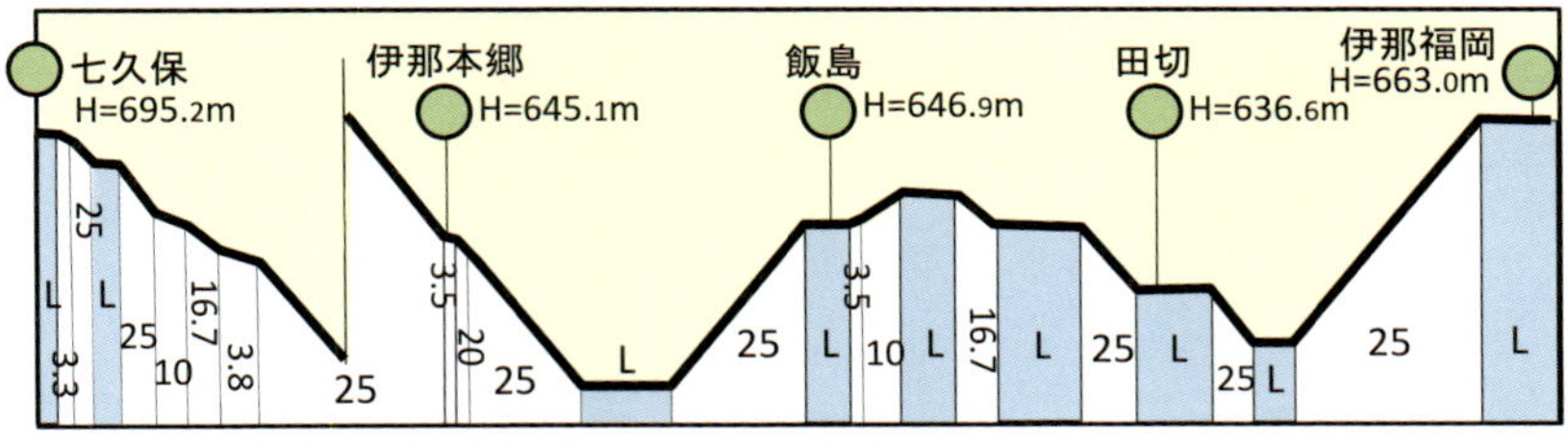

日本国有鉄道静岡鉄道管理局施設部保線課「線路一覧略図」を基に今尾作図

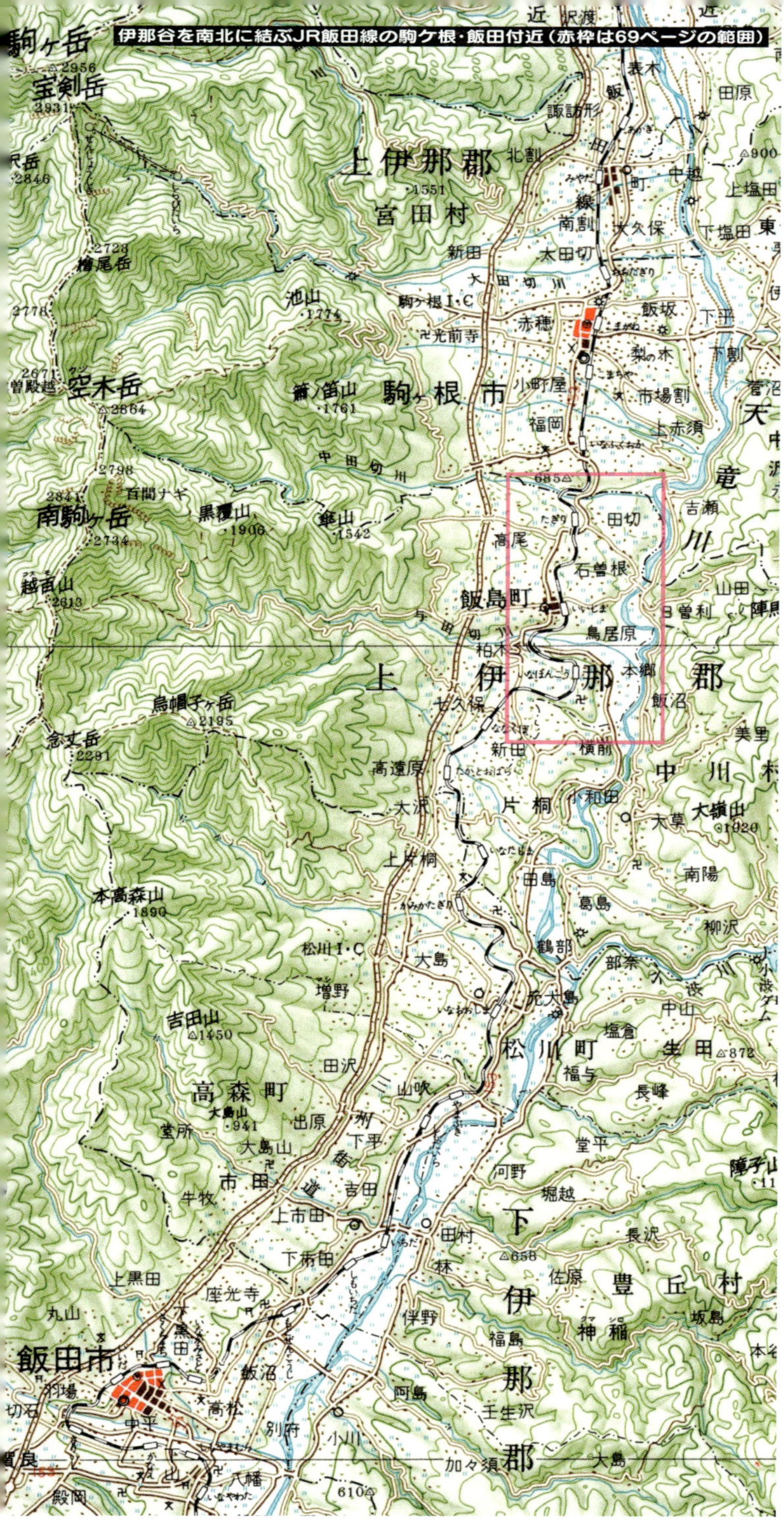

1:200,000「飯田」平成6年（1994）要部修正×1.15

り多くの扇状地が誕生しては、さらなる隆起でこれが段丘面となった。西からの急勾配の支流も段丘を激しく侵食し、それが段丘を各地で切り裂く深い谷となったのである。これを「田切《たぎり》地形」と呼ぶ。田切地形は「煮えたぎる」などと同様、水が激しく流れる様子で、伊那谷を流れる天竜川の支流には犬田切《いぬたぎり》川、小田切川、太田切川、中田切川、与田切川などが谷を深く刻む。地名にもなっており、飯田線には大田切、田切という駅もある。

北海道の山奥で繰り広げられた戦い

——恵岱別川vs信砂川の河川争奪

北海道
北竜町
下流で雨竜川に合流、さらに石狩川となる

まん中から上方へ流れていく広い信砂川の谷は、左側からの恵岱別川の深い谷によって断ち切られている。かつて左手の谷は信砂川の上流部だったが、活発に侵食を続ける恵岱別川によって奪われた。これが「河川争奪」の生々しい現場である。

増毛町
河川争奪の模式図

川の上流を別の川が奪う
河川争奪

画像の中央手前から向こうにかけて信砂《のぶしゃ》川の広い谷が発達し、それを断ち切るように左から恵岱別《えたいべつ》川が右へ流れている。ちょうどまん中の広い谷が切れた地点から左の上流側はかつて信砂川の流域だったのが、現在では恵岱別川の上流に付け替えられてしまった。このように川の上流を別の川が奪うことを「河川争奪」と呼ぶ。こんなことが起きた原因は、地形や地質による侵食力の差である。

山の中を流れる急勾配の河川Aは侵食を続けながら下流から上流に向かって少しずつ谷を深く広げていくが、ある時点で侵食が河川Bの流域に差しかかる。さらに侵食が進むと、その地点から上流側の河川Bの水はすべてAに流れ込む——これが争奪の瞬間だが、これで河川Aの侵食力はさらに増し、河川Bは上流部を失って「死に体」となった。流量は激減したのでさらなる侵食はほぼストップ、不相応に広い谷に水がちょろちょろと流れるのみとなり、河川Aの「勝利」が確定する。

ここではAが恵岱別川、Bが信砂川であるが、恵岱別川は増毛《ましけ》山地の最高峰である暑寒別《しょかんべつ》岳（１４９２ｍ）の南東斜面に水源を発する全長約38㎞の川で、空知《そらち》管内を東流して雨竜《うりゅう》川を経て石狩川に注ぐ。一方の信砂川は北流して留萌《るもい》と増毛の間で日本海に注ぐ約21㎞の比較的短い川だ。信砂川が争奪戦に「負けた」もうひとつの理由として、その左岸側が隆起して恵岱別川の侵食を助けた面もあるという。

河川争奪は全国各地で見られるが、左下は島根県南西端付近（図の左側）と山口県の北東端（図の右側）が接する地域で、中国自動車道の深谷《ふかたに》パーキングエリア付近。高津川は津和野から流れてくる津和野川と日原《にちはら》で合流して益田付近の日本海に注ぐが、瀬戸内海の岩国付近に河口のある錦川の支流、宇佐川のさらに支流の深谷川が高津川の上流部を奪ってできた地形である。深谷という名の通り深く侵食しており、ここに架かる中国自動車道の深谷橋は地形図で読み取る限り高さ90ｍに及ぶ。その深くえぐれた谷と対照的な平坦面をもつ谷はかつて高津川が流れていたところで、標高は３８０ｍ前後。その東側1㎞ほどには宇佐川沿いに赤く表示された国道４３４号が通っているが、ここは標高２４０ｍ前後なので標高差は大きい。日本海と瀬戸内海を分ける中央分水界がこの付近を通っているはずであるが、「吉賀町」の文字が記された付近はほとんど平面なので、ここに分水界のラインを引くのは難しい。

北流する信砂川と、その上流を奪って東流する恵岱別川

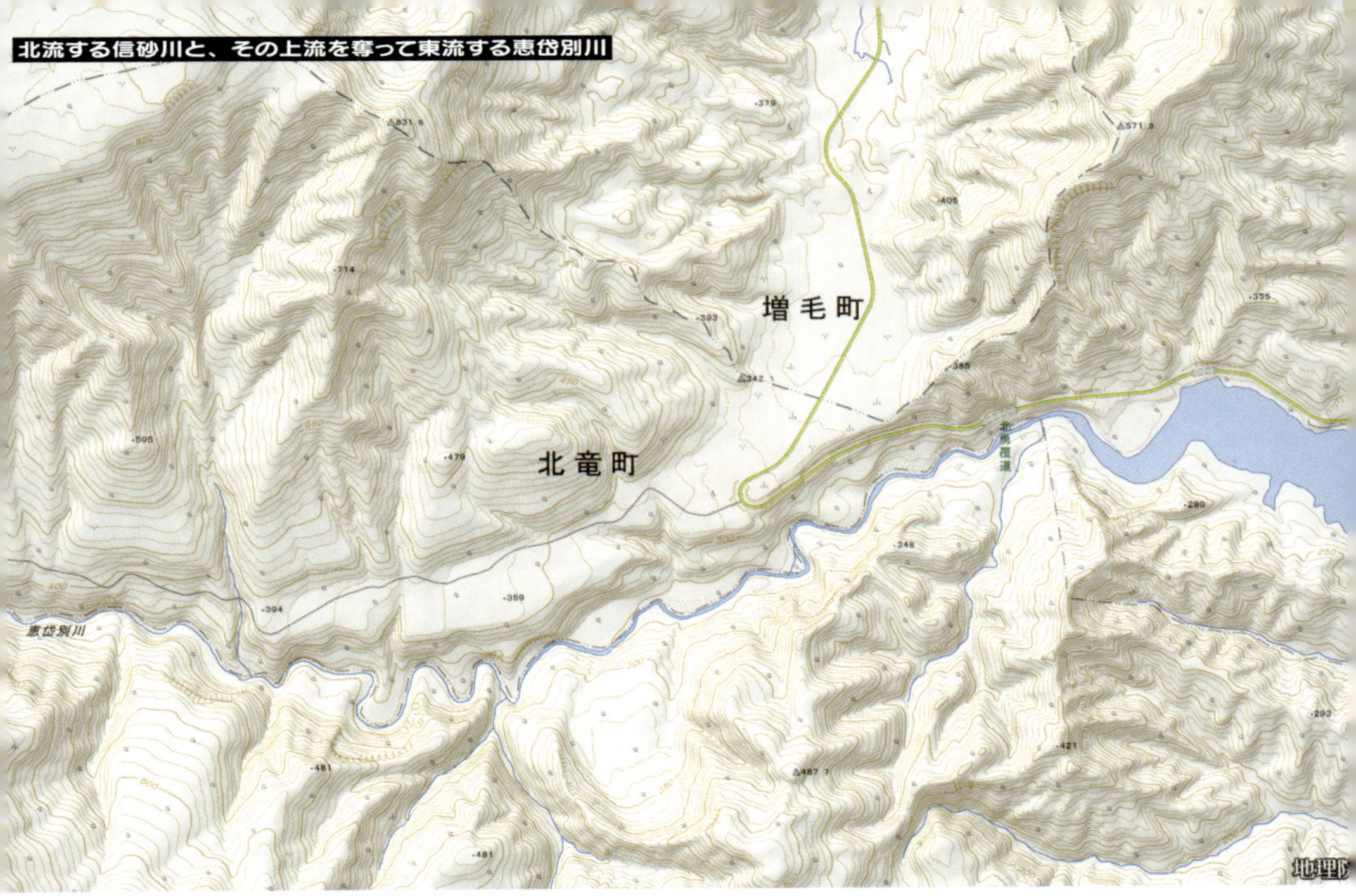

地理院地図 2020 年 9 月 29 日ダウンロード

高津川の上流部を奪った錦川水系の深谷川

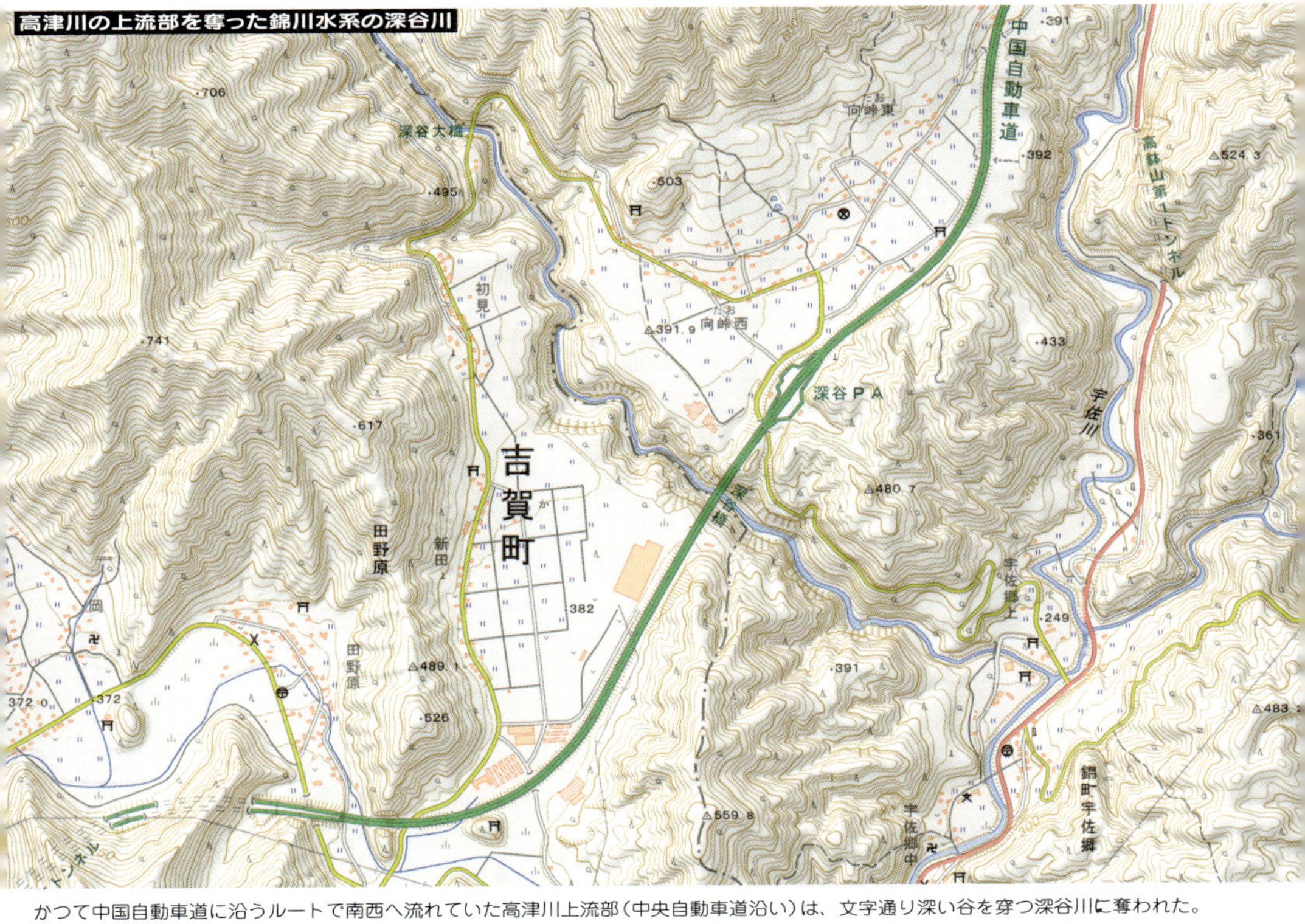

かつて中国自動車道に沿うルートで南西へ流れていた高津川上流部（中央自動車道沿い）は、文字通り深い谷を穿つ深谷川に奪われた。

地理院地図 2024 年 4 月 24 日ダウンロード

カナダ
アメリカ合衆国

スケルトンのように堆積

──ミシシッピ河口の三角州

メキシコ湾へ注ぐ太い流れは北米最長を誇るミシシッピ川。日本の国土面積の8倍近い流域面積298万㎢から供給される土砂は想像を絶する量で、これが遠浅の湾内に長さ約80㎞もの巨大サイズの鳥趾状三角州を作り上げた。文字通り鳥のアシのように分岐した形状である。

一帯は水鳥や魚類など、動物が生息する自然保護区

鳥の趾のように枝分かれした鳥趾状三角州

　三角州とは、河川が最下流部で分流しながら河口部に土砂を堆積させ、その中州が結果的に三角形を成した地形だ。ギリシャ文字のΔ（デルタ）に似ていることから、古代ギリシャのヘロドトスが三角州を「デルタ」と名付けた。これに河川名を冠してナイル・デルタ、メコン・デルタなどと呼ばれる。蛇行しながら形成された三角州、たとえば徳島県の吉野川河口付近にあるのは瓢簞《ひょうたん》型で必ずしも三角形とは限らないが、デルタには上流からの養分が堆積しているため土壌は肥沃で、多くの人口を養っている地域が多い。

　三角州はその形状から①円弧状三角州、②鳥趾状《ちょうしじょう》三角州、③カスプ状三角州の3種類に分けられる。①の円弧状はナイル・デルタ（エジプト）やニジェール・デルタ（ナイジェリア）が代表的で、アフリカ全図レベルの小縮尺でも見えるほどの大きさだが、日本には適当な例が見当たらない。埋め立てが始まる前の多摩川（東京都・神奈川県）や養老川（千葉県）の三角州がかつてはきれいな円弧を描いていた。

　②の鳥趾状三角州の代表例はなんといってもミシシッピ川河口だろう。鳥の趾（足）のように流路が枝分かれしているもので、地理の教科書で例として必ず挙げられるのがここだ。全長が80㎞に及ぶ巨大なスケールなので、画像はその先端部に過ぎない。左の図は米国地質調査所の25万分の1図であるが、経度・緯度それぞれ15分刻みの＋印からわかる通り、ページの縦は約60㎞に相当する。この一帯はすべて自然保護区だ。

　③の「カスプ（cusp）」は英語で先端を意味し、尖状三角州とも呼ばれる。文字通り河口が尖ったものだ。地理の関連書ではローマを流れるテヴェレ河口を挙げるものが多いが、円弧状三角州の代表例に挙げたナイル・デルタもメインの流路の河口部分はカスプ状になっている。同様な形はかつての江戸川や武庫川の河口に見られたが、天竜川や富士川の河口も該当する。どちらも河川勾配が大きいので「三角州性扇状地」という呼び方もあるようだ。

　三角州が形成されるためにはいくつかの条件がある。①河川の土砂供給量が多く、②海岸の沿岸流が速すぎず、かつ③海が比較的浅いことであるが、これらの条件の相対的な大小が3つ挙げたタイプにもかかわってくる。①②を満たしても海が深ければダメだし、海が浅くても①の土砂が少なく、また②の沿岸流が速ければ形成されにくい。画像は左ページの地図の右下に見える Southeast Pass 付近。

25万分の1地図に描かれたミシシッピ川河口

いくつにも枝分かれした流路の周辺には湿原が広がっている。　米国官製 1:250,000「Breton Sound」1949 年発行×0.75

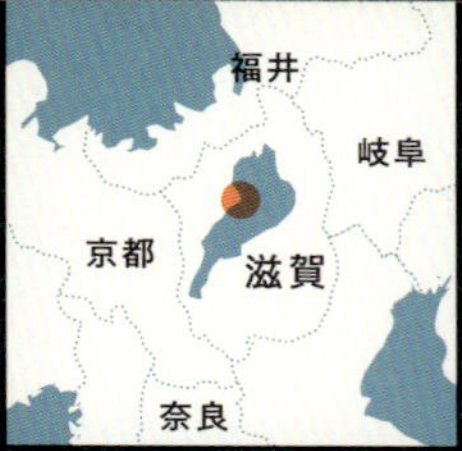

鳥のアシ型の三角州

——琵琶湖・安曇川河口

鳥のアシのように先端が枝分かれした三角州が「鳥趾状三角州」である。琵琶湖へ流れ込む川の中で最大の流量を誇る安曇川の土砂供給量は多く、しかも沿岸流が弱いので三角州には格好の条件。ミシシッピ川河口に代表されるこのタイプは日本の海岸にはほとんど見られず、おおむね湖沼に限られる。

安曇川河口付近

地理院地図 2024 年 1 月 18 日ダウンロード

堆積の条件によって3つに分類される三角州

大雨が降ると川は上流から大量の土砂を運んでくるが、そのコーヒー色の濁流が下流にぶちまけられ、堆積して平野ができた。細かいことを言えば粒の大きいものは上流で堆積、小さいものほど下流まで運ばれる。水は少しでも低いほうへ流れるから、河口の近くではしばしば枝分かれして三角形の州が形成される。

泥水に家や耕地を流されてしまう住民にとっては災難だが、近代以前なら「安全な台地」に住んだとしても水が得にくいのでは日常生活が不便この上ない。川沿いは洪水リスクこそあるけれど、養分が豊富なので物生《ものな》りは良い。めげずに少しでも高い「自然堤防」に集落を再建してきた。

さて、日本国内を見渡してみると意外にデルタが原形をとどめているところは少ない。かつては東京湾に注ぐ多摩川や江戸川、大阪湾の淀川や武庫《むこ》川なども明治期まではきれいなデルタを作っていたが、遠浅の海であるため大都市圏ではすでに戦前から埋め立てが進んでいる。ここで代表格として取り上げた安曇《あど》川は琵琶湖に注ぐ川であるが、いくつかある三角州のタイプのうち「鳥趾《ちょうし》状三角州」、鳥のアシのような形をしたものだ。

三角州が形成される条件を復習すれば、①河川の土砂供給量が豊富で、②河口付近の海・湖が浅く、③沿岸流が弱いということになるが、三者のバランスがうまく整わないと三角州にならず、しかも日本では平地が都市化で三角州が埋め立てで失われていることも多いので、「現役の三角州」を見つけるのは意外に難しい。

その点で琵琶湖に流れ込む安曇川河口の三角州は実にきれいだ。特に船木大橋の南側は良い形状が保たれている。改めて全国をあちこち地図で探してみたが、人の手があまり加わっていない河口は少ない。きれいな形が見つかったのはいずれも湖で、同じ琵琶湖に注ぐ合戦で有名な姉川河口、北海道の網走《あばしり》湖に注ぐ網走川、同じく道東の風蓮《ふうれん》湖に注ぐ風蓮川の河口、18ページで紹介した同じく十勝管内の湧洞沼に注ぐ湧洞《ゆうどう》川の河口などなど、浅くて沿岸流の弱い湖が目立つことがわかった。昔に遡ればもう少し見つかるだろうが、まだ人工的な要素が少なかった戦前の広島市に見られた太田川三角州は大型で、こちらは自然地理分野の教科書には「三角州」の見本として必ず載っていた。

姉川も今では流路が
1つに固定されている。
地理院地図 2021 年
7月8日ダウンロード

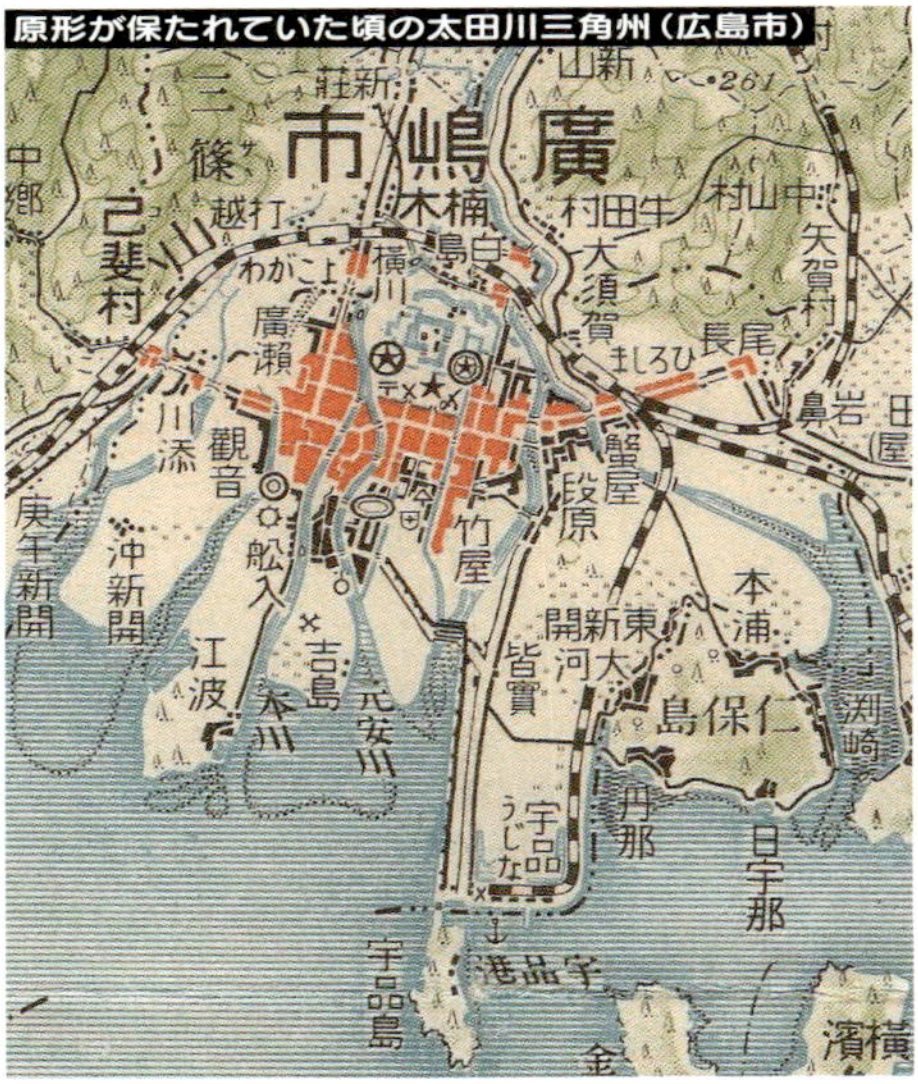

1:200,000「広島」昭和5年（1930）鉄道補入×1.5

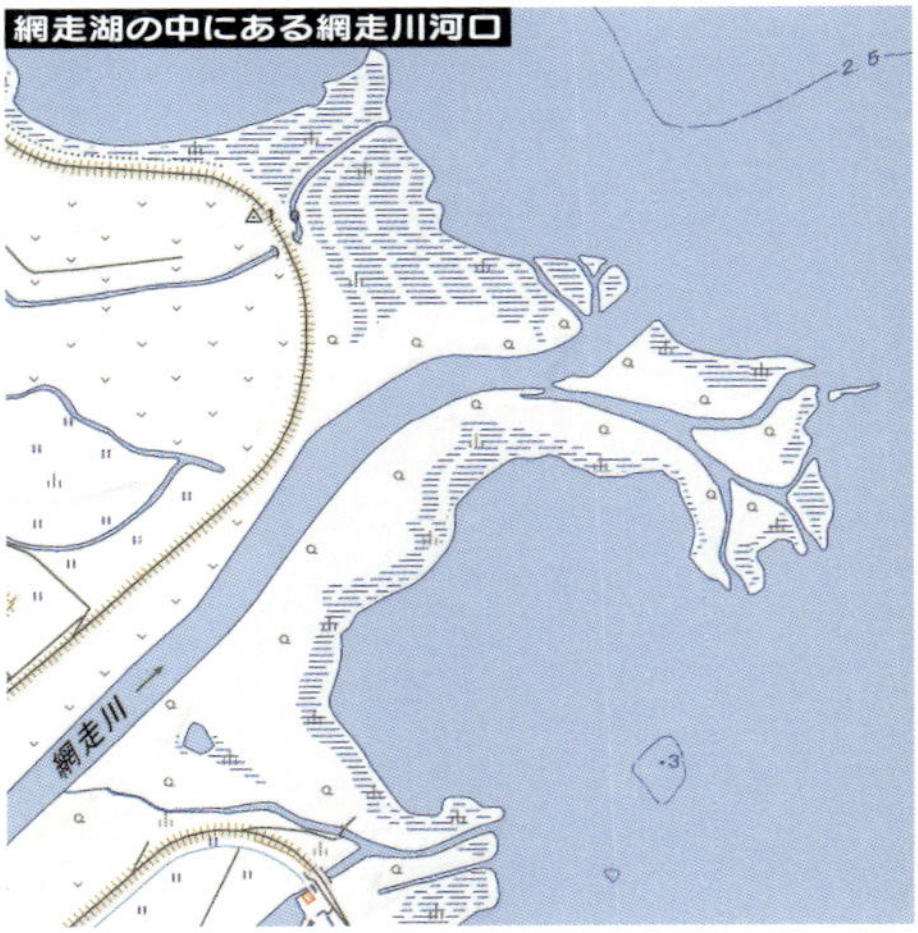

きれいな鳥趾状三角州が湖中に形成されている。
地理院地図 2021 年4月1日ダウンロード

鈴鹿山脈に水源を発して琵琶湖に注ぐ野洲川は全長約 65km。下流部は昭和 54 年（1979）に放水路が東側に開削されてこの部分は廃川となった。
1:25,000「堅田」昭和2年（1927）鉄道補入・原寸

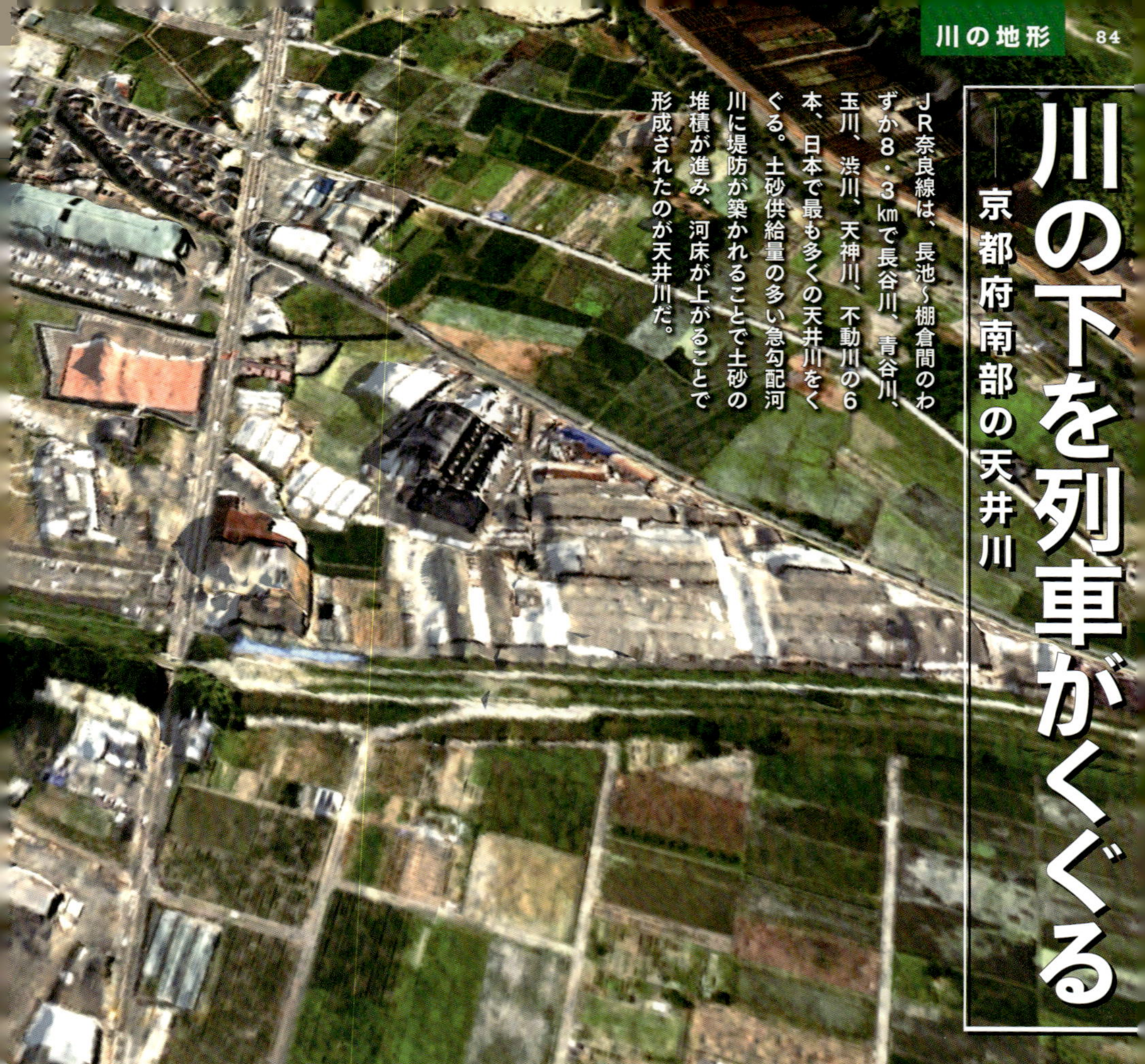

川の下を列車がくぐる

——京都府南部の天井川

JR奈良線は、長池〜棚倉間のわずか8・3㎞で長谷川、青谷川、玉川、渋川、天神川、不動川の6本、日本で最も多くの天井川をくぐる。土砂供給量の多い急勾配河川に堤防が築かれることで土砂の堆積が進み、河床が上がることで形成されたのが天井川だ。

山城青谷駅の前後で奈良線がくぐる長谷川と青谷川

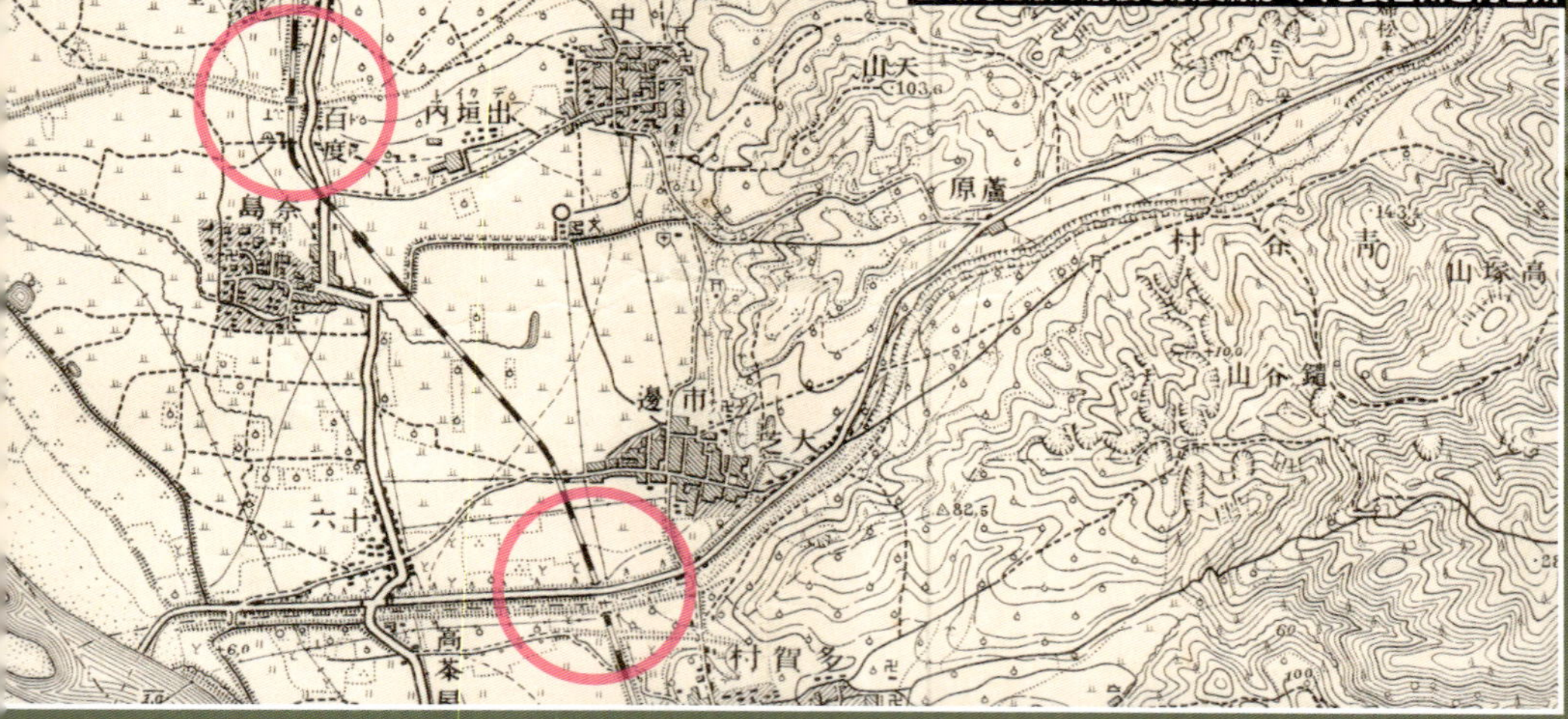

赤丸の上が長谷川、下が青谷川。涸れ川として表現されているように、通常は表流水が少ない。1:25,000「田辺」昭和4年(1929)鉄道補入×0.95

不動川の下をくぐるトンネル

＊図の範囲外です

2024 年 5 月 14 日撮影

右ページと同じ範囲の現在

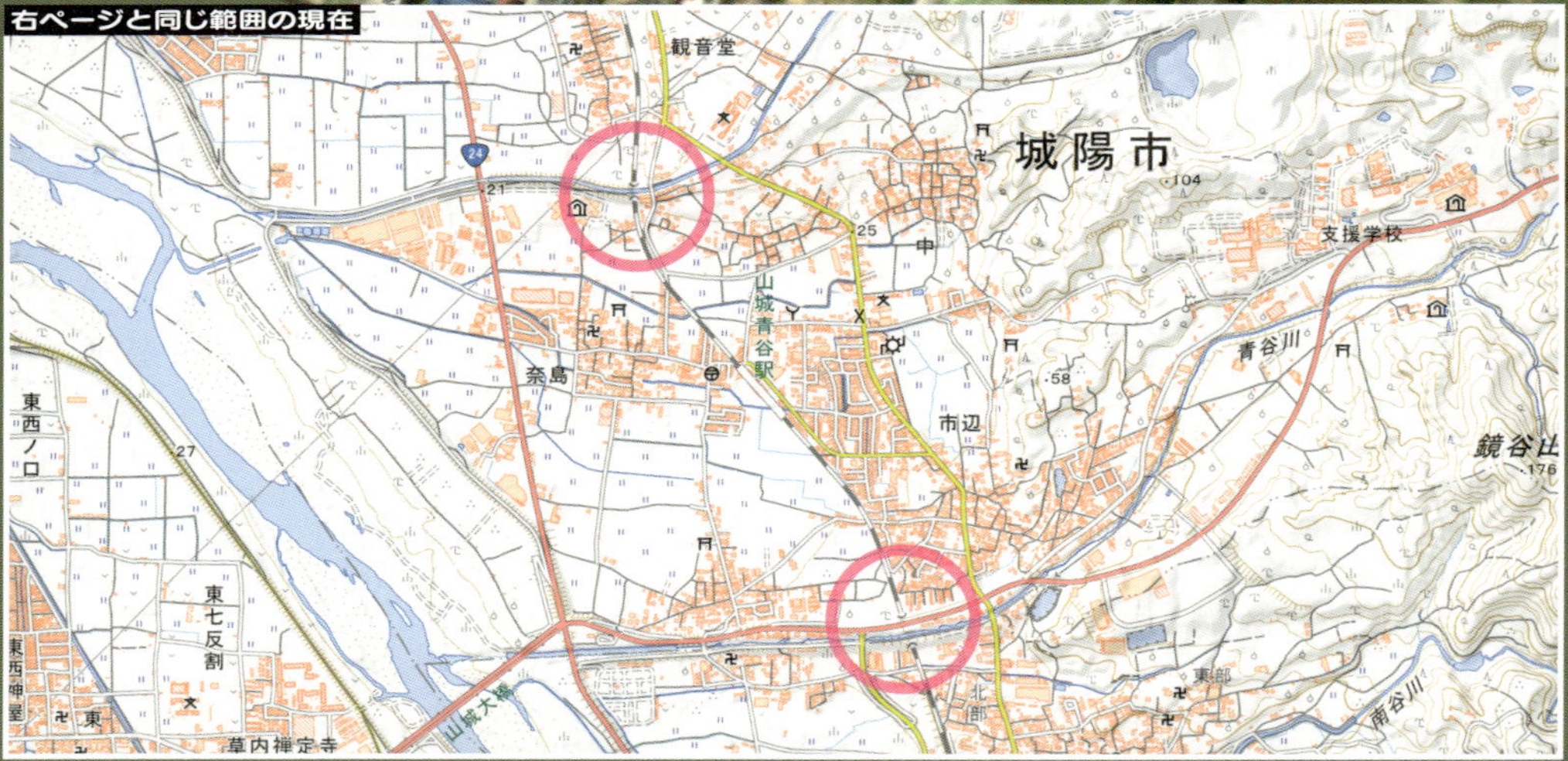

長谷川は水路橋、青谷川はトンネルをくぐる。地理院地図 2024 年 2 月 14 日ダウンロード

自然と人間の営みによる協同作業——天井川

京都から奈良方面へ向かうJR奈良線は、いくつもの天井川をくぐる鉄道でもある。天井川とは文字通り天井ほどに高いところを流れている川だ。自然に放置しておけば決してこんな川は生まれないが、人間と自然の意図しない「共同作業」で形成される。

　山から里へ流れ下ってくる川は平地に土砂を供給するもので、それが一帯にまんべんなく堆積したのが扇状地と呼ばれる地形だ。ところが早くから集落が発達した地域は人口密度が高く耕地も多いので、あまり溢れてもらっては困る。平均に堆積するということは、家も耕地もしばしば土砂に埋まることを意味するので、そうならないよう堤防の中だけに蓄積してもらうのだ。

　ところが川はそんな事情は構わず土砂を供給し続けるから、堤防に両岸を固められた河床はどんどん上がってしまう。河床が上がれば洪水の危険が増すので、さらに土手をかさ上げしなければならない。その繰り返しの結果として形成されるのが天井川で、人と自然の「共同作業」とはいえ、意図せずに悩ましい存在になってしまう。

日本初の鉄道トンネルは山岳を穿つものではなく、大阪～神戸間の現東海道本線が建設される際に建設された芦屋川、住吉川、石屋川の下をくぐるものであった（左中の図）。いずれも六甲山地から急勾配で流れ下る短い川で、ふだんは水が少ないが大雨が降るとたちまち暴れ川となる。上流部はいずれも花崗岩《かこうがん》質の山地（御影《みかげ》石は六甲山麓の御影の名を採った花崗岩）で風化が著しく、流下する土砂が多い。

　奈良線は奈良鉄道によって明治29年（1896）に全通した路線で、同40年に国有化された。この時期に建設されたので、トンネルの出入口は重厚な煉瓦積みである。同線は6本の天井川をくぐるが、その一部はコンクリートの樋《とい》だ。河床の高い天井川は依然として危険性があり、昭和28年（1953）8月の南山城《みなみやましろ》水害では4つの天井川の堤防が決壊して周辺に氾濫《はんらん》、死者32人の犠牲を出したほどである。

　左上は滋賀県の比良《ひら》山麓を走っていた江若《こうじゃく》鉄道にあった天井川のトンネルで、現在はJR湖西《こせい》線に置き換えられて消滅した。左下は徳島県の国鉄鍛冶屋原《かじやばら》線で、讃岐山脈の南麓で天井川をくぐっていたが昭和47年（1972）に廃止。下は現存する養老鉄道（旧近鉄養老線）。養老山地の東麓に沿って走るこの路線にも天井川が目立ち、養老断層が山地を隆起させ続けているので土砂の堆積が多い。

琵琶湖西岸の比良山地から流れ下る川も天井川が多い

かつて JR 湖西線の経路をたどっていた江若鉄道にも天井川トンネルがあった。1:50,000「北小松」昭和 7 年（1932）を 40 度右傾斜×0.7

日本初の鉄道トンネルは阪神間の3つの天井川トンネル

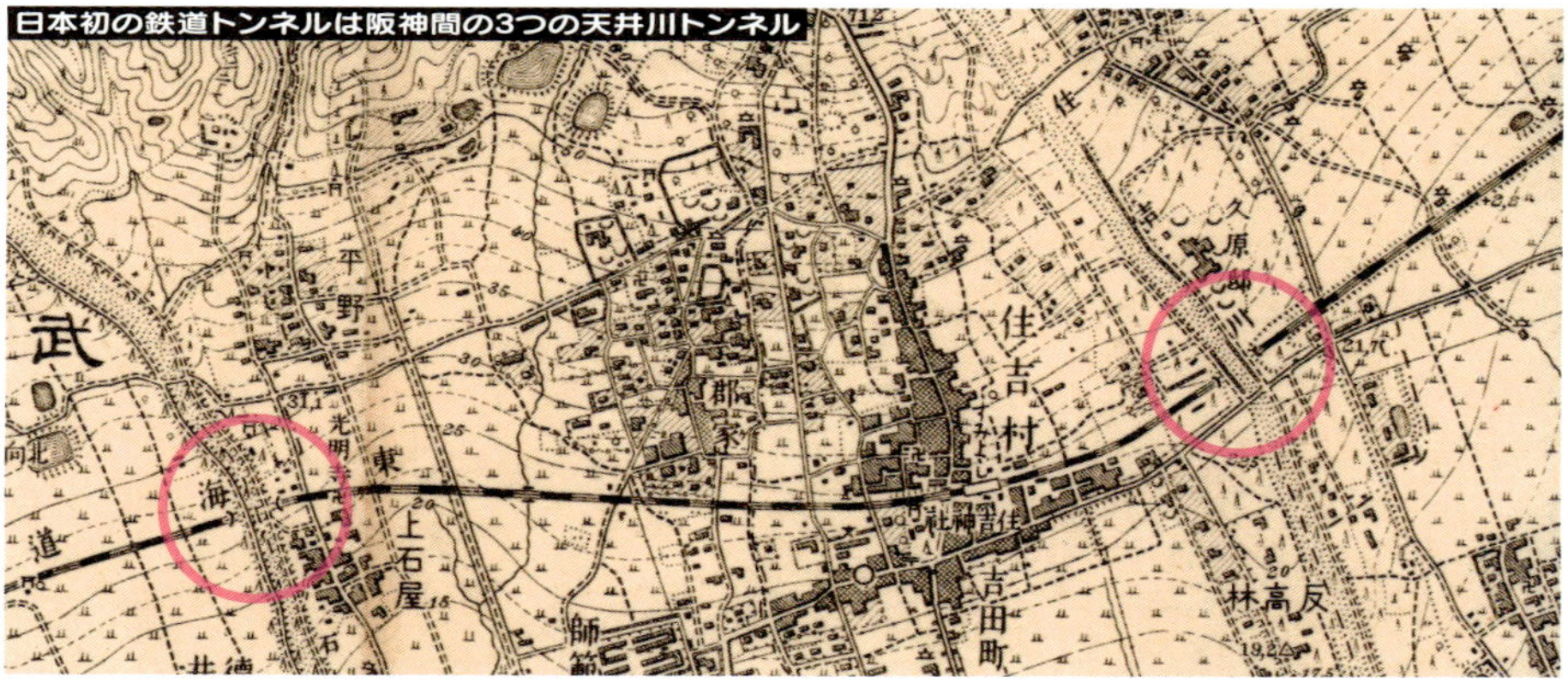

石屋川（西側）と住吉川、東方の欄外に芦屋川のトンネルが建設された（明治 7 年＝ 1874 ＝開通）。このうち現在の石屋川は鉄道が上を通る。

1:20,000「御影」明治 43 年（1910）測図×0.9

今はなき鍛冶屋原線（徳島県）にも天井川トンネル

昭和 47 年（1972）に廃止された国鉄鍛冶屋原線羅漢駅付近。

1:25,000「大寺」昭和 26 年（1951）資料修正×0.9

養老鉄道（岐阜県）も3カ所で天井川をくぐる

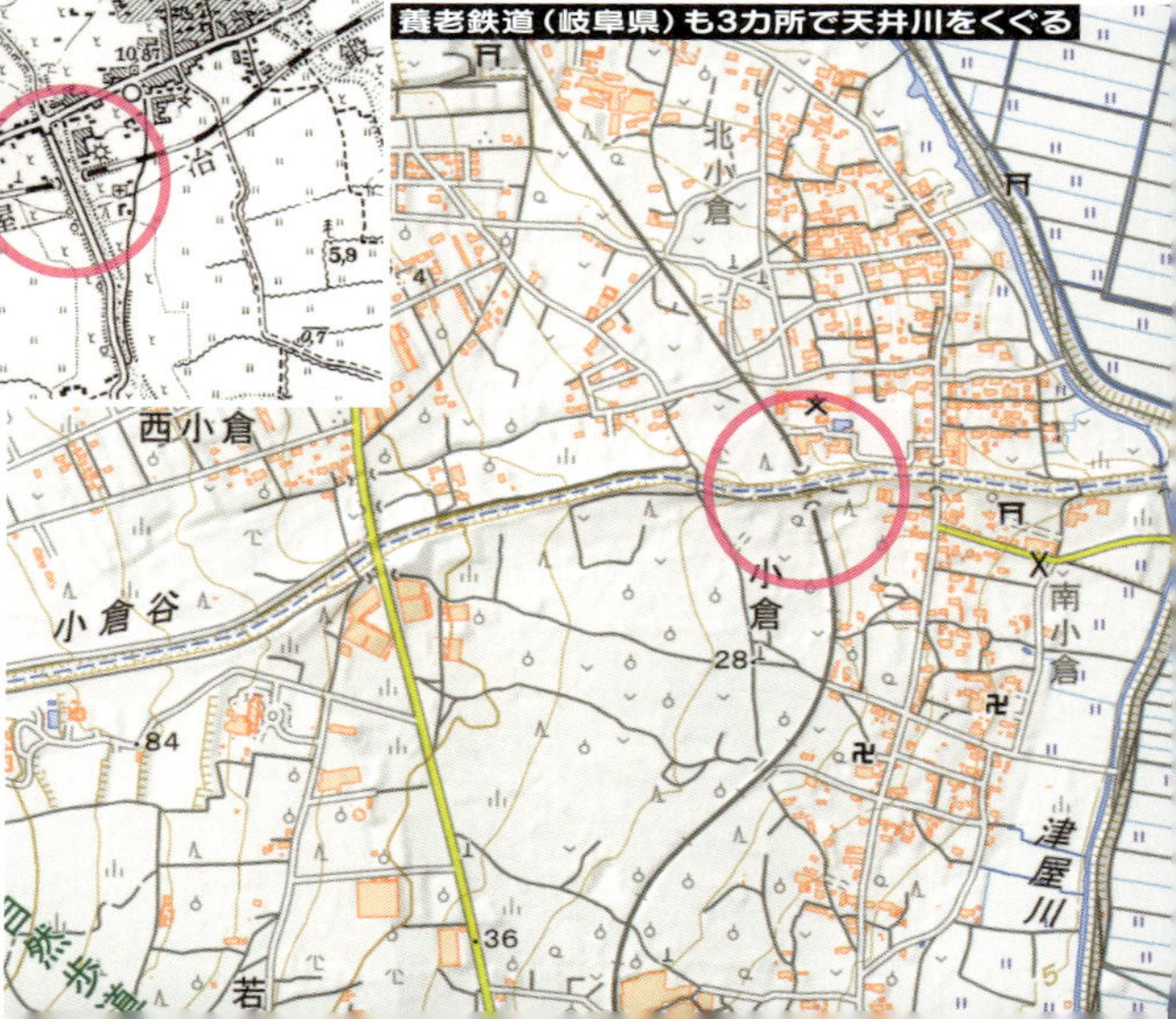

養老駅の南側にある小倉谷をくぐる天井川トンネル。

地理院地図 2024 年 2 月 27 日ダウンロード

川が山を断ち切った理由

——米アパラチア山脈とサスケハナ川

緩いカーブを描きながらも、全体としては行儀の良い列をなす尾根がいくつも続いた地。その谷間には畑とおぼしきモザイク模様と、細かく蛇行する河川が見え隠れしている。これに対して大きな流れは尾根をスパッと断ち切り、谷の中にはおさまっていない。盛り上がる地面と侵食する川のせめぎ合いの現場だ。

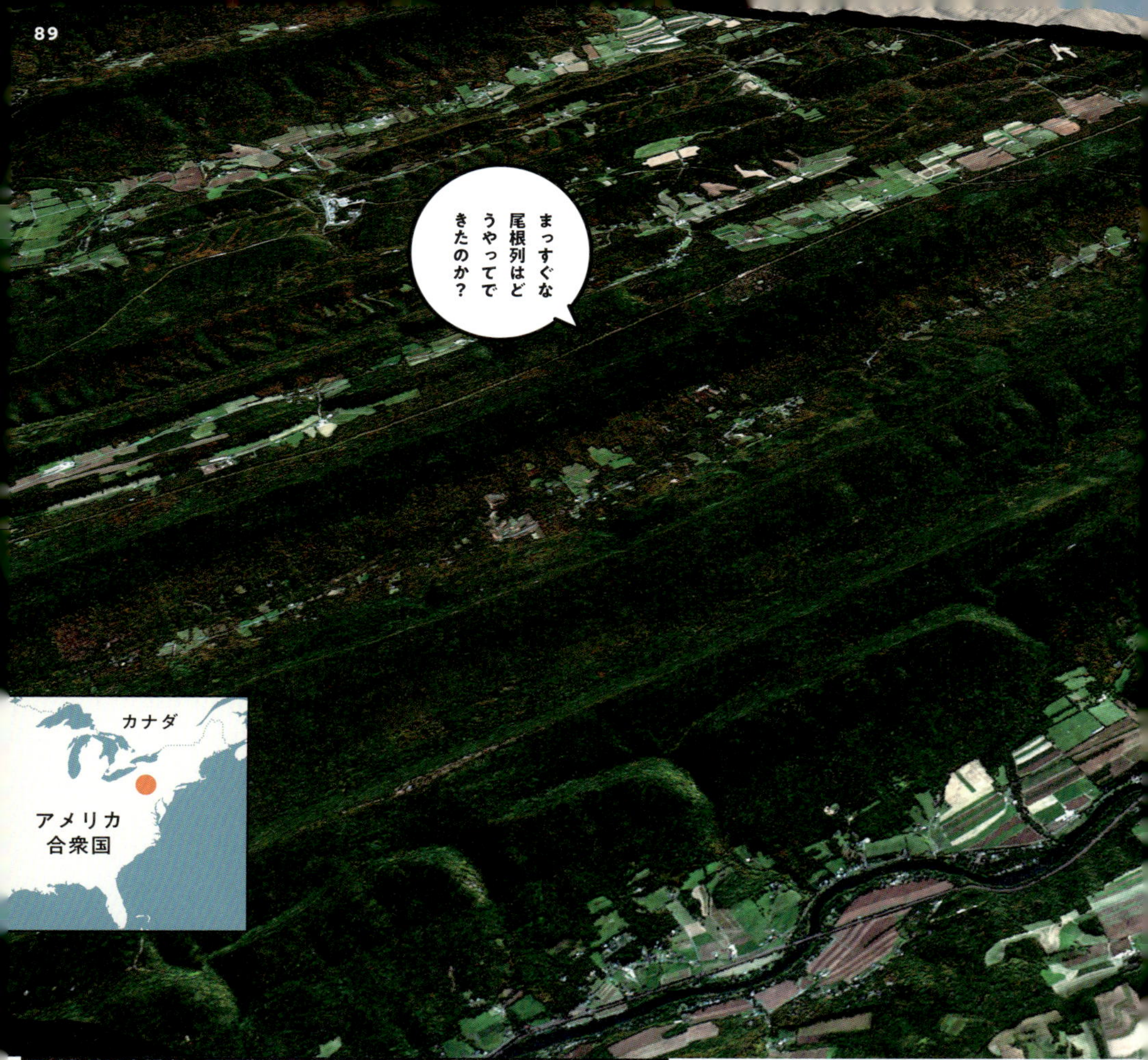

アパラチア山脈を一刀両断する北米東部最大のサスケハナ川とその周辺

米国官製 1:250,000「Harrisburg (PA)」1957 年発行×0.4

隆起する地面より川が強力に侵食、流れを保持した先行河川

左下から右上にかけて続く何列もの直線的な盛り上がりが見える（画像は南が上）。山並みというにはあまりにまっすぐなので不自然に感じてしまうが、これが米国東部に連なるアパラチア山脈の姿だ。ほぼ南西から北東を向いている尾根線は北西側と南東側が押し合って褶曲《しゅうきょく》した結果である。

まっすぐ南流しているサスケハナ川は全長715km、米国東部では流域面積7・1万km²と最も広い。この川の名は幕末に来航した黒船のうちペリー提督が乗っていた蒸気フリゲート艦「サスケハナ」として知られている。川がアパラチア山脈を抜けたところがハリスバーグで、その20km東にはチョコレートで知られるハーシーの町。川の少し下流側にはスリーマイル島という中州があり、ここの原子力発電所が1979年に炉心溶融事故を起こして有名になった。画像はその支流のジュニアタ川（2番目に大きな支流・全長145km）で前ページの下の地図の左端あたり。

サスケハナ川の流れ方は実に奇妙で、アパラチア山脈の尾根線とまったく関係なしにその峰々を断ち切っている。理由は川が先にあって、後で山脈が隆起したためだ。山脈が少しずつ隆起するスピードより、川が地面を侵食するスピードのほうが勝ったために元の流れを保持した結果である。最初に川があったということから、地理用語では先行河川、その地形を先行谷と呼ぶ。

ただ、細かいところをよく見れば、支流の中には山脈の隆起に負けて尾根と尾根の間の谷に沿って流れているものもあり、流量が少ないと「勝てない」ことを示している。画像のジュニアタ川でも、山脈に勝ったところと負けたところが混在しているのが興味深い。

日本国内で代表的な先行河川といえば吉野川だろう。やはり東西に連なる四国山地が隆起を続ける中でひたすら侵食を続けながら北流した結果、険しい峡谷となった。この谷を走るのがJR土讃線であるが、断崖絶壁の代表格が大歩危《おおぼけ》・小歩危《こぼけ》。いくつものトンネルをくぐりながらここを通過する。その吉野川は現在では三好市で向きを東に変えて徳島市のほうをまっすぐ目指しているが、かつてはそのまま北流していた時代がある。四国山地には「勝利」した吉野川であるが、50万年より前に隆起した讃岐山脈には負けてしまった。左下の図は福島県の会津盆地の方から流れてくる阿賀野川で、旧三川村を含む阿賀町付近で隆起する越後山脈を侵食して河道を保った結果である。

地理院地図（写真）＋陰影起伏図 2024 年 4 月 23 日ダウンロード

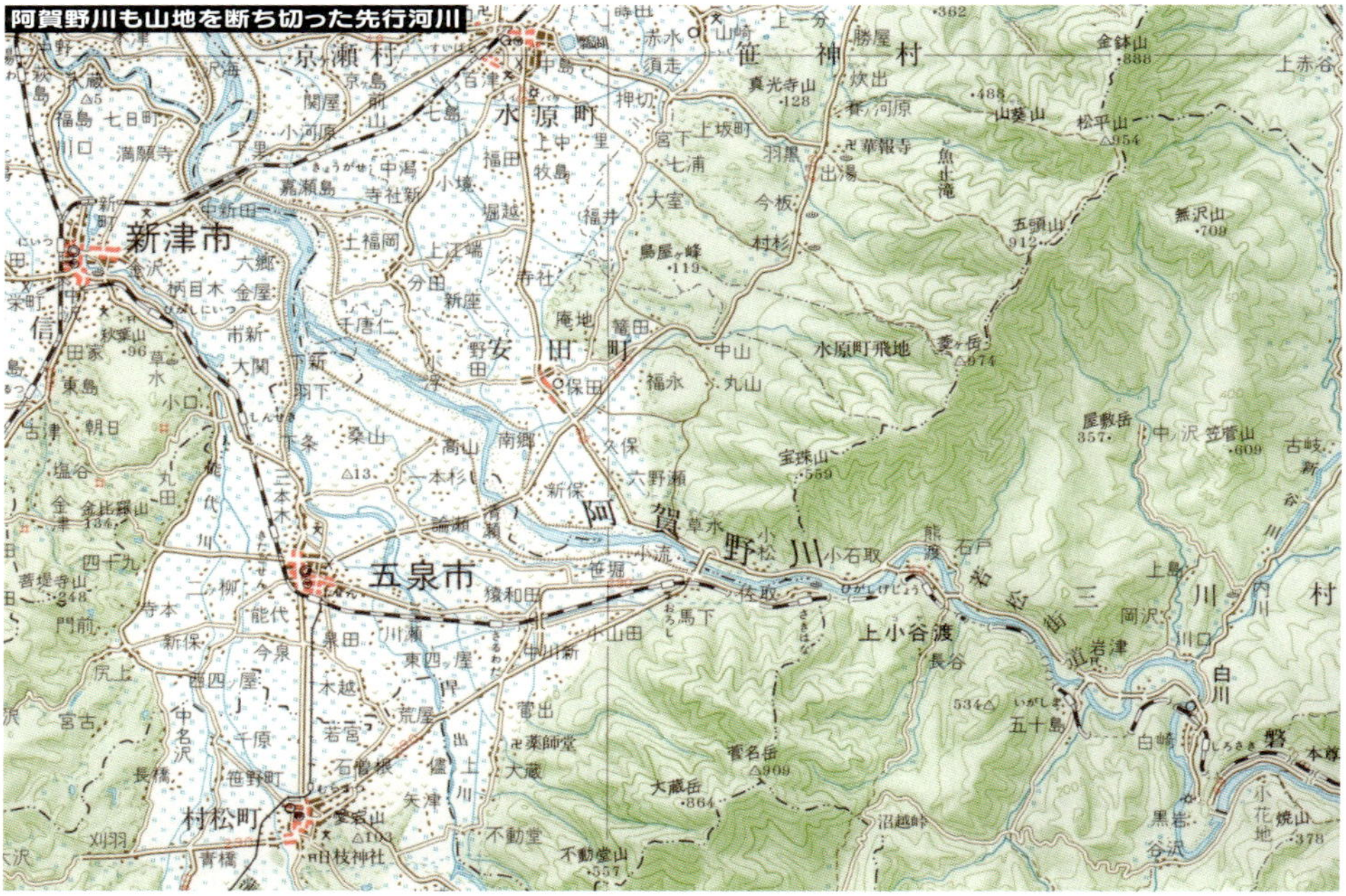

1:200,000「新潟」昭和 57 年（1982）要部修正×0.95

地球温暖化の影響を受けて溶けつつある

地球寒冷化の置き土産

——スイスのアレッチ氷河

氷河とは文字通り氷の川である。堆積した雪が巨大な氷塊となり、氷河期にはこれが欧州の大半を覆った。間氷期の温暖な気候で大半が消えたのが現状である。その名に背かず氷河はジリジリと少しずつ流れ下り、地面を削ってさまざまな地形を作り、岩屑の落とし物も遺す。近年は温暖化の影響で消えるスピードが加速している。

スイス南部ベルナーオーバーラント付近

1937 年のガイドブック「ベデカー」に描かれたアルプスの図。
Die Schweiz, Handbuch für Reisende von Karl Baedeker, 39. Auflage, Leipzig Karl Baedeker, 1937

万年雪が地面を削った氷河地形

ヨーロッパ・アルプスで最大の氷河、アレッチ氷河である。画像はその東に聳えるグローセスヴァネンホルン（3906m。大桶ヶ岳とでも訳すか）の南側から南西を俯瞰したアングルだ。アレッチ氷河の全長は22・6㎞、面積は78・5㎢に及ぶ。上流側にはユングフラウ（高さ4158m）、メンヒ（4110m）、アレッチホルン（4194m）などの名だたる高峰が囲んでおり、それぞれの斜面から下ってくる万年雪に覆われた3本の支谷（フィルン）―大アレッチフィルン、ユングフラウフィルン、エーヴィヒシュネーフェルト（万年雪ヶ原の意）がコンコルディアプラッツで合流、そこから南東〜南西に向けて大きな弧を描いて下っている。

夏でも融けない万年雪が長年にわたって積み重なり、圧縮されたものが氷河で、重力に従って少しずつズリズリと下っていく。氷の塊であるが、その巨大な重みで地面は削られて特有の氷河地形を生み出してきた。氷河の上には周囲の山の岩屑であるモレーン（氷河表面メディアルモレーン）が流れに沿って線的な模様を示している。

アレッチ氷河は前ページ左下の図では中央上方に見えるBERNER ALPEN（ベルン・アルプス）のP・Eの文字付近から流れ下っている部分だ。その南西側にはブリークの町があり、そこから南東に延びる長い破線はイタリア国境を抜けるシンプロン・トンネル（19・8㎞）である。1979年に上越新幹線の大清水トンネル（22・2㎞）の開通まで81年間にわたって世界一の鉄道トンネルであった。

左上図の右下に見える鉄道は「氷河急行」で知られるマッターホルン＝ゴットハルト鉄道で、ツェルマットからこのブリークを経てロッテン（ローヌ）川沿いに遡り、スイス東端のサンモリッツまでを結んでいる。急カーブが連続する険しい線形で、全区間のうち2割が歯軌条《しきじょう》式（アプト式）だ。

近年は世界的に地球温暖化の影響と見られる氷河の縮小が問題となっているが、このアレッチ氷河も日本の幕末にあたる1863年に163㎢あった面積が、1973年には128㎢、そして2021年には冒頭に記した通り78・5㎢と小さくなっている。約160年で半減したことになるのだが、1937年（87年前）の状態を示す左上の図の氷河の下端は、現在では2㎞ほど上流側に移動した。左下の図は小規模ながら日本の氷河で、小窓雪渓《せっけい》、三ノ窓雪渓、西ノ谷雪渓の3カ所は、最近になって日本氷雪学会から正式に「氷河」と認められた。

スイス・アルプス最大のアレッチ氷河

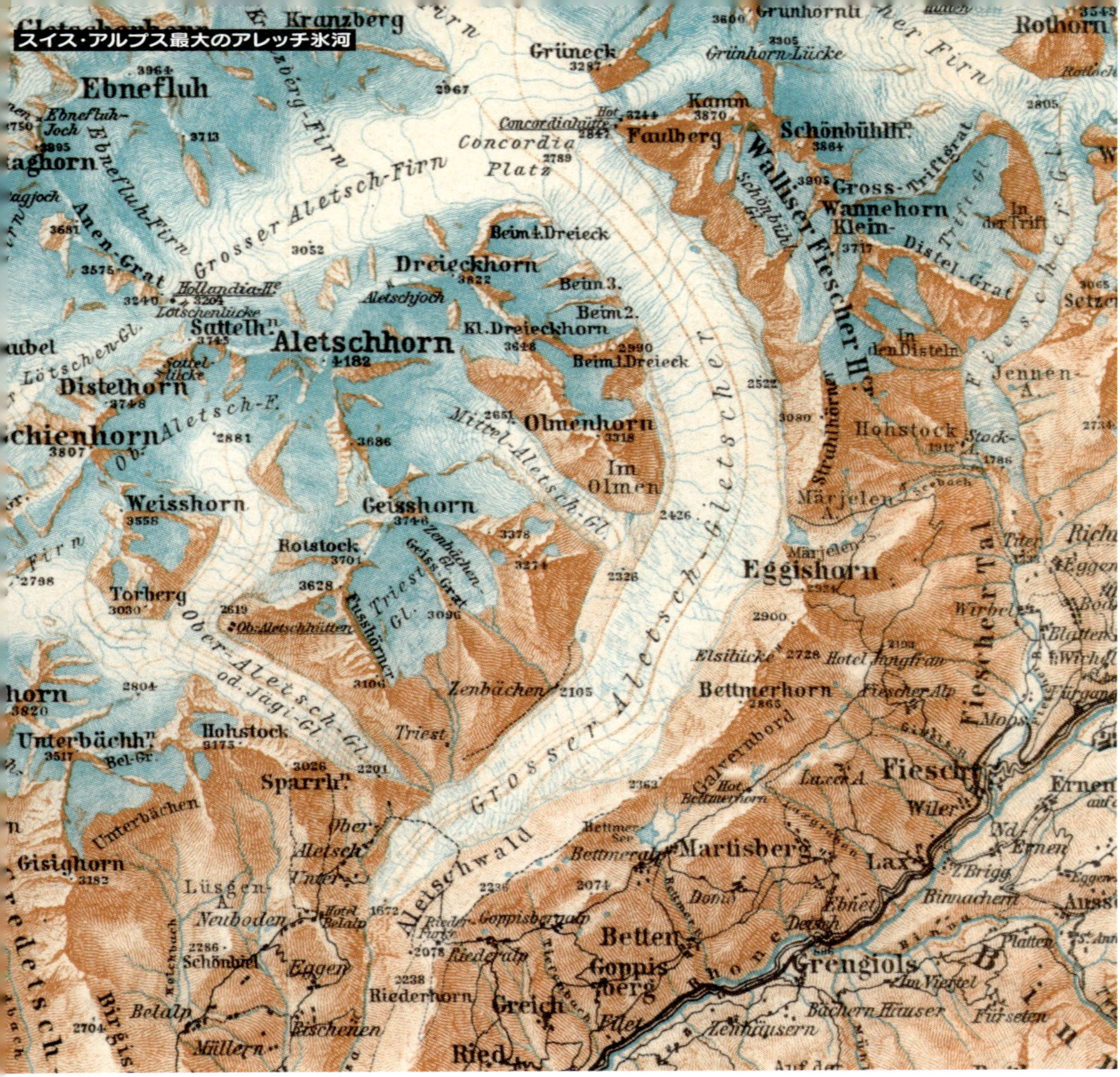

アレッチ氷河の下端は現在より約 3.4km も下流にある。Die Schweiz, Handbuch für Reisende von Karl Baedeker, 39. Auflage, Leipzig Karl Baedeker, 1937

富山県・剱岳付近にある日本では珍しい氷河

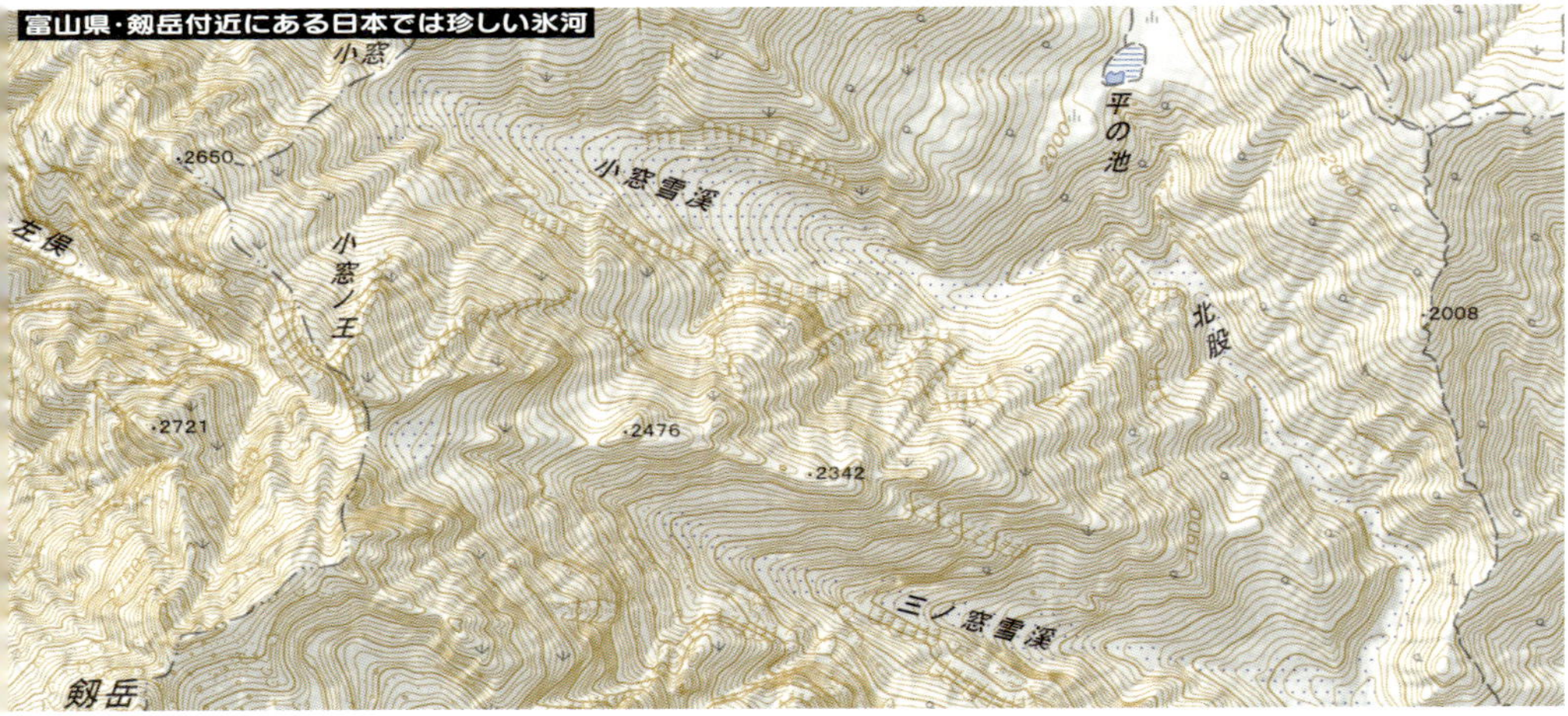

このうち小窓雪渓、三ノ窓雪渓が現在では氷河と認定されている。地理院地図 2024 年 4 月 13 日ダウンロード

COLUMN

川の始まりと終わりはどこだろうか

よく見かける「川の長さランキング」。日本では信濃川が第1位で367km、第2位が利根川の322km、第3位が石狩川の268km、以下④天塩《てしお》川256km、⑤北上川249km、⑥阿武隈川239km……と並んでいる。

ためしに今から90年前、昭和9年（1934）発行の中等学校（現在の高校に相当）用地図帳『新撰詳図』（帝国書院）の巻末を確認してみた。その結果、石狩川は現在より97kmも長い365km、利根川は現在とまったく同じ322km、その他バラつきはあるがおおむね似た数値が並んでいる。このうち石狩川に関しては蛇行を人工的に短絡させる工事が多く行われているので、長さの変化はある程度納得できるが、ずいぶんと短くなったものだ。さらに明治35年（1902）発行の『大日本地名辞書』（吉田東伍著・冨山房）で調べてみたら、「蜿蜿《えんえん》一百里（約393km＝引用者注）」とあるし、同書に引用された「加藤氏地理曰、石狩川、迂余、長百十一里（約436km＝同）」という記述もあって、正確な測定がなされていない様子ではあるが、やけに長い。436kmが本当だったとすれば日本一の長流だったのは間違いない。

川の長さといえば「水源から河口まで」というのが基本だが、どこを水源とするかは意外に難問だ。季節によって水量が異なるから流れ始めの地点は見極めにくいし、地形図に青い線が描かれ始めるのは川幅1.5m以上の地点である（厳密ではないが）。「水源の碑」が立つ場所とは必ずしも一致しないし、水源は分水界の尾根であるとスッパリ定義すれば簡単かといえば、そうでもない。「地形モデル」で機械的に判断すれば相模川の源流は富士山頂にせざるを得なくなり、現実からかけ離れてしまうのだ。

担当の役所である国土交通省河川局のOBに伺ったことがあるが、長さの数値は川によって時代差があるそうで、正確性が疑問なものも少なくないという。ランキングでは四万十《しまんと》川の方が吉野川より長くて「四国最長の川」になっているが実際には逆だというので、私は「地理院地図」の距離を測るモードで、実際の図上に描かれた川の屈曲点ごとに無数のクリックを繰り返しながら測ってみた。これによれば11位の四万十川は179.5kmで、一般に知られている196kmよりずいぶん短い。対する吉野川は197.3kmで、巷間に出回っている194kmより3.3km長い程度で、こちらの方が約18kmも長いことがわかった。

そんな大きな差があるとは思えなかったので、面倒だが再度挑戦したのだが、長さは前回の測定から500m以内の誤差に留まった。川の正確な長さを知ってどうなるわけでもないが、現実とかけ離れた数値が流布され続けるのも困る。吉野川が名実ともに四国最長の川となるかどうかの瀬戸際である。ちょっと大袈裟か。

第3章

火山と地盤

地球の熱は今も

カルデラ中央の火山造形
——阿蘇

九州の阿蘇山は世界有数の巨大カルデラ火山。南北25㎞、東西20㎞のカルデラに3市町村の居住地の大半が入っている。文字通り鍋底のように陥没した火口原には中央火口丘が聳え、このうち中岳からは今も噴煙を上げる。周囲には地球の「吹き出物」のような小さな火山も目立つ。

巨大な阿蘇カルデラとその周辺

1:200,000「熊本」平成元年(1989)要部修正＋「大分」昭和59年(1984)要部修正×0.6

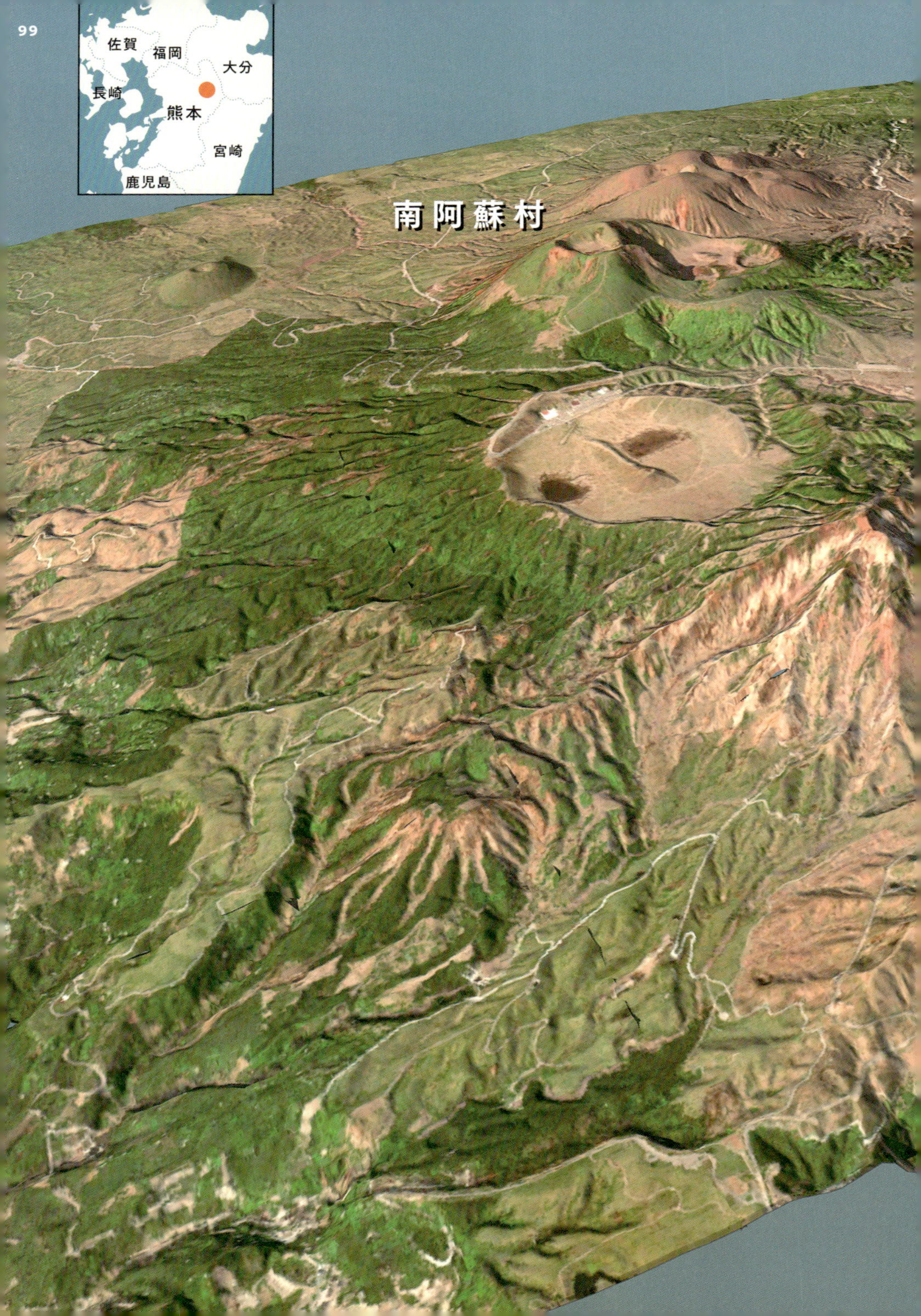
佐賀
福岡
大分
長崎
熊本
宮崎
鹿児島
南阿蘇村

マグマが原因で陥没した鍋のような地形

カルデラというのはスペイン語で「鍋」を意味する。その名の通り広く陥没した鍋のような地形だ。火山の噴火で大量のマグマが噴出すると地中に空洞ができる。その上に載っている山体の重さに耐えられず陥没してできるというのが一般的だ。

鍋の縁にあたる陥没しなかった部分が外輪山で、その内側斜面はかなりの急斜面になっている。陥没した後の「鍋底」からさらに噴出物が盛り上がるなどしてできた山が中央火口丘で、この阿蘇の場合は左の図で右端に見える中岳（1506m）、左端に近い杵島《きしま》岳（1326m）などがそれだ。

阿蘇では中央火口丘が東西に連なったため、その北側と南側にカルデラ盆地がある。このうち北側の阿蘇谷は比較的平坦なのに対して南側の南郷谷《なんごうだに》は緩いU字を描く広い谷のイメージだ。かつては北側に阿蘇町と一の宮町、南側に久木野村、長陽《ちょうよう》村、白水《はくすい》村、高森町の計6町村があったが、平成の大合併後は阿蘇市、南阿蘇村、高森町の3市町村となっている。

左上の図はその阿蘇の中央火口丘の一部で、さまざまな火山地形が認められるが、2つの池が印象的な「草千里《くさせんり》ヶ浜」は二重になった火口の跡だ。左上の端に見える米塚は等高線がひときわツルリとして滑らかな形をしているが、それは若い証拠。約3300年前に軽石などが噴出して誕生したスコリア丘である。

カルデラは窪地であるため、溶岩などが川の出口を塞げば湖ができる。これがカルデラ湖だ。日本にも摩周湖、屈《くっ》斜路《しゃろ》湖、十和田湖など有名なものが多いが、このうち左下の洞爺《とうや》湖は典型的な形をしており、中央火口丘が島となっている。かつては阿蘇山も湖（古阿蘇湖）であったが、後にカルデラに集められた水の出口である立野《たての》の付近で切れて現在に至った。ここにはJR豊肥《ほうひ》本線が通っており、短区間で大きな標高差をたどるため3段式スイッチバックが設けられた。同線は熊本から阿蘇谷を経て鍋の東側の壁をよじ登って大分方面へ通じている。

右下の図は北海道、渡島《おしま》半島の濁川《にごりかわ》温泉付近に見られる濁川カルデラ。こちらはラッパを上に向けた形の「じょうご型カルデラ」に分類されるが、直径約2㎞と小型。後に河川の堆積物で平坦となった。カルデラの北側を中心にいくつかの温泉記号が見えるが、源泉温度40～80度の濁川温泉が湧いており、地熱発電所（森発電所）も稼働している。

巨大なカルデラの中にさまざまな火山地形が並ぶ。地理院地図 2024 年 1 月 18 日ダウンロード

1:200,000「室蘭」昭和 46 年（1971）修正×0.8

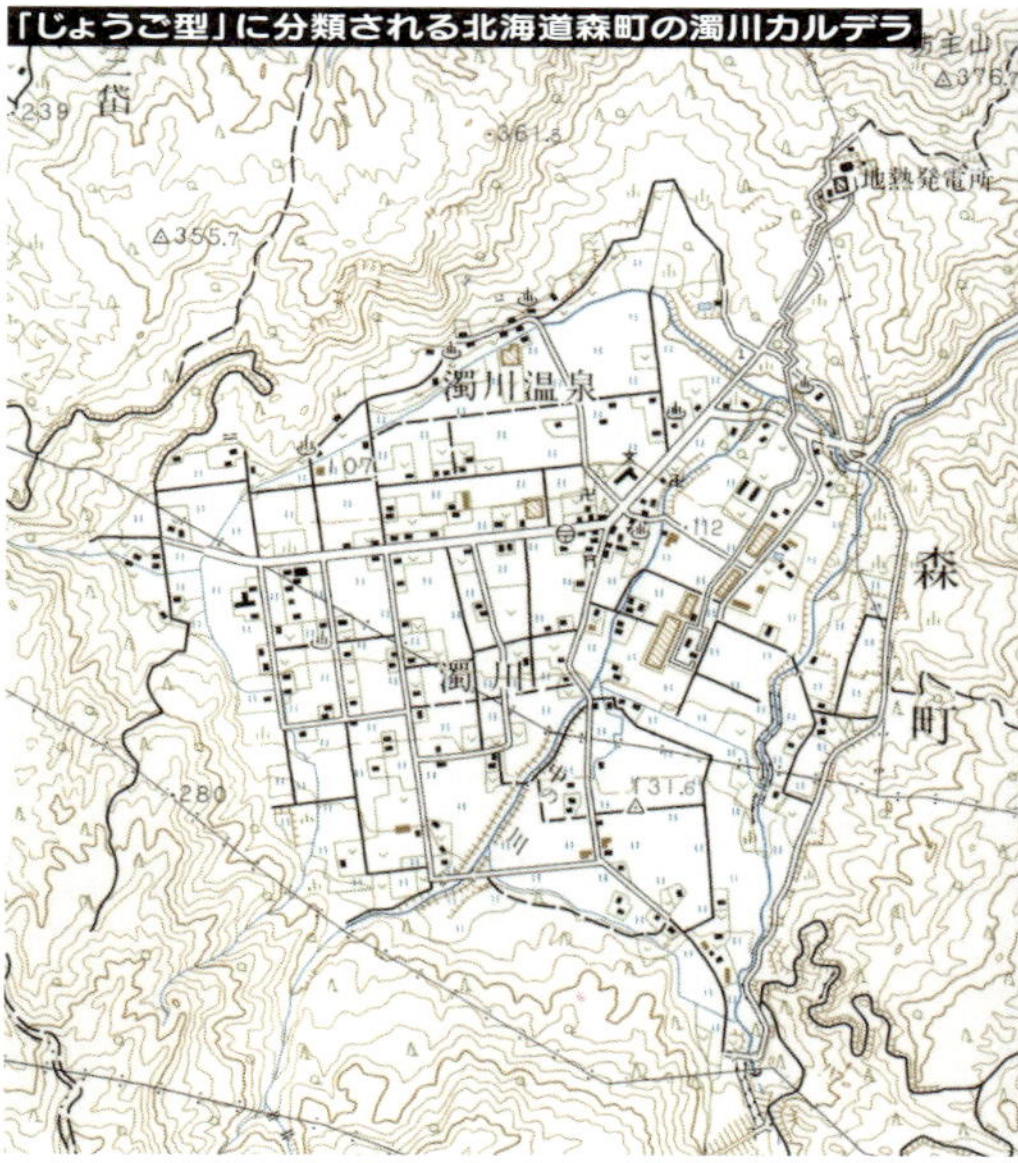

1:50,000「濁川」平成 18 年（2006）修正×0.9

崩壊したカルデラと明瞭な噴火口
——浅間山

250年近く前の天明の大噴火で、溶岩は北麓の村を襲った。頻繁に噴火する浅間山では最新の大噴火がこれである。江戸時代はずいぶん昔に感じるかもしれないが、地質年代からすればつい昨日のこと。黒く固まったゴツゴツの「出来たて」の溶岩がそれを物語っている。

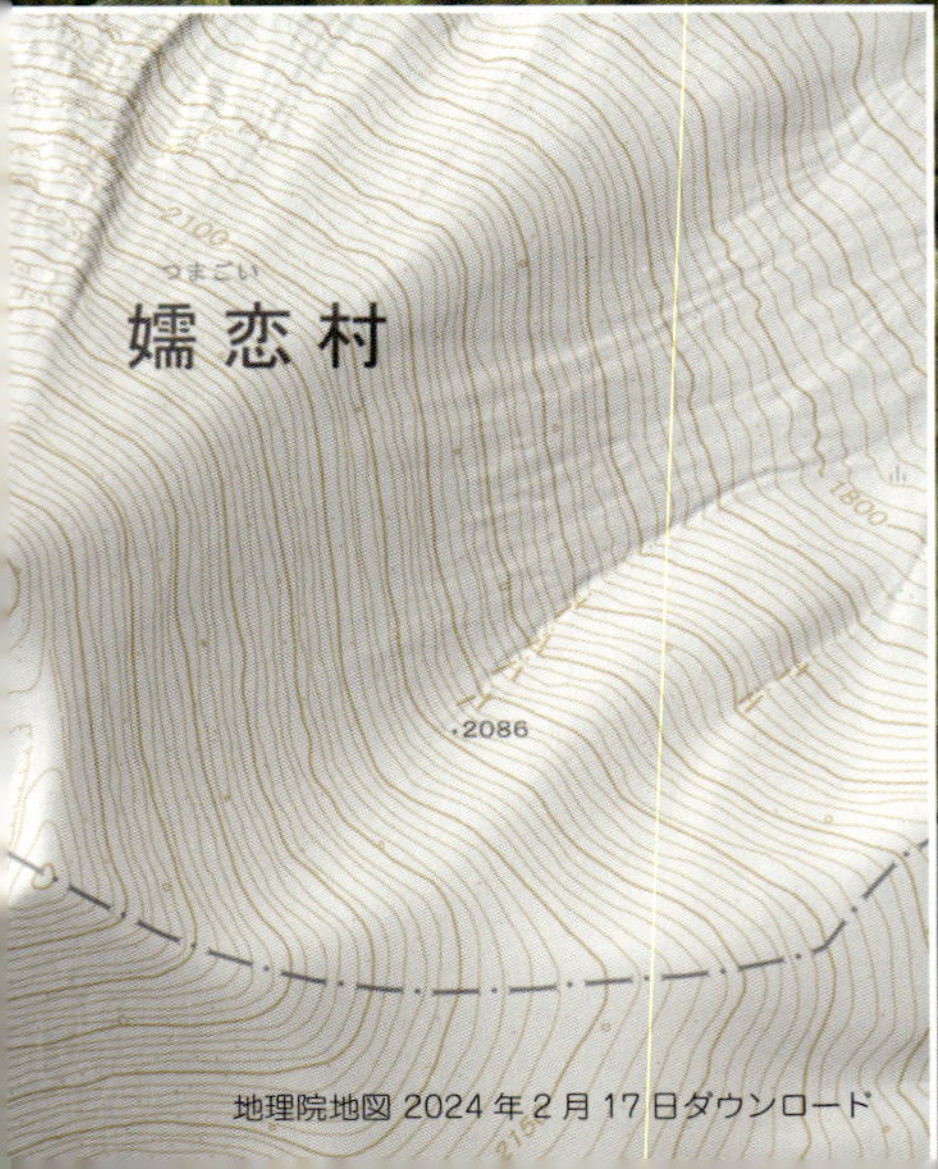

地理院地図 2024年2月17日ダウンロード

浅間山とその周辺　図の地域の大半で大量の溶岩や火山灰が襲った

1:200,000「長野」平成23年（2011）要部修正×0.6

群馬
長野
埼玉
東京
山梨
神奈川
静岡
軽井沢町
嬬恋村

浅間山-火口付近

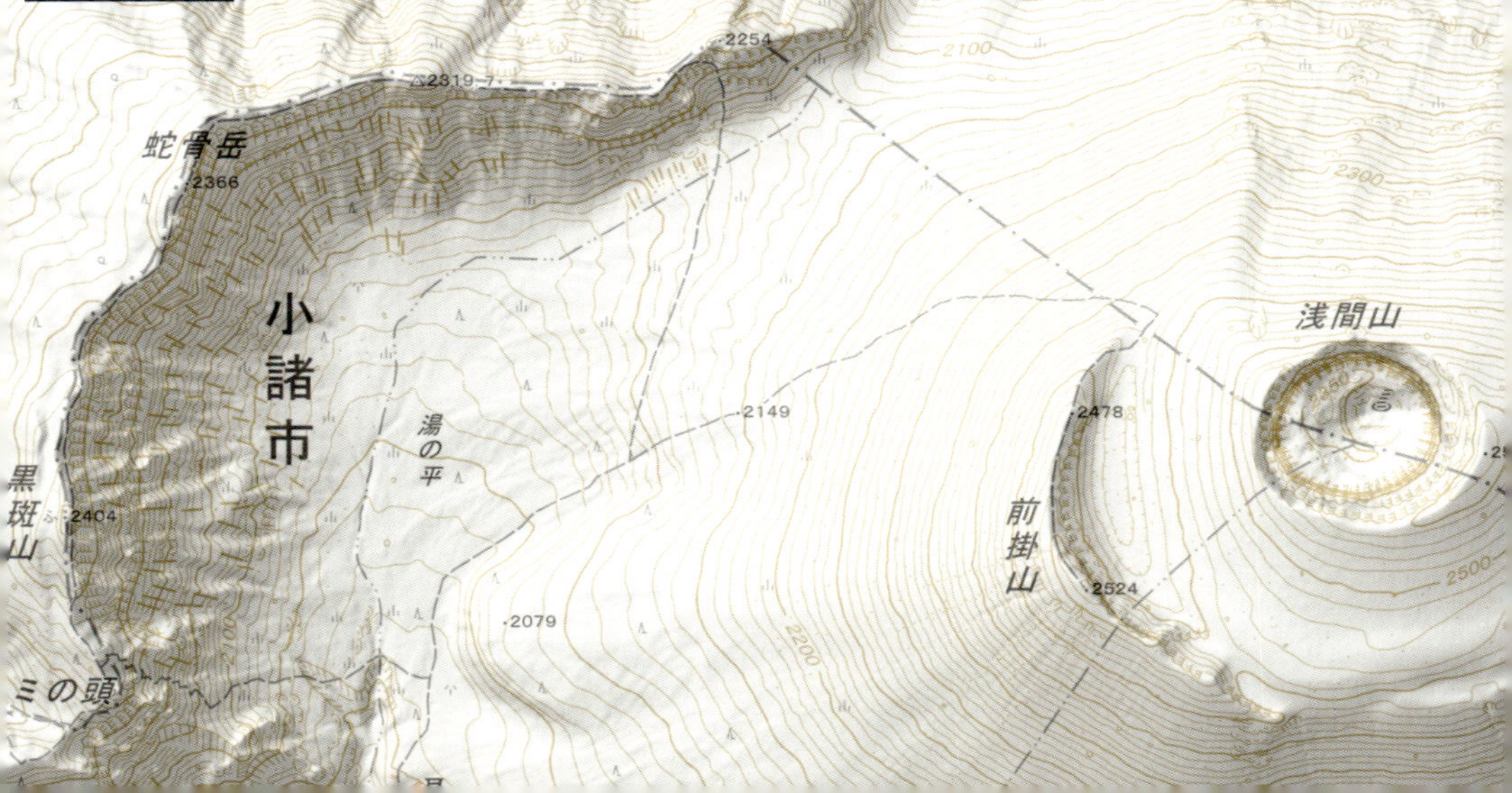
2254
2319.7
2100
蛇骨岳
2366
2300
小諸市
湯の平
2149
浅間山
2478
黒斑山
2404
前掛山
2524
2500
2079
2200
ミの頭

山頂から溶岩が流れ落ちる様子が今なおわかる

しばしば噴煙を上げる浅間山。噴火の記録は古代から数多く、第二次大戦後に限っても20回以上に及ぶ。画像は北側から見たもので、その下の地形図とは逆向きなので少々見にくいが、まるで昨日のことのようなリアルさで溶岩が山頂から溢れて流れ落ちる様子が見えるので、あえて南から俯瞰した。

この溶岩は天明3年（１７８３）旧暦4月に始まって夏まで続いた「天明の大噴火」によるもので、そこから溶岩、岩石とガスが混じった火砕流、それに岩屑《がんせつ》なだれが駆け下った。火山泥流は10㎞ほども離れた吾妻《あがつま》川に達して利根川から江戸湾（東京湾）にまで達したという。舞い上がった膨大な火山灰は日光を遮って農作物の生育に深刻な打撃を与え、「天明の大飢饉」の要因の一つになったとされる。

噴火口の北側に位置する鎌原《かんばら》村は噴火の被害が最も甚大であった。集落は山体崩壊に伴う岩屑なだれ（土石流）に呑み込まれ、当時の村民５７０人のうち84パーセントにあたる４７７人が亡くなった。助かったのはたまたま村外にいた人と高い場所にあった鎌原観音堂に逃げ込んだ93人のみという大惨事である。観音堂には50段の石段があったというが、現在は15段のみ。村を襲った土石流の多さをしのばせるものだ。この時に北麓に向かって流れた多量の溶岩は「鬼《おに》押《おし》出《だ》し」と呼ばれ、約２５０年前のゴツゴツした黒い溶岩はまだ積もってそれほど経っていない印象である。

浅間山はそれぞれ活動時期の異なる黒斑《くろふ》火山（西側）、仏岩火山（東側）、前掛火山（中央）から成っており、黒斑火山は7万年より前に形成され、元は標高２９００mに及ぶ成層火山（富士山型）だったという。それが２万４千年～２万３千年前の大噴火に伴って大崩壊した。この時の岩屑なだ

天明大噴火の溶岩が見られる「鬼押出し園」とその周辺

火口から北北東へ約4kmの地点で、「鬼押出し」は溶岩そのものを指す。
地理院地図 2024年2月17日ダウンロード

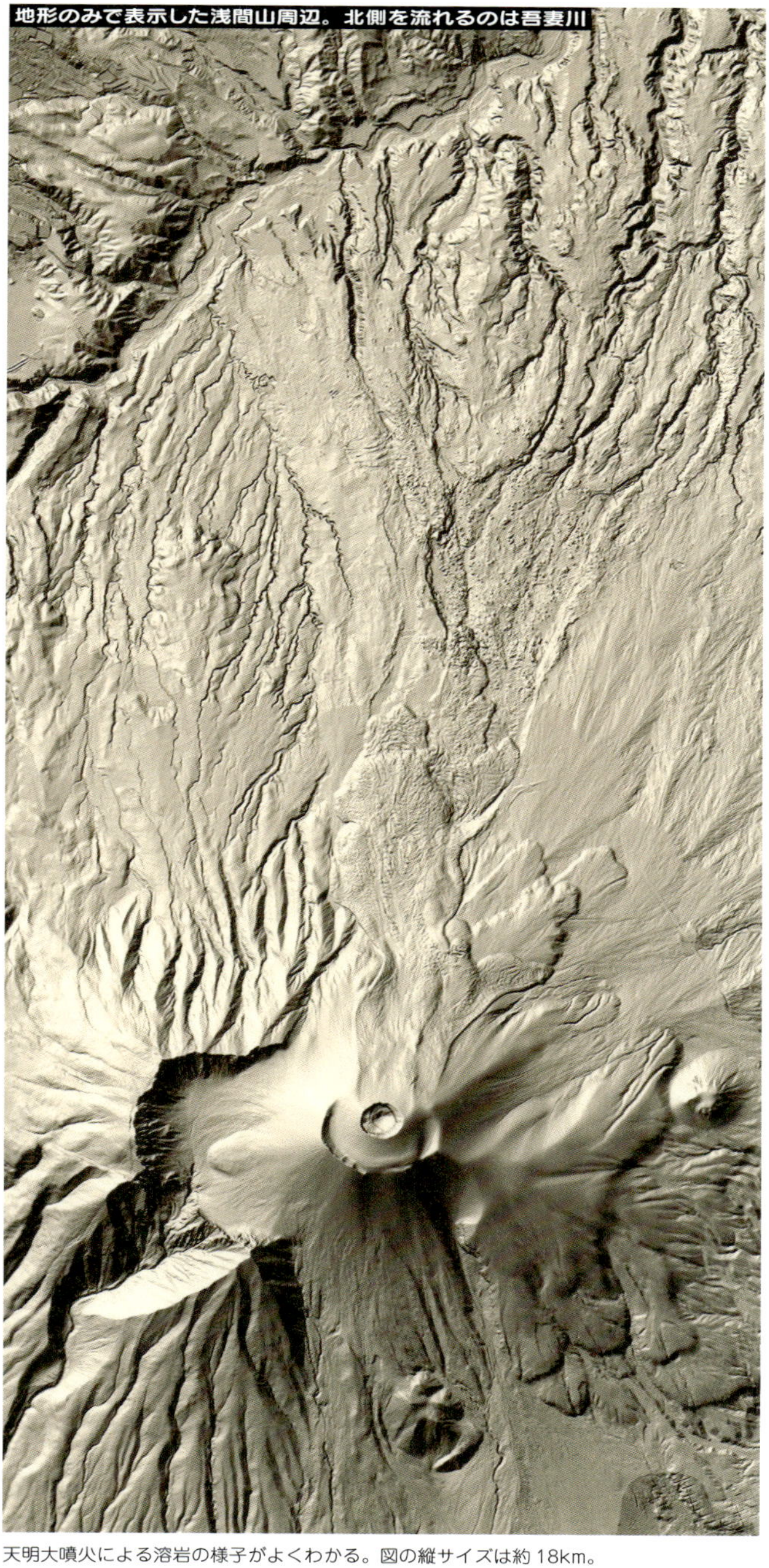
地形のみで表示した浅間山周辺。北側を流れるのは吾妻川

天明大噴火による溶岩の様子がよくわかる。図の縦サイズは約 18km。

地理院地図「陰影起伏図」モードで表示 2024 年 6 月 18 日ダウンロード

れおよび泥流の規模は非常に大きく、吾妻川から利根川流域に達して「前橋泥流」となり、県都一帯に分厚く堆積している。一方で南側には軽井沢から佐久市方面へ流下し、北陸新幹線の佐久平駅付近には多くの「流れ山」を遺した。山頂から約15㎞の塚原という地名はこれを形容したものという。この大崩壊の時に黒斑山頂付近には馬蹄形のカルデラができ、その崩れ残りが外輪山となって現在の黒斑山（２４０４ｍ）に名残をとどめている。浅間山頂付近の等高線の滑らかさは山が若い証拠で、前掛火山の形成が始まったのは８５００年前からと、地質年代からすればつい最近だ。２５００年前からは大噴火を約７００年間隔で繰り返しており、その最新が前述の天明の大噴火である。

外輪山に囲まれた箱庭
——箱根カルデラ

箱根は古いカルデラ火山である。外輪山に囲まれた火口原は阿蘇のように広い平地はなく、長い間の噴火や侵食活動によって「箱庭」のように変化に富む地形が作り上げられた。さまざまなシルエットの火山、泥流が滞積した台地を深く削る早川とその支流・須雲川。カルデラに水を湛えた芦ノ湖など、注目すべき地形は多い。

箱根カルデラの断面（山伏峠－神山－明神ヶ岳）

地理院地図の断面図モードにより作成

箱根カルデラとその周辺
右端が小田原市街

1:200,000「静岡」平成9年（1997）要部修正＋「横須賀」平成12年（2000）修正×0.85

4つのプレートが関係する珍しい場所

箱根は地球規模で見ても珍しい位置にある。それは日本列島の陸側プレートである北米プレート（列島東側）とユーラシアプレート（列島西側）の境界に近く、しかもその陸側プレートにもぐり込む太平洋プレート（東側）とフィリピン海プレートの4つが関係する稀有な場所だ。

フィリピン海プレートには伊豆半島と伊豆諸島が載っており、島だった伊豆半島が陸のプレートに衝突、接続した際に海底が盛り上がった。これが箱根である。世界で13～15ほどのプレートの中の4つがかかわっているのだから、周辺に多くの温泉が湧き、日本一の火山である富士山が誕生するのも当然なのだろう。

箱根火山の活動は約50万年前からと古い。かつては富士山のような巨大火山の上部が大噴火で失われ、陥没したという説が唱えられていたが、実際にはもっと長期間の複雑な経緯があった。カルデラの北縁にあたる明神ヶ岳や金時《きんとき》山などが最初に出現し、その後はいくつもの山が新たに出現するのに伴って陥没、巨大カルデラが形成されていく。さらにそのまん中に中央火口丘と呼ばれる駒ヶ岳や神山ができたのは約4万年前より新しい時代だ。さらに饅頭を2つ並べたような形の、粘度の高い溶岩が盛り上がった「溶岩円頂丘」の代表格の二子《ふたご》山（左上図）ができたのはさらに後で、現在の形になったのは5千年前ときわめて新しい。

箱根のカルデラに降った雨はほぼ全量が小田原市街の南端に河口をもつ早川に注ぐが、その第一の支流が須雲《すくも》川である。画像では左奥から手前に流れてくるのが須雲川、右手奥から手前に流れるのが早川だ。特に早川が作る峡谷は深くえぐられており、これを渡る箱根登山鉄道の早川橋梁から見下ろした水面ははるか下である。両者の間にあるまん中の尾根は浅間《せんげん》尾根で、かつての東海道はこの尾根を上るルートであったのが近世初頭に須雲川沿いに変更された。

奥に見えるのは芦ノ湖で、これは約３０００年前に箱根の最高峰である神山が噴火した際に大規模に山体崩壊、もともと存在した大きなカルデラ湖にそれが流れ込み、早川を堰き止めて形成された。左ページ右下の図は神山と早雲《そううん》山《ざん》、そして山麓に広がる強羅《ごうら》の別荘地。大正期に箱根土地会社が開発したもので、早雲山からの土石流が作った火山性扇状地だ。強羅の地名も岩がゴロゴロ転がっている野原であったとの説が有力である。「語呂合わせ」のようだが、このような土地に擬態語的な地名が付くことは珍しくない。

特徴的な溶岩円頂丘の二子山（上二子山·下二子山）。誕生はわずか5000年前

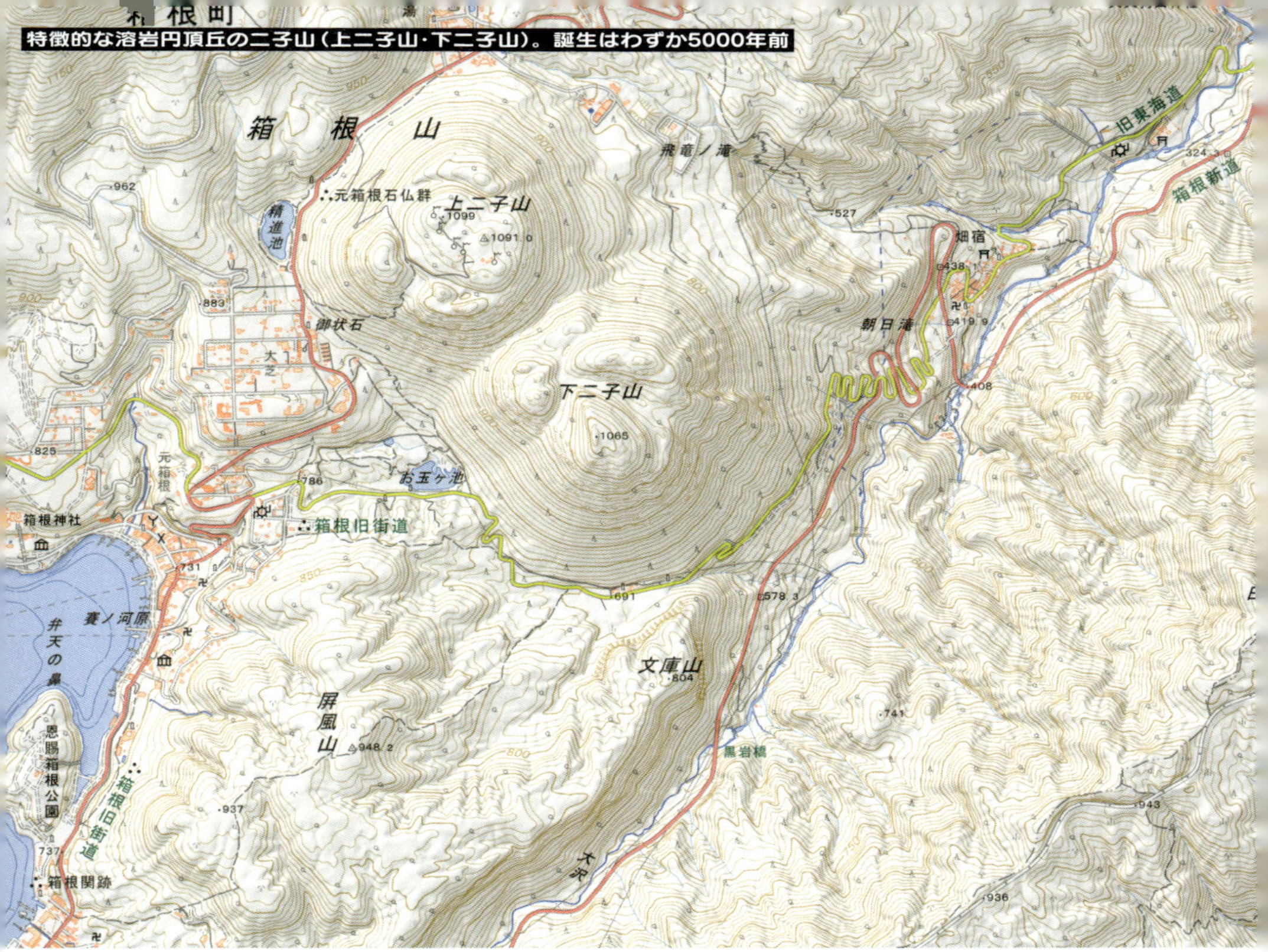

右下に白銀山など外輪山の一部が見える。左下は芦ノ湖。
地理院地図 2024 年 4 月 5 日ダウンロード

空中写真（影つき）で見る箱根カルデラ

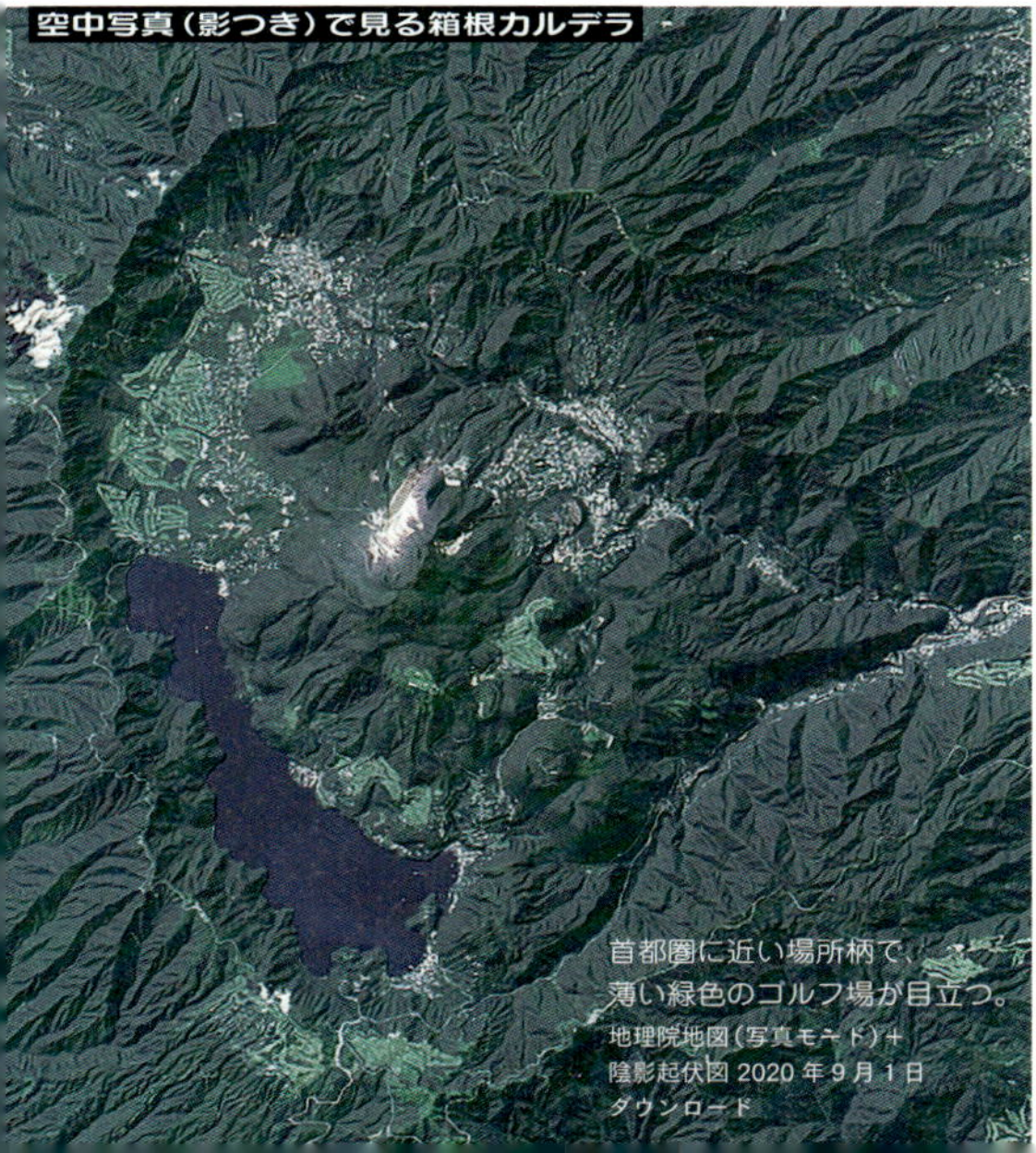

首都圏に近い場所柄で、薄い緑色のゴルフ場が目立つ。
地理院地図（写真モード）＋陰影起伏図 2020 年 9 月 1 日ダウンロード

箱根最高峰の神山（1438m）と古くからの別荘地・強羅

今も噴気を上げる大涌谷は 3100 年前の水蒸気爆発で斜面が崩壊したもの。
地理院地図 2022 年 2 月 8 日ダウンロード

電車がほっと一息つく緩傾斜地

——箱根・大平台

ケーブルカーを除く日本の鉄道で最も急勾配を走るのが箱根登山電車（小田急箱根鉄道線）である。最急勾配の80パーミルは「瞬間最大値」ではなく、箱根湯本～強羅間の約半分に及ぶ。それでも上りきれないため3カ所のスイッチバックで折り返しつつ進んでいく。そのうち2カ所がここ、大平台の緩斜面にある。

山梨
東京
神奈川
静岡
千葉
高度差445mを約9㎞で上る異例の登山電車
上大平台信号場

緩斜面を急流が侵食して生まれた河岸段丘

箱根登山電車こと小田急箱根鉄道線（旧箱根登山鉄道）は、ケーブルカーを除く日本の鉄道で最も急勾配で知られている。大正8年（1919）に開業したこの鉄道の80パーミル（1000m進んで80mの高低差が生じる勾配）を超える国内の鉄道路線は100年以上経った今でも現れていない。

計画当初はこの鉄道もアプト式など歯車と歯軌条《しきじょう》（歯のついたレール）を噛み合わせる方式が検討されたが、メンテナンスの面などで折り合わず、結局は粘着運転（歯軌条でない通常の方式）の先行事例として条件の似たスイスのベルニナ鉄道（世界遺産に登録）の線路や車両に範をとって建設された。ただし箱根の地形条件から同鉄道の最急70パーミルより急である。

その最急勾配区間がどこかといえば、箱根湯本駅を発車した直後に始まり、前半を中心に箱根湯本〜強羅間8・9kmのざっと半分（駅や信号場構内を除く）はこの最急勾配が連続する。それでも上りきれないのが天下の険たる箱根の険しさで、途中に3カ所のスイッチバック停車場が置かれた。出山《でやま》信号場と大平台《おおひらだい》駅、そして上大平台信号場である。

画像はそのうち2つが存在する大平台付近で、ひたすら80パーミルで上ってきた電車は大平台駅（標高337m）で水平となりほっと一息つく。運転士と車掌が入れ替わって向きを変え、66・7パーミルの少し緩めの坂道をゆっくり進んで上大平台信号場に着いて再び向きを変える。緩めといってもかつてJR線の最急勾配であった信越本線横川〜軽井沢間（旧アプト式区間）と同様の急坂だ。

このあたりは画像でもわかる通り、急峻な山中にあって貴重な緩斜面であるため温泉旅館などの家屋が集まっている。この地形は早川沿いに運ばれた泥流が堆積した緩斜面で、そこを早川の急流が侵食して現在の河岸段丘となった。水面は駅より130mも低く、このアングルではその谷底は見えない。この段丘面こそが、登山電車のルート選定にあたって、高度を稼ぐスイッチバックを設けるのに最も適した場所だったのだろう。

左ページ下の縦断面図は箱根登山鉄道時代の古い資料を基に作成したもので、高さは実際より12mずつ高くなっている。理由は不明だが、平成25年（2013）からは駅の表示も修正された。線路の高さ（施工基面高）については、他社についても種々の都合により東京湾の平均海面を採用しない場合がある。

箱根登山電車ー3カ所のスイッチバックが集中する区間

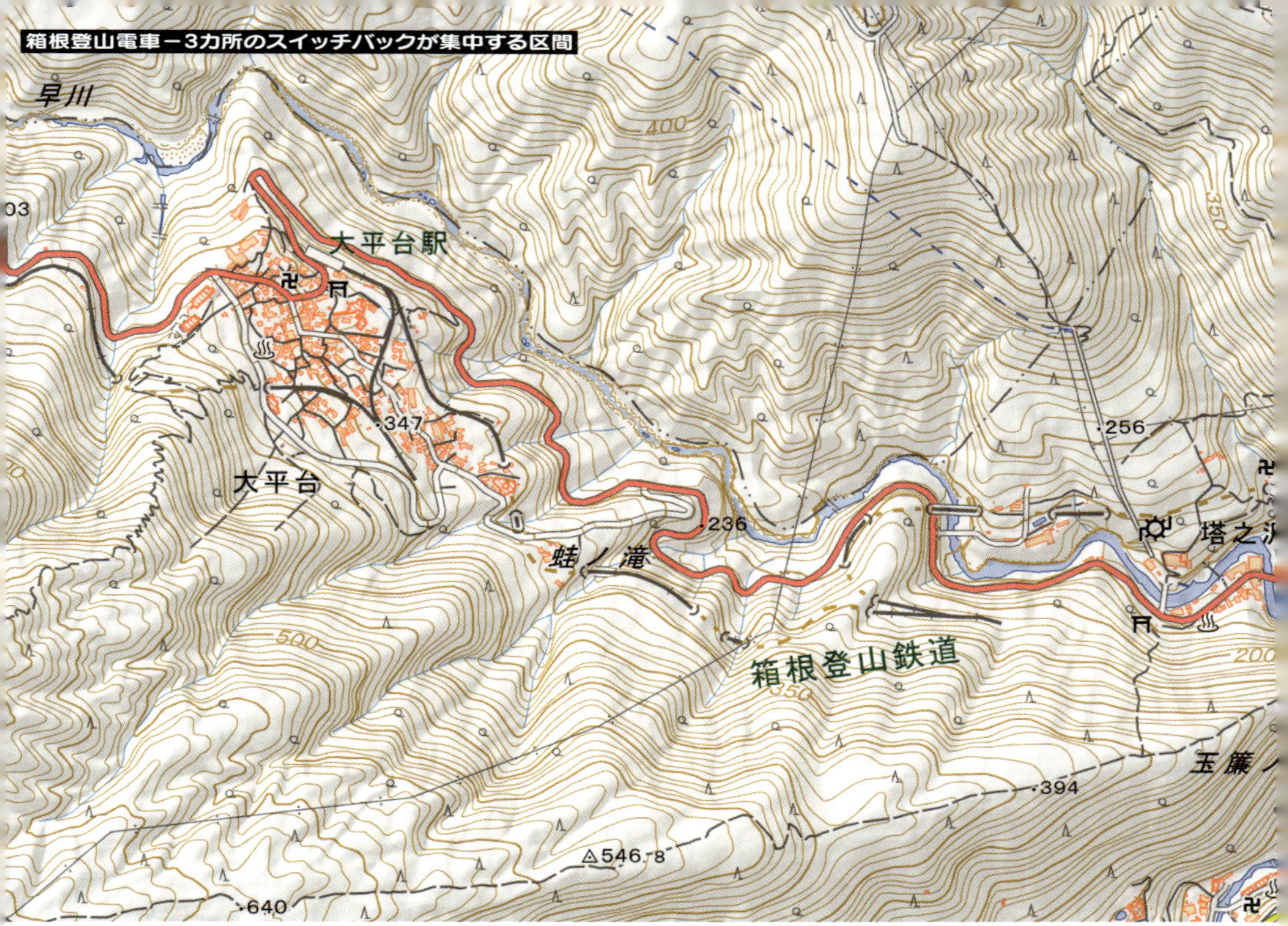

地理院地図 2021 年 12 月 22 日ダウンロード

箱根登山電車（箱根湯本〜強羅）の線路縦断面図

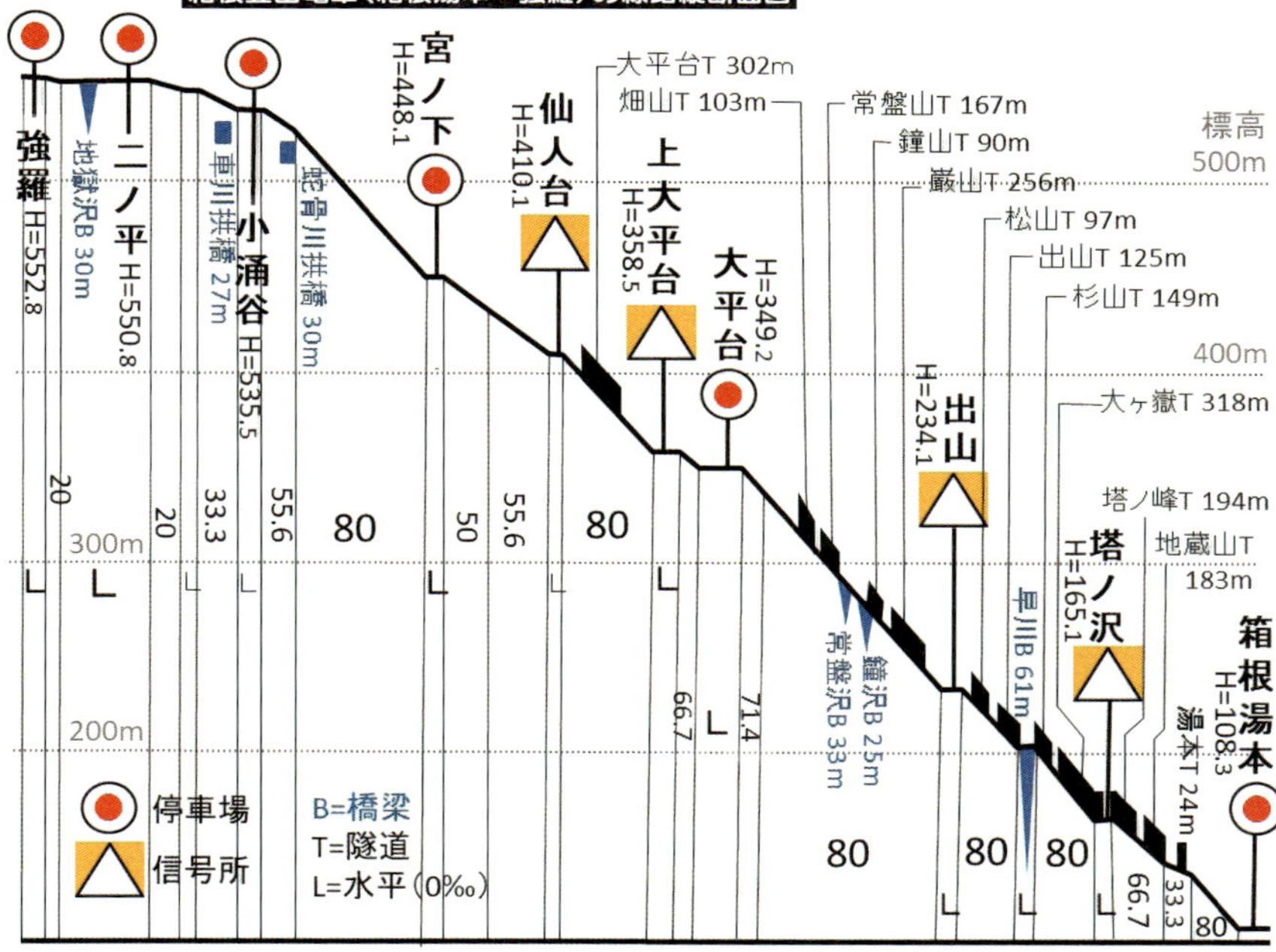

箱根登山鉄道「小田原強羅間地方鉄道縦断面図」より今尾作成。原資料では「信号所」の表記

「国後富士」にも立派なカルデラ——爺爺岳

日本固有の領土にもかかわらず、日本人が登れない火山のひとつが国後島の爺爺岳である。半世紀ほど前の昭和48年（1973）の大噴火をはじめ、小規模なものも含めて噴火の頻度は高い。カルデラはほぼ円形で整っており、浅間山のようには崩れていない。画像右下には深さ約100mの側火口。

23kmに及ぶ国後島の東端近くに位置する爺爺岳

1:200,000「安渡移矢岬」昭和46年（1971）編集×0.6

標高1450m前後の平坦面がカルデラの火口原

「鍋底」にあたる火口原は溶岩によって埋積され、外輪山との標高差は最大 50m 程度と小さい。
地理院地図 2024 年 4 月 10 日ダウンロード

噴火を繰り返す北方領土の活火山

爺爺の字で「ちゃちゃ」は難読だが、アイヌ語でチャチャは老爺を意味し、転じて古くからの集落を「チャチャコタン」などと呼ぶ。アイヌ語に漢字を当てる場合は、たとえばサッ（乾いた）ポロ（大きい）を「札幌」とするように万葉仮名方式が多いが、爺爺岳は珍しく表意文字を当てた例である。

カルデラ火山のお手本のようにきれいな形をしているが、1400m台の外輪山（東西約2・5㎞）の中に中央火口丘（地形図の最高地点は1772m）が聳《そび》え、噴火口も明瞭だ。火山活動は1000年以上前から10～100年ほどの間隔で噴火を繰り返しており、近年も活発である。

その標高はウィキペディア日本語版では1822mと、ちょうど50mも高くなっている。文科省検定教科書である現在の学校地図帳では1772mだが、実は今世紀に入ってもしばらくは1882mだった。この旧数値は北方領土内の5万分の1地形図の測量が大正11年（1922）に行われた際の標高で、現在の数値になったのは平成22年（2010）から衛星測量が行われた後である。測量は同年に歯舞《はぼまい》群島から始まり、同23年には国後島、同26年の色丹《しこたん》島と択《えと》捉《ろふ》島で地形図の整備が完了、これにより地形は大正期よりずっと正確になり、数値も各地で大幅に変わった。

爺爺岳の標高はその反映だが、興味深いのはウィキペディアの外国語版である。中国語版が1822mである他は、英語版が「最高所」として1822m（出典・スミソニアン研究所の数値）と標高1819mの併用、韓国語、ウクライナ語、ベラルーシ語などその他大半が1819mを採用している。これはロシアの地図に記された標高だ（ロシア発行のサハリン州アトラス等に記載）。ブルガリア語版は珍しく日本の新旧数値とロシアの数値の3種類を示している。

気象庁が現在「活火山」として定義したものは平成29年（2017）から全国で111を数えるが、そのうち11を国後島（4）と択捉島（7）が占める。左上の図は国後島南部の一菱内湖《いちひしない》で、南側に見える泊山《とまり》（535m）のカルデラ湖。右上のC字型の湾は択捉島南部の萌消湾《もいけし》で、1万年前より新しい時代に起きた火山爆発指数7（噴出物が100㎦以上。富士山の宝永噴火は0・7㎦）という破局的な大噴火によってできたカルデラに海水が侵入した状態である。下は同じく択捉島東端に近い茂世路岳《もよろ》の4・4㎞西の焼山《やけやま》のカルデラ湖・蘂取沼《しべとろ》。

国後島南部·泊山（535m·図南端）のカルデラに水を湛えた一菱内湖

地理院地図 2024 年 4 月 10 日ダウンロード

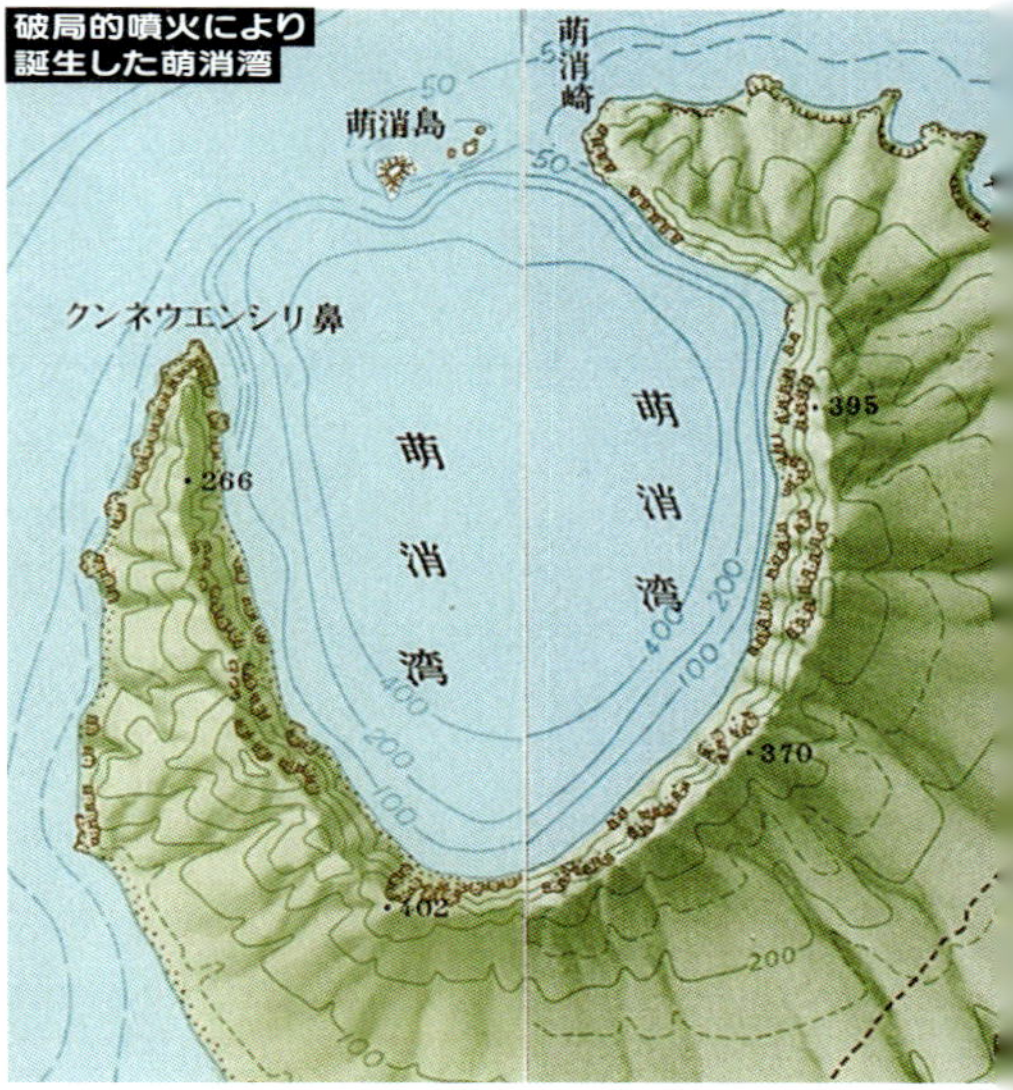

破局的噴火により誕生した萌消湾

噴出物は 100㎢に及ぶが、
これは関東地方全域を 3m以上の厚さで覆う量に相当する。

1:200,000「安渡移矢岬」「得茂別湖」いずれも昭和 46 年（1971）編集×1.15

択捉島東部の焼岳と硫黄岳、その南に広がるカルデラ湖の蘂取沼

蘂取沼の東には溶岩円頂丘や流れ山の影響を受けたらしい水面も見える。地理院地図 2024 年 4 月 10 日ダウンロード

なぜか文字通り丸い水田地帯

——鹿児島・米丸

山に囲まれた丸い水田地帯。米丸という地名はいかにも名が体を表しているが、その穏やかな風景とは対照的に、丸い理由はかつて爆裂火口、マールであったから。約8000年前に地下から上がってきたマグマが帯水層に触れて水蒸気爆発、大穴が開いた地形で、これに水が溜まったのが住吉池。

火山の印のある米丸

地理院地図（ズームレベル10）

「マールのメッカ」ことドイツ・アイフェル地方のマール群

ドイツ・ラインラント＝プファルツ州測量局 1:50,000「Daun」1984年×0.9

米丸と住吉池付近

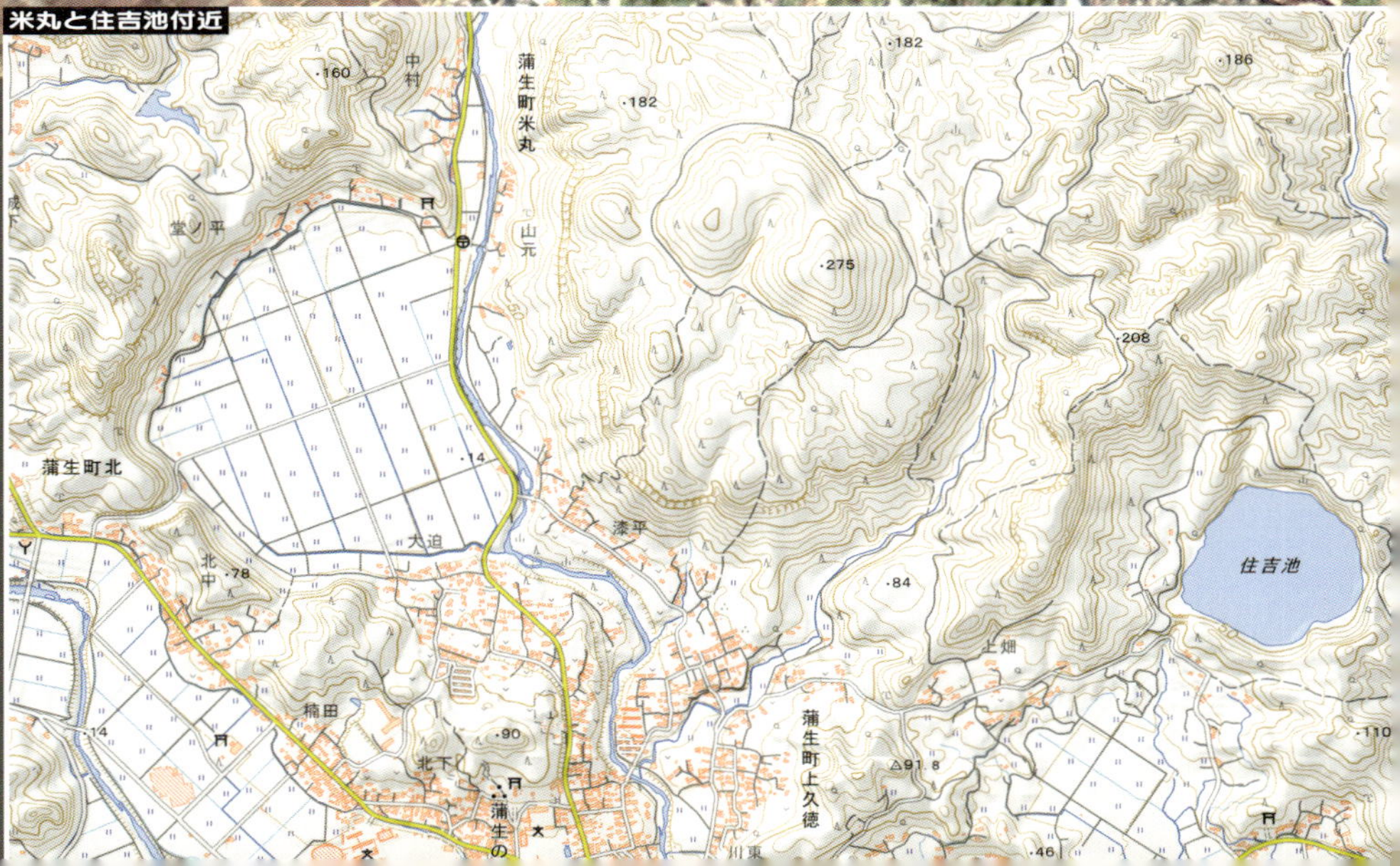

米丸と住吉池の中間に盛り上がった地形は溶岩円頂丘の青敷。

地理院地図 2024年4月8日ダウンロード

爆裂火口に水が溜まって丸い形の湖に

直径１㎞ほどの丸い田んぼである。その名も「米丸《よねまる》」とふさわしい。その右手には住吉池という、これも丸い池が水を湛えている。これらは爆裂火口湖のマールで、「まあるい」からではなく、ベルギー国境に近いドイツ・アイフェル地方に多い丸い湖を呼んだ「マール」に由来し、それを19世紀のトリアーの地学教師シュタイニンガーが学術用語として初めて用いた。左ページ下の写真はアイフェル地方のシャルケンメーレン・マールで、１万５０００年ほど前に誕生した。楕円形で長径５７５ｍ、水深21ｍ。すぐ東隣の乾いたマールと重複したマールである。

この地形は、地下を上昇してきたマグマが帯水層に触れて水蒸気爆発を起こし、表土を吹き飛ばしたもの——爆裂火口である。その後に水が溜まって丸い形の湖になることが多く、アイフェル地方にはマールが75も集まっている。中には帯水層との関係で水のないマールも含まれる。鹿児島県の米丸は後郷《うしろごう》川が通過していることもあって、土砂が堆積して水のないマールになり、田んぼとして利用されてきた。江戸時代は米丸村、現在は姶良《あいら》市蒲生《かもう》町米丸である。

右端の住吉池も約８０００年に誕生したマールで、同時期に米丸マールができた。池は最も深いところで52ｍとかなり深い。両者の間に盛り上がっている青敷《あおじき》（標高２７５ｍ）は軽石に似て気泡を多く含むスコリアが噴出してできたスコリア丘（１２６ページ参照）で、約10万年前の火山活動で誕生したとされる。

気象庁ではこのエリアを「米丸・住吉池」という活火山と捉え、全国の１１１カ所に含めている。米丸自体は標高15ｍと低く、地理院地図の米丸を見ながら縮尺を小さくしていくと、ズームレベル９～11（ＰＣによって異なるが20万分の1程度）で突然「火山」を示す赤い三角印に変わる。こんな例はおそらく１１１カ所のうちここだけだろう。

左上は国内のマールの代表例として教科書などに必ず登場する秋田県・男鹿半島西端付近にある一ノ目潟《がた》（６万～８万年前に誕生）、二ノ目潟、三ノ目潟である。水面標高はそれぞれ90ｍ、47ｍ、48ｍでこの順番にできた。もちろん命名者がそれを知っていたわけではないだろう。戸賀湾も欠けた楕円形をしているので気になるが、こちらは３つの「目潟」よりずっと古い約40万年前に単成火山（一度の火山活動でできた火山）の火口が海水による長期間の侵食で形成された湾で、タフリング（１３２ページ参照）とされている。

秋田県・男鹿半島西端付近のマール群

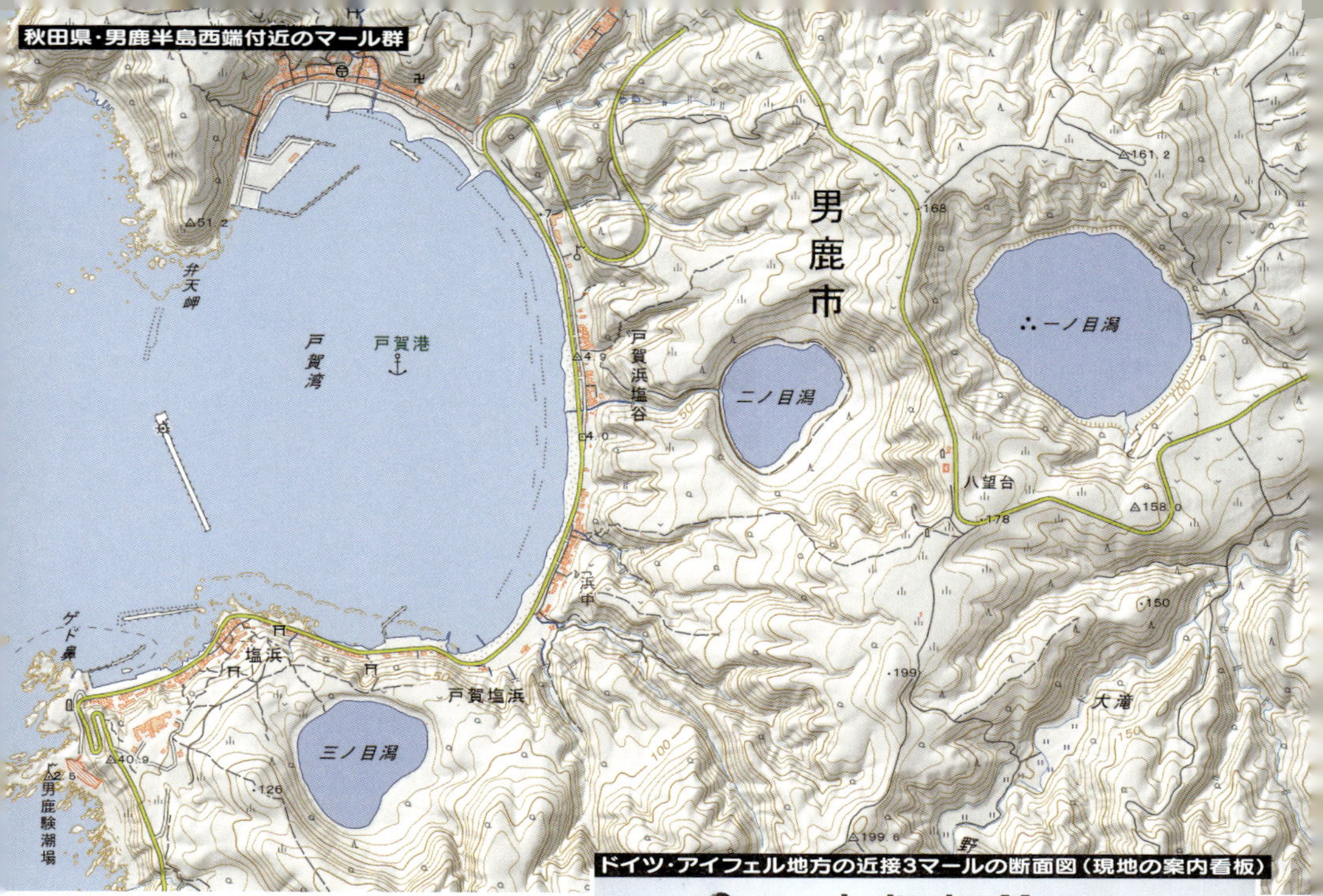

右手から一ノ目潟、二ノ目潟、三ノ目潟と続くマール群。
水面標高はそれぞれ異なる。
地理院地図 2023 年 8 月 1 日ダウンロード

ドイツ・アイフェル地方の近接3マールの断面図（現地の案内看板）

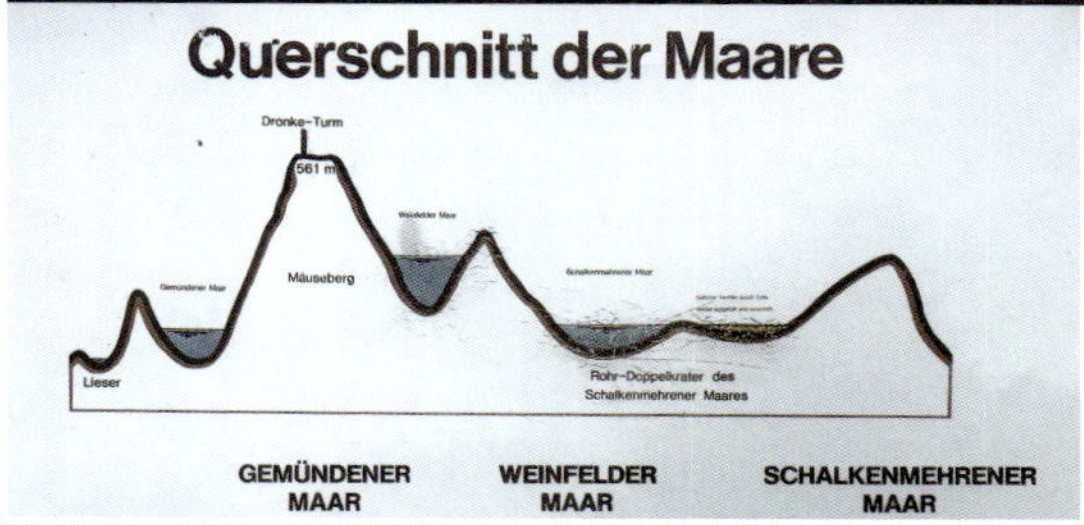

ドイツ・アイフェル地方の
シャルケンメーレン・マール

撮影：今尾恵介

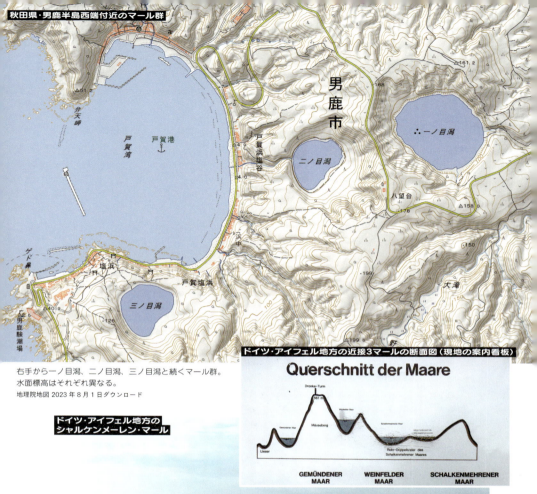

ぽっかり空いた2つの大穴

——三宅島のマール

最高峰の雄山を中心にしばしば火山活動を繰り返す三宅島は、近代以降も衰えることはなく、何度も地形図の変更を余儀なくされてきた。上昇したマグマが帯水層に接触して爆発したことにより形成される何カ所かのマール（爆裂火口）も見られる。中でも大路池は島の貴重な水源だ。

火山土地条件図に表現された三宅島南部のマール

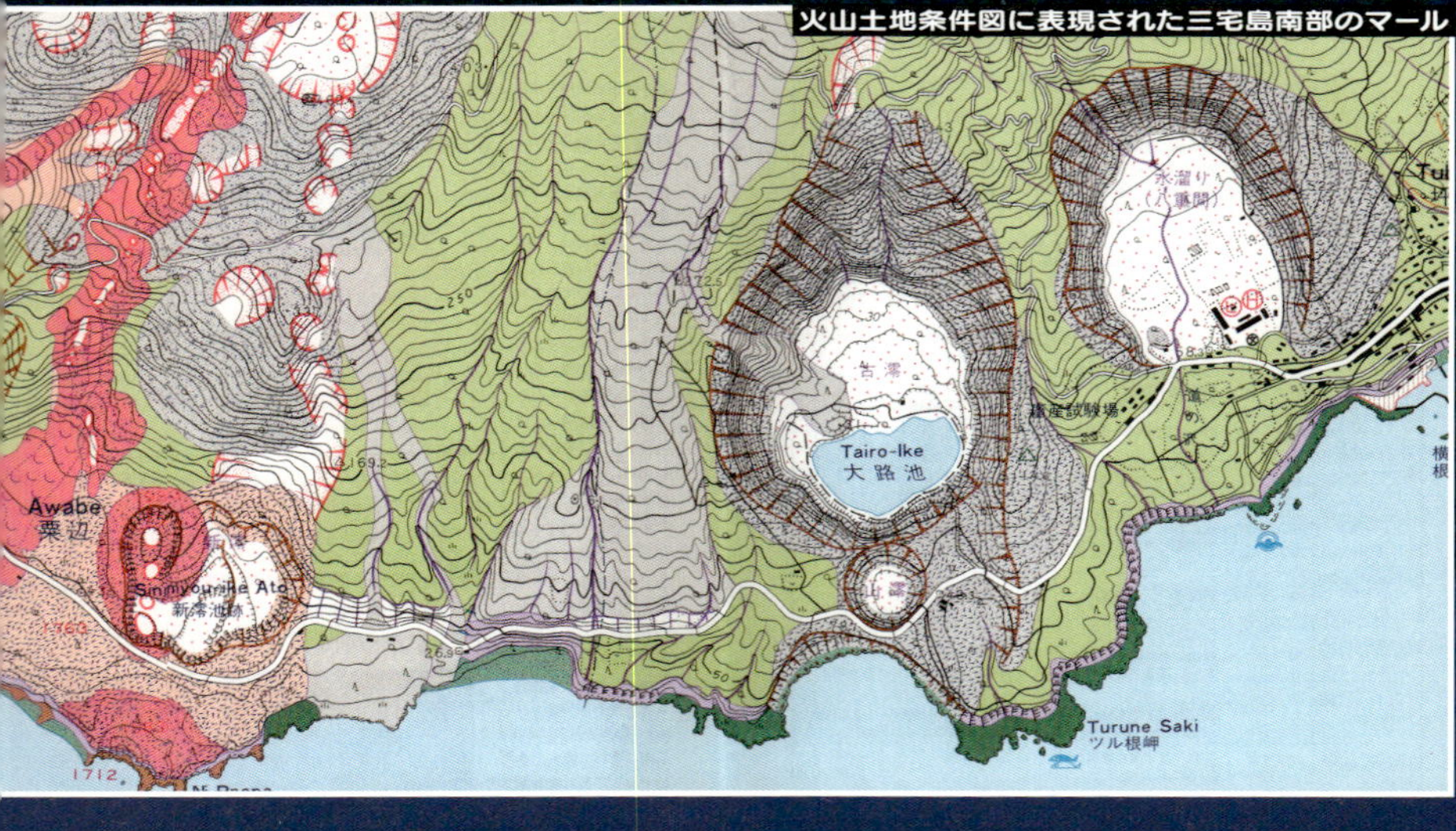

1:200,000「三宅島」平成 17 年（2005）修正×0.8

上の画像には東側の２つのマールが表現されてい
1:15,000 火山土地条件図「三宅島」平成 7 年（1995）×0.7

大小さまざまなマールが存在する三宅島

三宅島といえばバードウォッチャーにとって聖地という。門外漢の私にはその魅力を説明できないが、多種多様な野鳥に出会える貴重な島らしい。島の天敵である蛇がいないことに加え、照葉樹の繁る豊かな自然環境が支えているようだ。伊豆諸島最大の淡水湖である大路池《たいろ》の存在も大きい。面積は９・８ヘクタール、水面標高は１ｍ、海面とほぼ同じで外海からわずか４２０ｍほどと近いにもかかわらず淡水を湛《たた》えており、島の貴重な水源となっている。

大路池は約２０００年前に誕生したとされる巨大な窪地の「古澪《ふるみお》」に水が溜まったマール（爆裂火口湖）だ。三宅島にはこのほかにもいくつかのマールがあり、三宅島空港のすぐ北西側には形が崩れてわかりにくいが島内最大の金曽《かなそ》マール（長径1キロを超える）、大路池の古澪の東隣にある「水溜りマール」、その西側に位置する新澪《しんみょう》マールなどが目立つ。大路池のすぐ南側にも小さなえくぼのような丸い窪地「山澪《やまみお》」も、小規模で水は溜まっていないが明瞭なマールだ。

水溜りマール（または八重間マール）はその名の通り湧水があって水溜りができていたそうで、現在その水は「道の沢」という川から海に排出されている。簡易水道が通じる以前はこの水が坪田地区の水源として利用されていた。マールの南部に位置するのが都立三宅高校で、火口にある高校は全国でも珍しい。静岡県伊東市立南小学校も火口にあって、円形をした校庭がそれを物語る。

一般に水路を意味する「澪」の字がマールを意味するとは不思議なものだが、三宅島だけの用法だろうか。大路池の西約２㎞の位置にあるマールには新澪池が水を湛えていたが、昭和58年（１９８３）の噴火の際にここも再び爆発して西側に広がり、それとともに池は消失した。この時にすぐ南の新鼻《にっぱな》という岬に見事な指輪のようなタフリング（１３２ページ参照）が形成されたというが、その直後に襲来した台風の波浪によって大半が消滅した。６ｍの標高が記されているのはそのごく一部である。左下の２図は西海岸に位置する阿古《あこ》集落で、同年の噴火で溶岩が集落を襲い、その大半および阿古小中学校が埋まった。南側に学校を含む新たな集落が作られている。

ただしその後は平成12年（２０００）の噴火で全島避難がしばらく続いたこともあって人口は急減、現在では昭和58年噴火時点の半分ほどになっている。移転した阿古小中学校も廃校となった。

地理院地図に見る2つのマール

西側は水源、東側は三宅高校が立地する。
地理院地図 2024 年 4 月 10 日ダウンロード

昭和58年（1983）の噴火で消滅

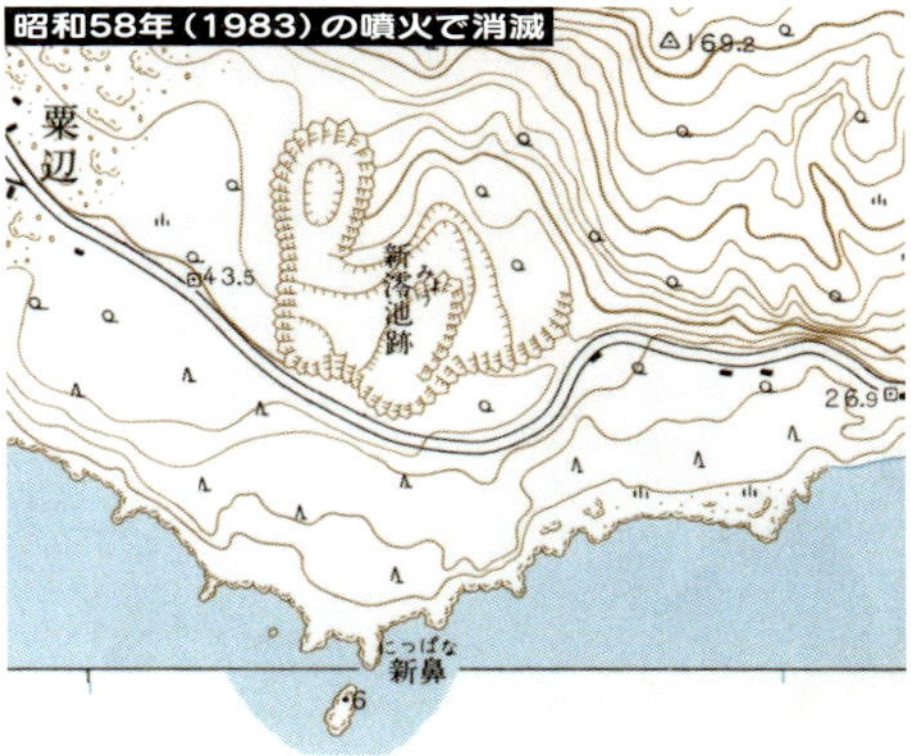

1:25,000「三宅島」平成 3 年（1991）修正・原寸

在りし日の新澪池

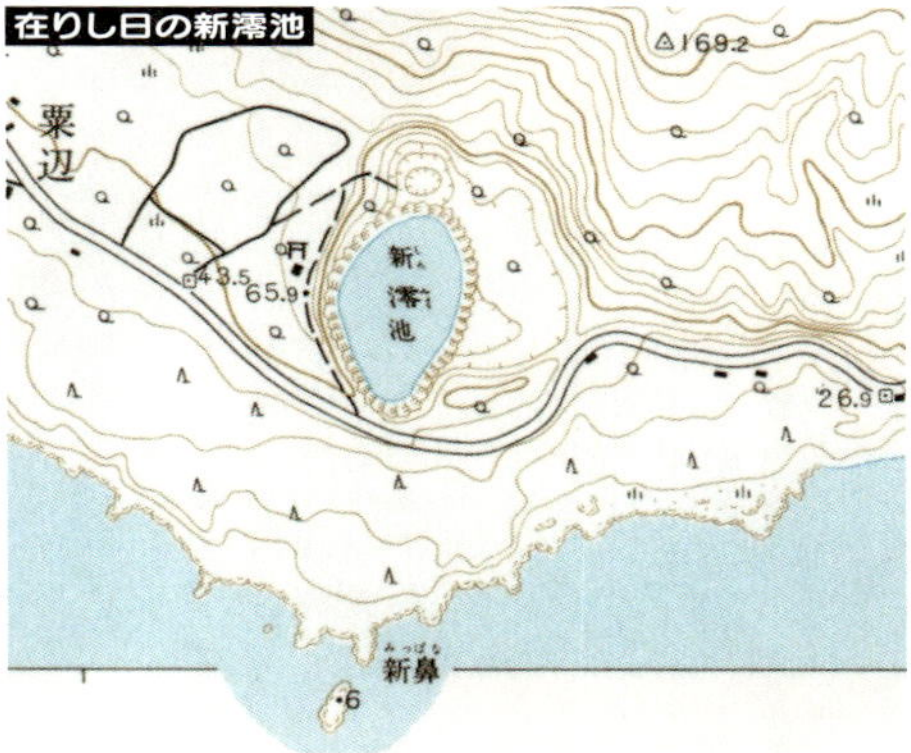

1:25,000「三宅島」昭和 54 年（1979）修正・原寸

溶岩に襲われた後で南側に移転

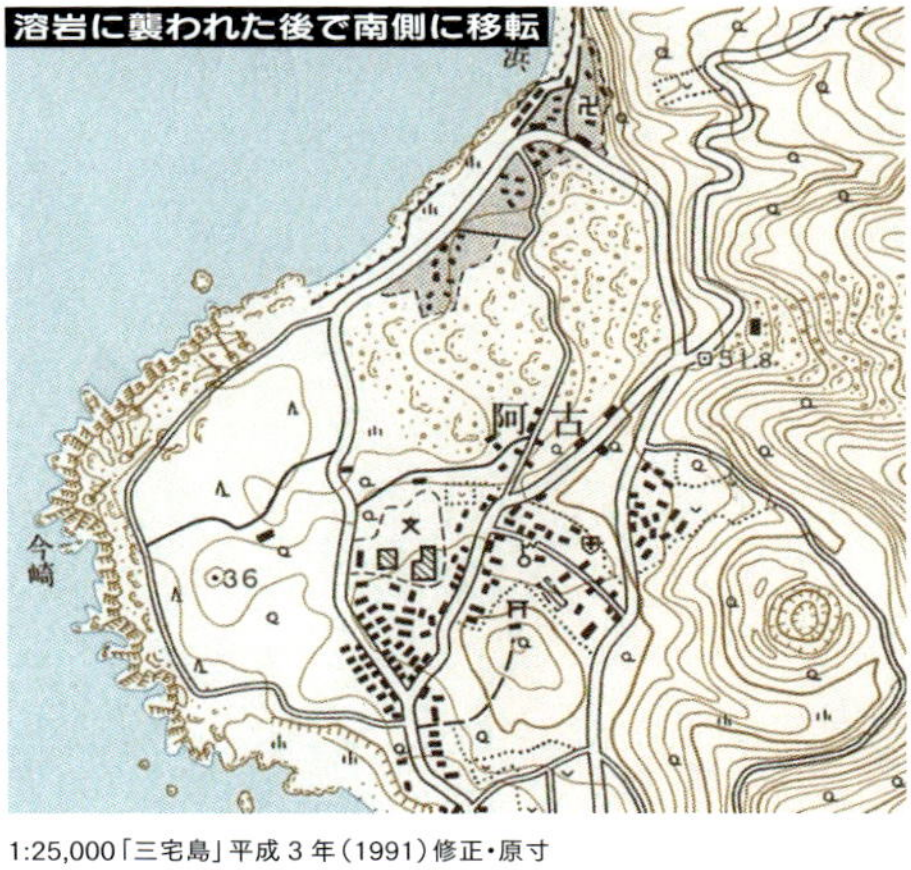

1:25,000「三宅島」平成 3 年（1991）修正・原寸

噴火前の阿古地区

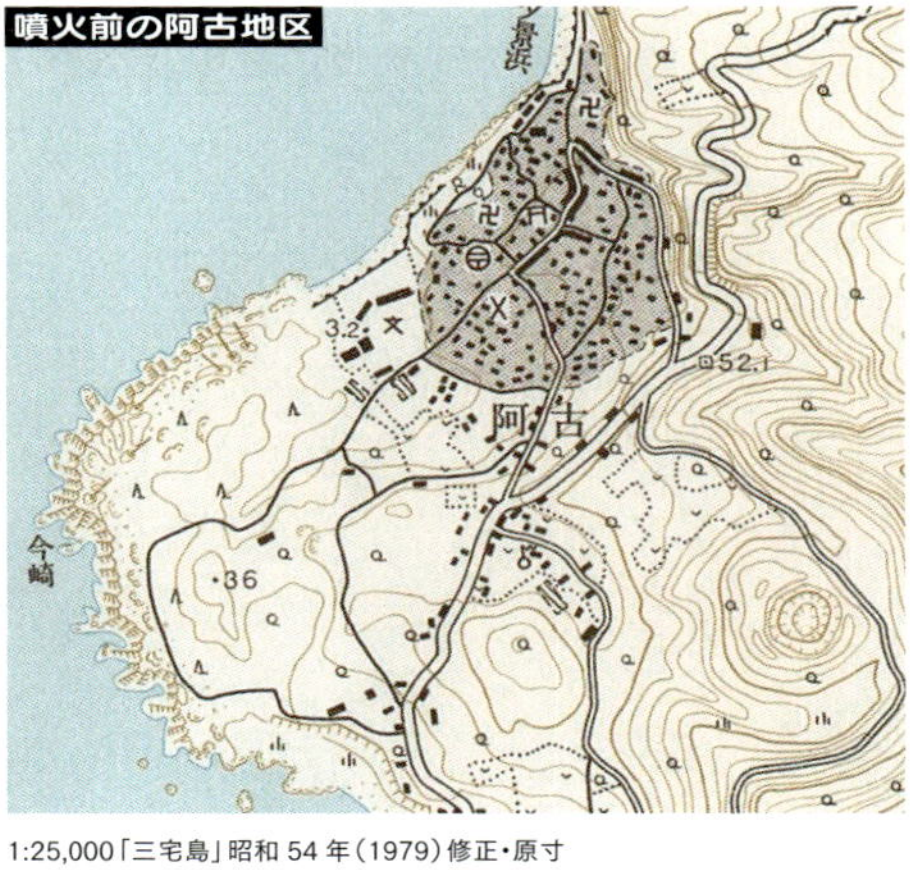

1:25,000「三宅島」昭和 54 年（1979）修正・原寸

溶岩台地の高原に生まれたてのスコリア丘

――伊豆・大室山

手を伸ばすように海に流れ落ちた溶岩が冷えて固まり、それが海に洗われたのが中央に見える城ヶ崎海岸である。この溶岩の出どころは左上に見えるつるりとした大室山付近。地質年代ではつい昨日のような4000年前の噴火で誕生した出来たてほやほやの山だ。

大室山・城ヶ崎海岸とその周辺の土地条件図

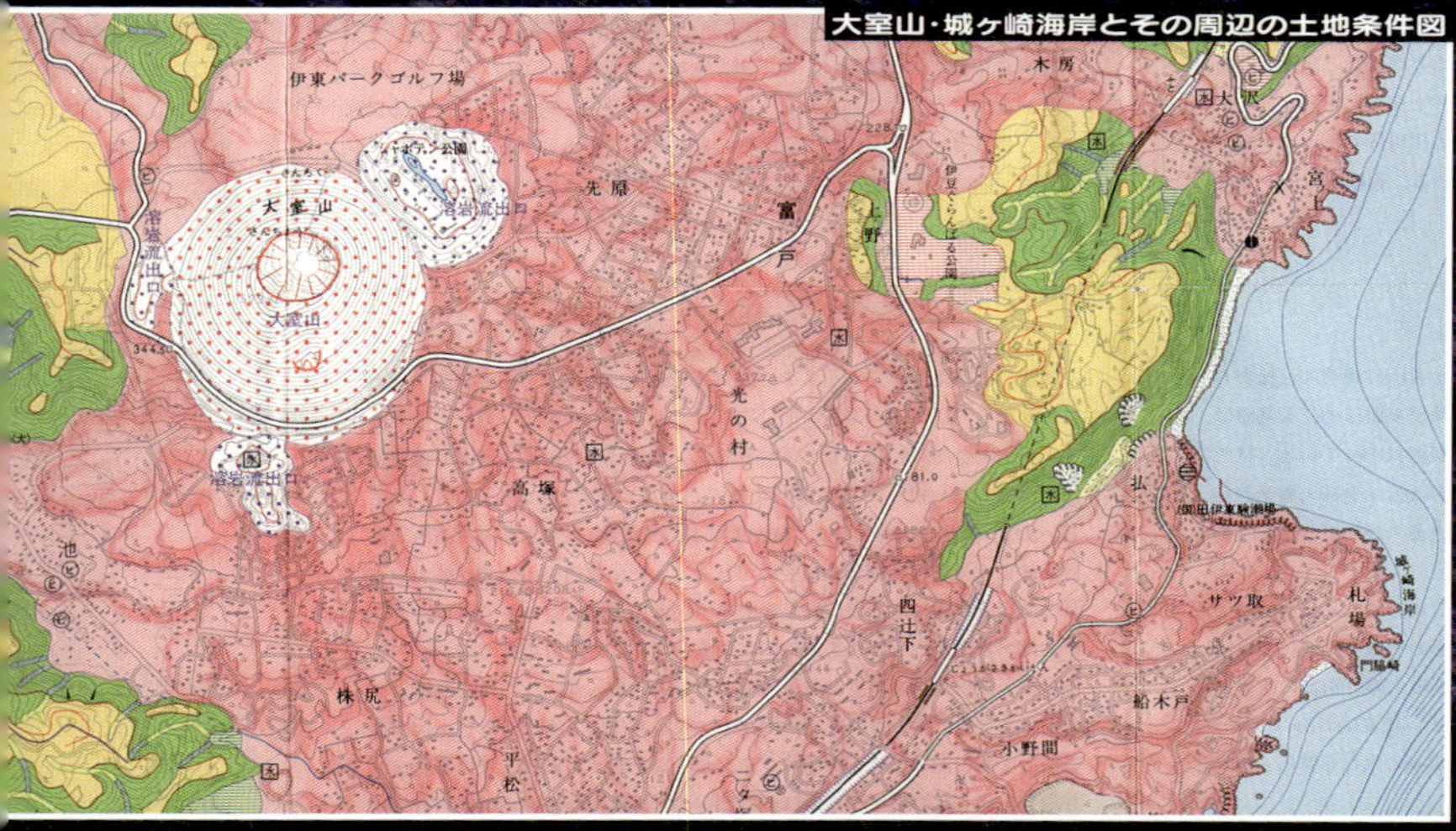

ピンク＝溶岩台地、青い水玉＝スコリア丘を示す。

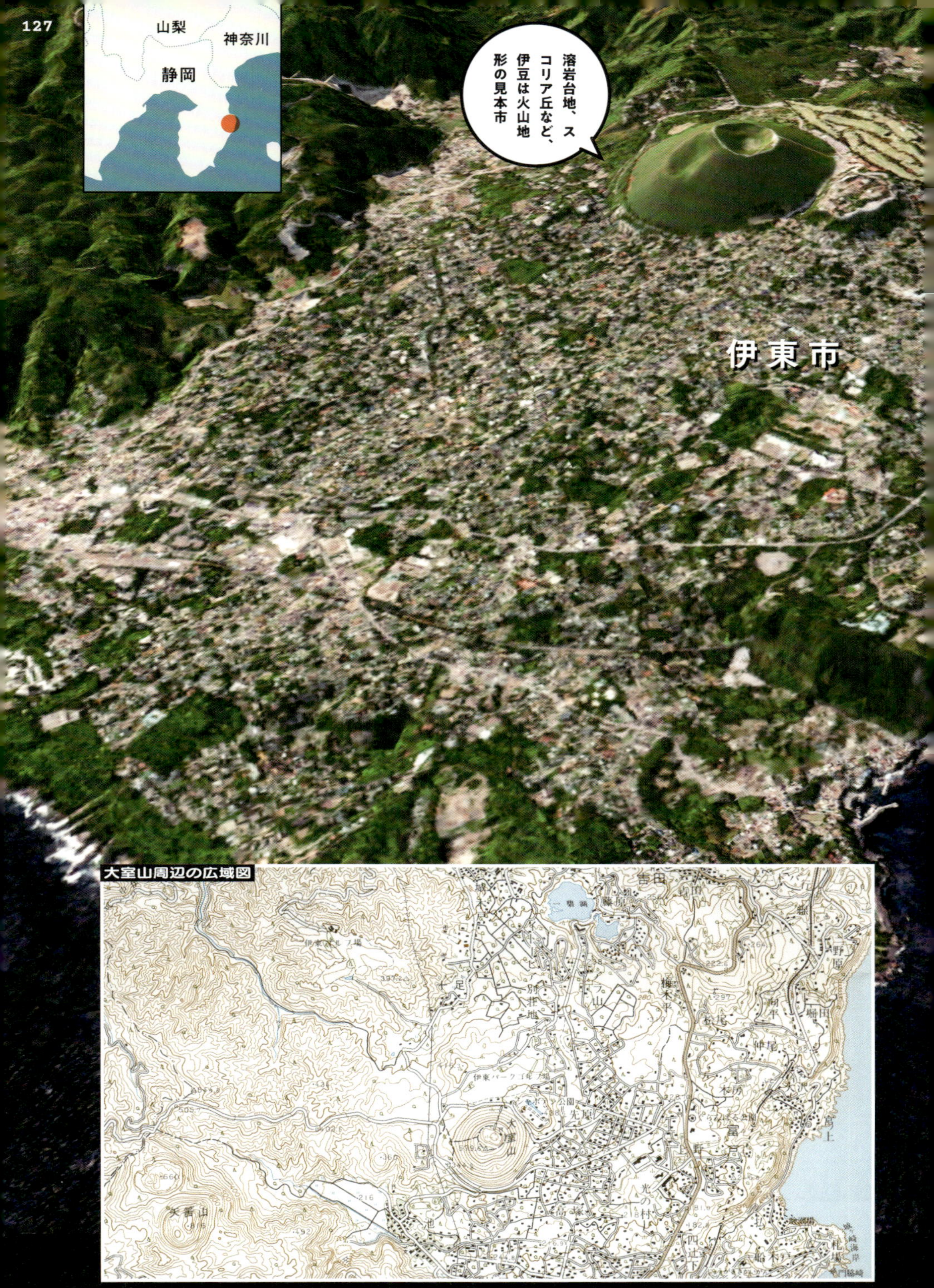

大室山周辺の広域図

海に向かって緩やかに傾斜する溶岩台地

伊豆急行の伊豆高原駅は、国内にいくつも存在する「高原駅」の中では最も古い（JR吉都線の高原《たかはる》駅は除外）。昭和36年（1961）に開通した時の命名である。ただし伊豆高原という町名や大字はなく、所在地は八幡野《やわたの》。高原駅とはいえ海に近いこともあって駅の標高は65・1mと、一般的にイメージされる高原の標高ではない。しかも隣接する城ヶ崎海岸駅の91・0mのほうが高いというオマケつき。ちなみに同線で最高所の駅は川奈駅の111・8m（線路の最高点は約131m）である。

そもそも高原は「何メートル以上」という定義があるわけでもなく、別荘が点在する伊豆高原駅の周辺は、雰囲気としては高原らしいので、別に詐称だと目くじらを立てる必要はないだろう。高原を感じさせる重要な舞台装置が溶岩の存在で、一帯を覆っているのは大室山《おおむろ》の火山活動で流れ出した大量の溶岩。細かい凹凸はあるが全体的に平坦で海に向かって緩やかに傾斜している。このような地形が溶岩台地だ。

前ページの右図は「土地条件図」で、濃淡を付けたピン

地理院地図に見る大室山とその周辺

城ヶ崎海岸駅から伊豆高原駅（欄外）にかけての別荘地周辺は溶岩台地。

地理院地図 2024年10月10日ダウンロード

ク色の部分（溶岩流地形）がそれに該当する。一帯は火山活動が3万年以上前に始まった比較的新しい地形だ。現在の滑らかな斜面をもつ大室山は赤い水玉模様（火砕丘）で表されているが、約4000年前にスコリアが噴出してできた新しい「スコリア丘」。スコリアは多孔質の岩で、軽石より黒っぽいものの呼び名である。その際に大量の溶岩も噴出して伊豆高原の溶岩台地を形成した。さらに海になだれ込んだのが城ヶ崎海岸。いかにも溢れ出した溶岩が海に達した状況がうかがえる。

大室山はきわめて若い山なのでほとんど侵食されておらず、つるりとした印象で遠くからも目立つ存在だ。まるで緑のカーペットを敷いたようにも見える。かつては屋根を葺《ふ》くカヤを得るために毎年山焼きをしてきたことから、木が生えず草原状を呈することとなった。現在ではカヤ需要はなくなったが、その代わりに観光としての山焼きが毎年2月に行われており、枯れ草色の山体が真っ黒になり、春になるとそれが若草色に変化していく。

大室山の北東麓にはカピバラの入浴で有名な伊豆シャボテン動物公園が見えるが、中央の池はかつて溶岩が流れ出した場所で、土地条件図にも「溶岩流出口」と記されている。同様に西麓と南麓にも流出口があった。

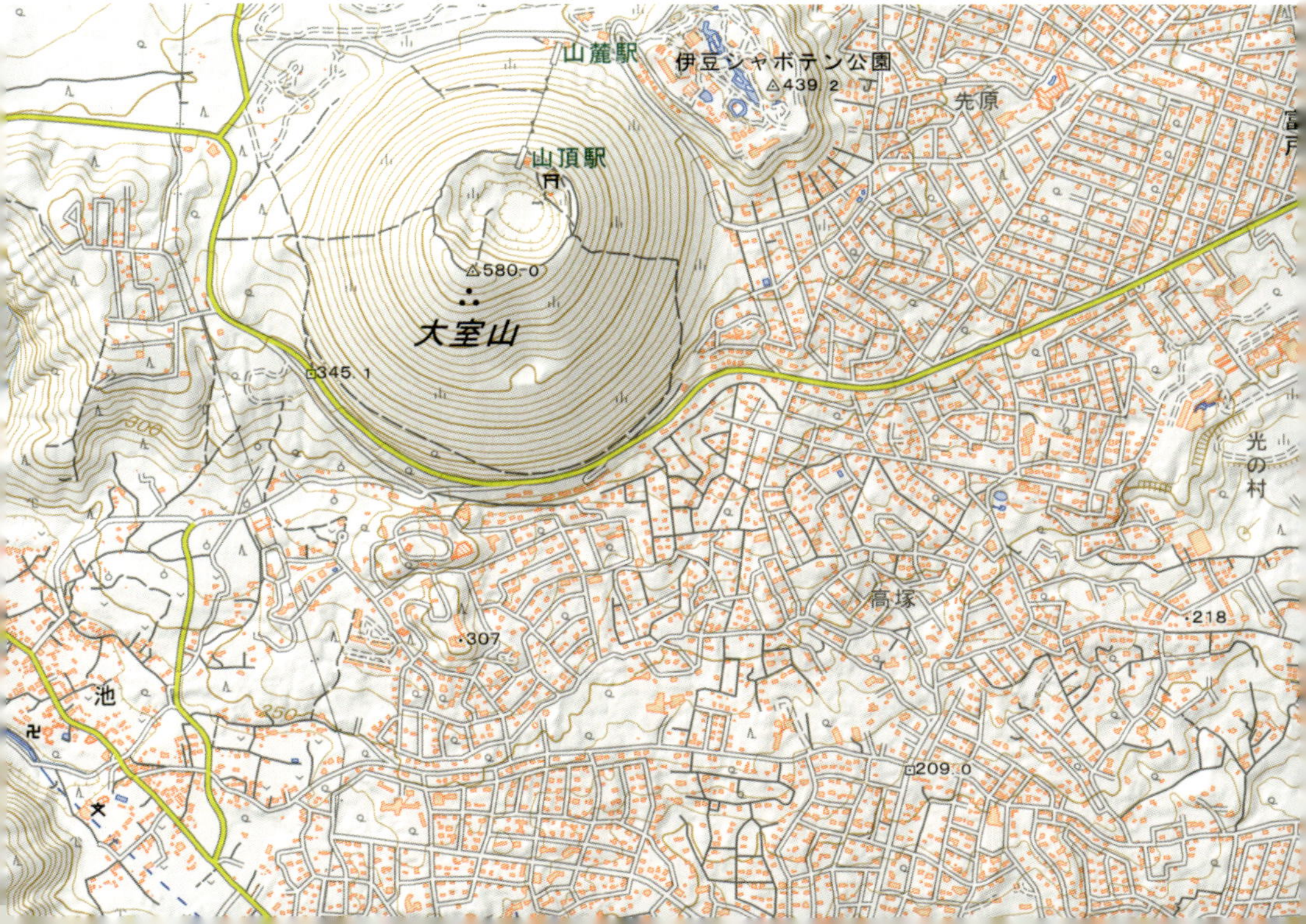

上から見たら大穴
――ハワイ・ダイヤモンドヘッド

灯台が設置され、軍事的要塞としても重視されてきた
オアフ島
マウイ島
ハワイ島

ワイキキビーチのすぐ向こうに見える雄大な山――ダイヤモンドヘッドを上から見ると、こんな思いがけない形が広がっている。マグマが地下水に触れて爆発、地表の土を吹き飛ばした結果だがずっと昔の話。周辺はレジャー施設やショッピングモール、別荘などのリゾート風景だ。

オアフ島の全図。ダイヤモンドヘッドはホノルルの南東（矢印）

米国官製 1:250,000「Oahu (HI)」1961 年発行×0.3

火山活動が生んだクレーターのような丸い窪地

ハワイ・オアフ島でホノルル市街の前面に広がるのが有名なワイキキビーチだが、それは画像の切れた少し手前にある。そのビーチの背景を飾るのがダイヤモンドヘッドだ。浜からのアングルだと海に突き出す雄大な姿に見えるが、このように俯瞰すると、まるで隕石が落ちたクレーターのような丸い窪地をもつ特異な地形であることがわかる。ちなみに、画像の左手前はハワイ州では最大の公園で2番目に古いカピオラニ公園、その左側のオアフ島全図に隠れたあたりは、これも由緒あるホノルル動物園である。

地下からマグマが上昇して海に近い地下水の豊富なエリアに達すると、熱したフライパンにコップで一気に水をかけた時のように爆発的な反応をする。フライパンと違って上が土砂に覆われて密閉されているため爆発力は大きく、上にあったものは吹き飛ばされてクレーターを形成する。これがタフリング（凝灰岩の輪の意）だ。もう少し火山活動が継続して成長し、円錐形になればタフコーン（凝灰岩の円錐の意）と呼ばれる。

どのあたりが両者の境界かの判断は難しく、ダイヤモンドヘッドを「タフリング」とする文献もあれば、「タフコーン」とするものもあって迷うところだ。なるほどワイキキビーチから見れば山に見えるからタフコーンで納得できるかもしれないが、俯瞰すればコーンのわりにはクレーターの直径が大きいから、やっぱりタフリングを支持したくなる。いずれにせよ、一般に実際の地質は必ずしもタフ（凝灰岩）だけではなく、未固結の堆積物も含む。

オアフ島ももう少し東へ行くと両者の見本のような地形が連続している。そのうち西側が海と繋がった明らかなタフリングのハナウマ湾と、東側がタフコーンのお手本のようなココクレーター。

ハナウマ湾は差し渡し500mほどで、ハナは湾の意だが、ウマは不明らしい。「丸い形の湾」や「腕相撲の湾」など諸説ある。当初のタフリングが海食で海と繋がったのが現在の形という。ホノルルからも約20km前後と近く、メジャーな観光地であるが、近年はオーバーツーリズムによる自然破壊が問題視され、入場制限を行うようになった。ココヘッドはその約2km北東にある明瞭な形のタフコーンで、頂上の標高は368m。クレーターの中は植物園だ。

ダイヤモンドヘッドとその周辺の地形図

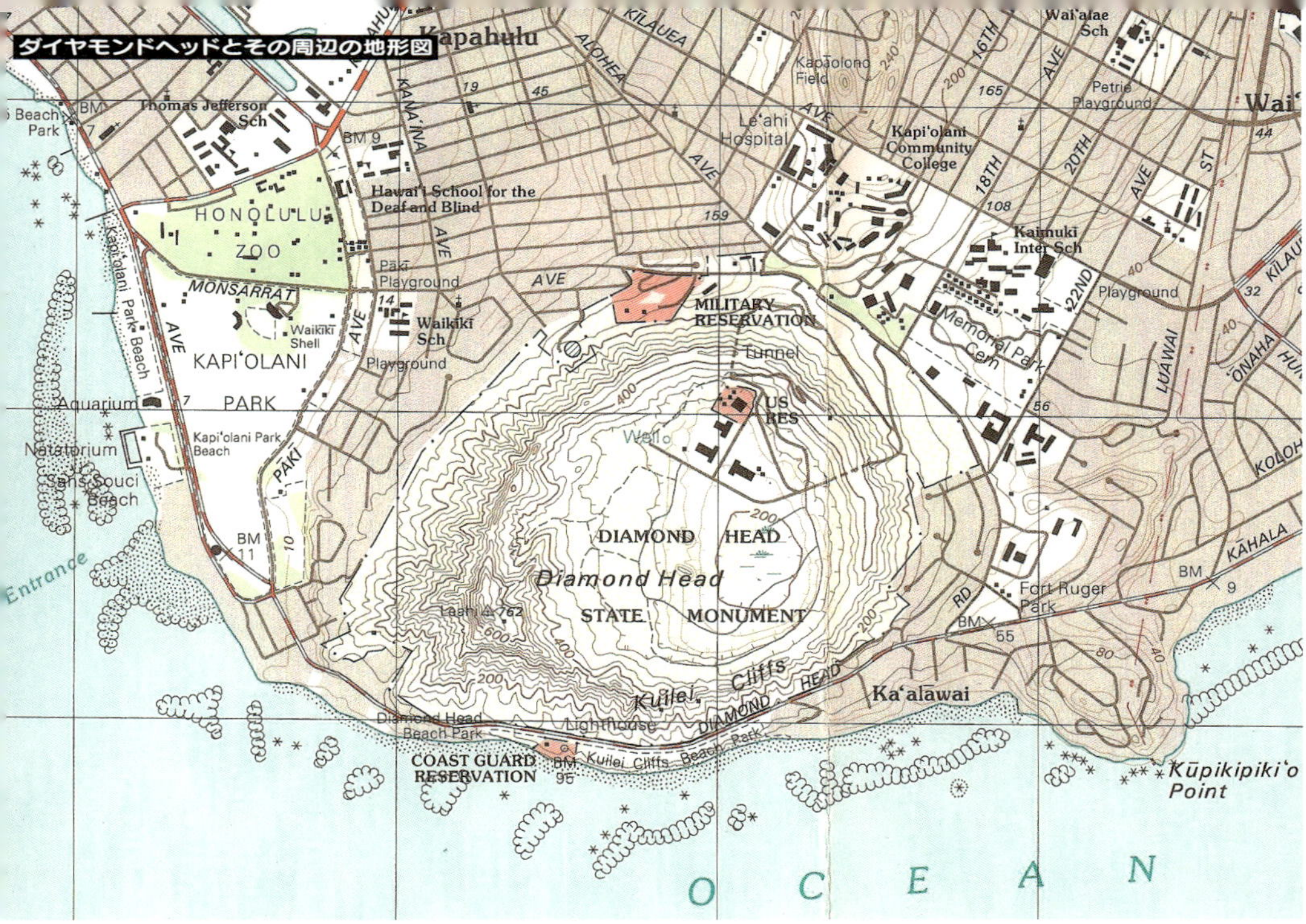

米国官製 1:24,000「Honolulu (HI)」1998 年発行×0.8

輪が欠けたタフリングのハナウマ湾（南西側）とタフコーンのココヘッド（北東側）

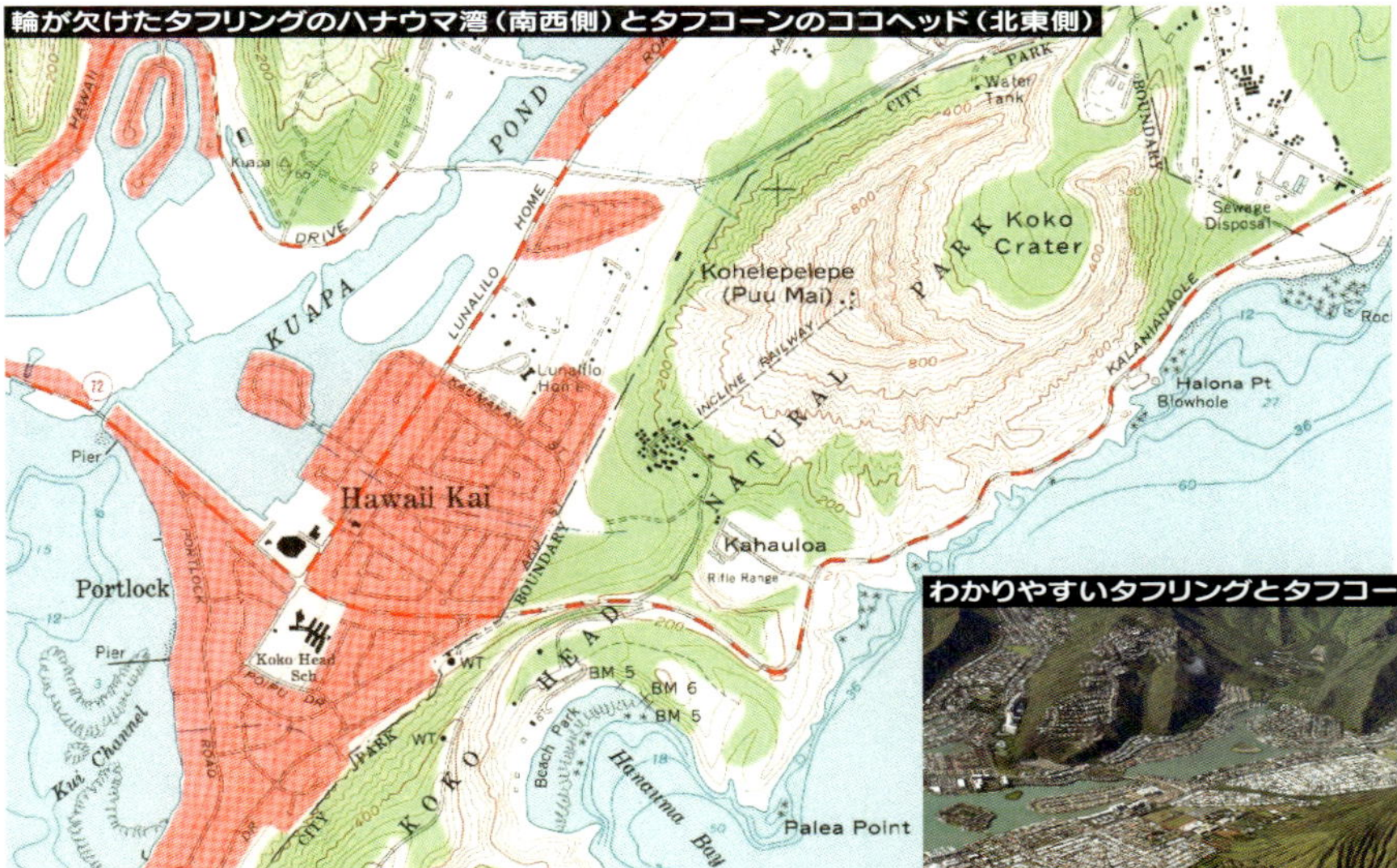

わかりやすいタフリングとタフコーン

ウィキペディア日本語版・英語版等「ハナウマ湾」より（パブリックドメイン）

米国官製 1:24,000「Koko Head (HI)」1969 年発行×0.55

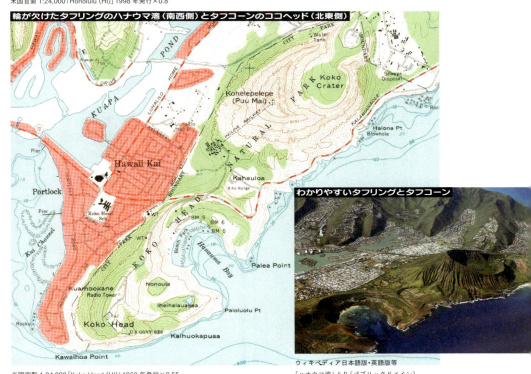

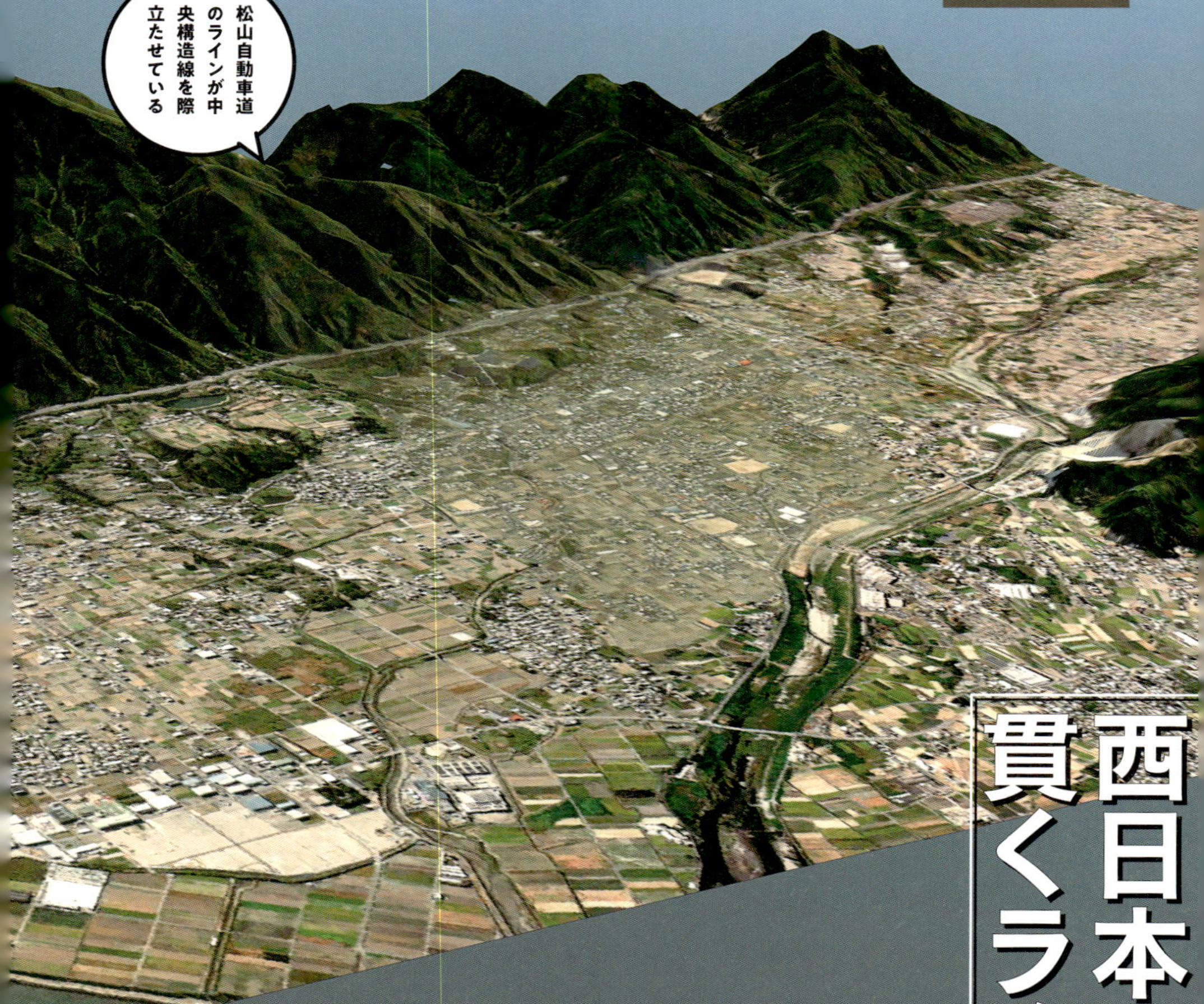
松山自動車道のラインが中央構造線を際立たせている

西日本をどこまでも貫くライン

——中央構造線

紀伊半島から四国北部を突っ切り、細長い佐田岬半島から九州へ上陸するライン。衛星画像でも地図でもはっきり判読できるこの線こそ、日本最長の断層帯——中央構造線である。特にこの画像エリアは四国山地と平野の境目がまっすぐでわかりやすい。

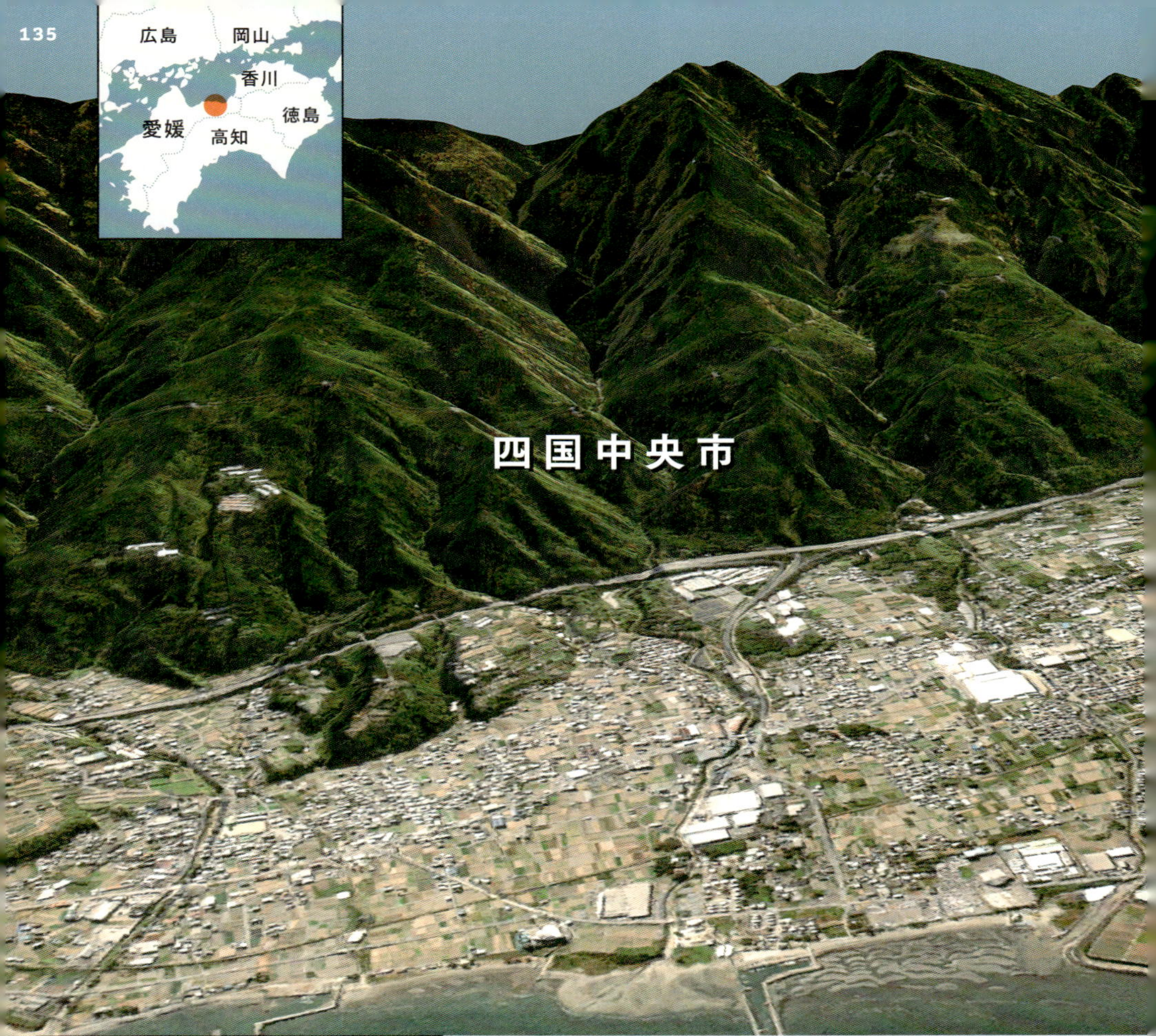

線を追加しなくても明瞭にわかる中央構造線

地理院地図（空中写真）を右へ 11 度傾けた

活断層が集まる中央構造線

地形の描かれた日本地図で最も目立つのは中央構造線かもしれない。日本列島では「最も長い断層」として知られている。明治18年（1885）にドイツ人地質学者のナウマンがその概念を提唱した。このラインを境に地質は大きく異なっており、その線の北側を日本列島の「内帯《ないたい》」、南側を「外帯《がいたい》」と呼ぶ。

西日本はユーラシアプレートの上に載っており、その下へフィリピン海プレートがもぐり込み続けている。その境界をなす海底の深い谷間が南海トラフで、もぐり込みの力に抗しかねた時にその境界が動き、しばしば巨大地震となって災害を発生させてきた。中央構造線はプレートの巨大な力で押されてできた地形の「折れ目」のようなもので、それにおおむね並行する形でいくつもの活断層が集まっていることから、「中央構造線断層帯」と呼ばれている。

この地形が地図上でもはっきり確認できるのは、長野県の諏訪湖から少し南へ行ったあたりから四国西端の佐田《さだ》岬半島あたりまでだ。ルートは伊那《いな》市東側の高遠《たかとお》付近から南南西に延びるまっすぐな谷を大鹿《おおしか》村、飯田市の旧上《かみ》村、静岡県浜松市天竜区の水窪《みさくぼ》を経て、そのあたりから徐々に西

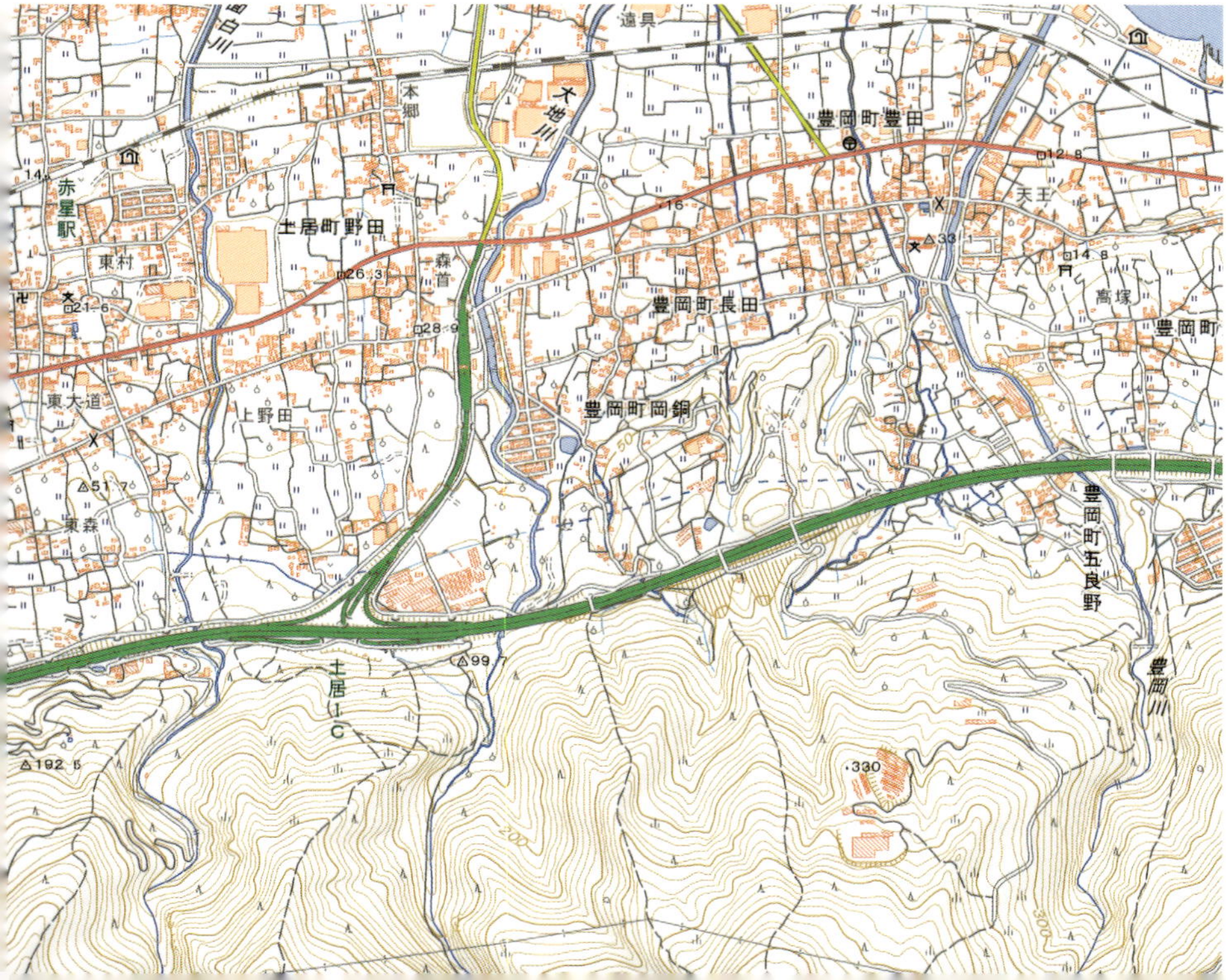

地理院地図
2024年
2月13日
ダウンロード

南西へ向きを変える。このあたりの谷は、頻繁に地盤が動いたことによる「破砕帯《はさいたい》」を河川が侵食して形成されたものだ。

その先は渥美《あつみ》半島に沿って伊勢湾へ入り、志摩半島で上陸して紀伊半島を横断、紀ノ川に沿って和歌山市へ出る。淡路島の南端を経て四国へ上陸、讃岐山脈の南麓を経て今度は瀬戸内海に面した愛媛県の山裾を貫いて高縄《たかなわ》半島を横断、佐田岬半島から九州へ向かう。本来は関東地方から九州の熊本県まで延びているそうだが、素人目にはよくわからない。

ここで取り上げたのは四国中央市の旧土居町付近で、四国山地の北端が見事にまっすぐな山麓ラインを見せている。平地との境界線をちょうど松山自動車道が通っているのでわかりやすい（左ページ中央に見えるのが土居インターチェンジ）。このラインの山側は急斜面で森林、海側は扇状地や段丘の地形なので耕地や集落として利用されている。25㎞ほど西に位置する西条市では、四国山地を削って流れてきた加茂川が作る扇状地に濾過された良質な「うちぬき水」が市街各所から湧き出していることで有名だ。海岸近くでやはり滑らかなルートをたどるのがJR予讃線で、線路と松山道との中間には讃岐街道に古くからの集落が連なっている。

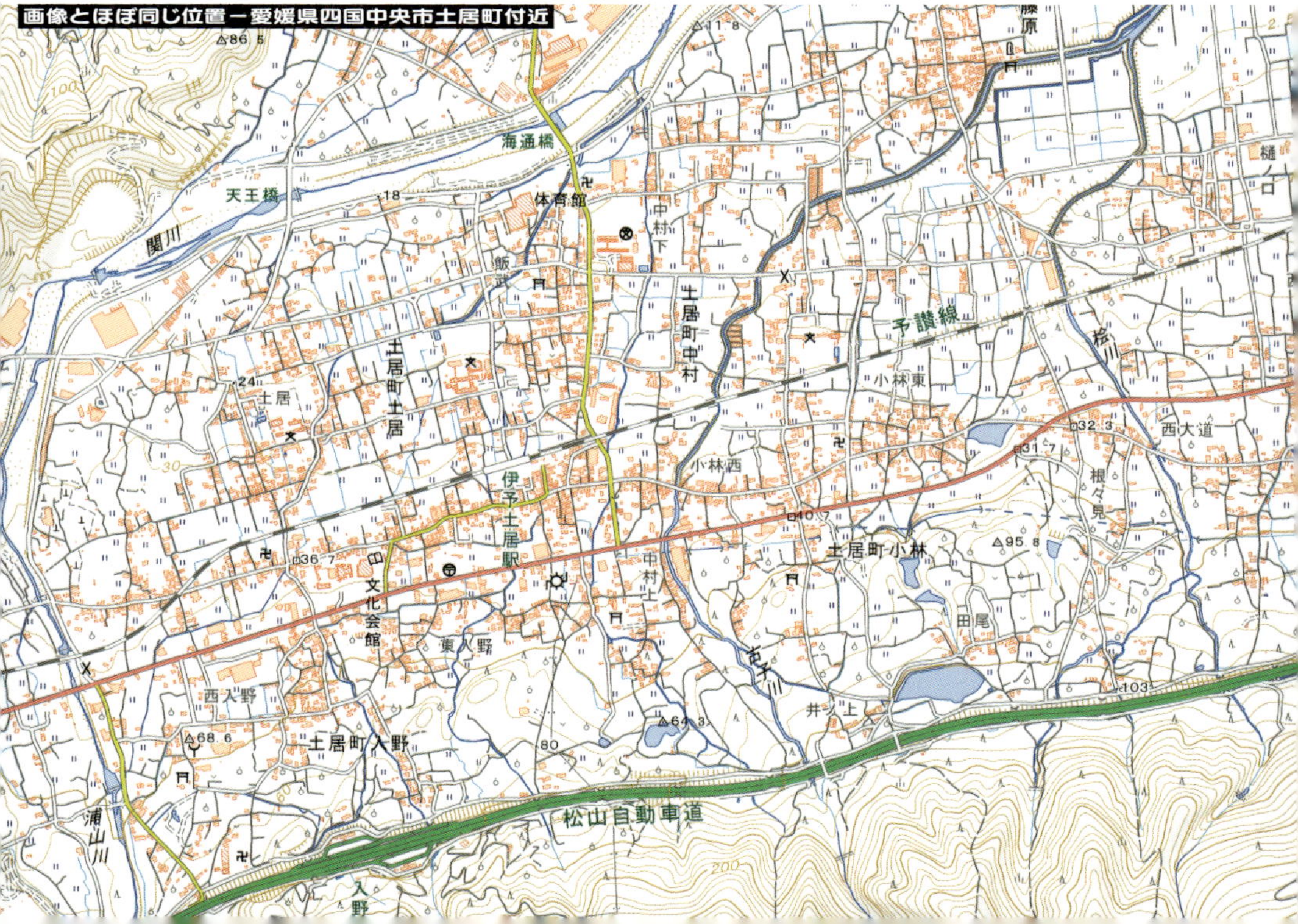

画像とほぼ同じ位置ー愛媛県四国中央市土居町付近

絵に描いたサカナの形
――トカラの火山島・横当島

鹿児島県の屋久島と奄美大島の間に火山島が点在する吐噶喇列島。その最南端に位置するのがこの横当島である。海上に出た山頂部分に火口がぽっかりと開いた島は急崖に囲まれ、西側には比較的穏やかな山が繋がっているものの、人が定住した記録はない絶海の孤島だ。

上から見ると、魚の「目」にあたるのがクレーター
十島村

吐噶喇（トカラ）列島と
その周辺
草垣群島
黒島
硫黄島
竹島
佐多岬
馬毛島
西之表
種子島
口永良部島
宮之浦岳
1936
屋久島
門倉岬
口之島
臥蛇島
中之島
諏訪之瀬島
悪石島
小宝島
宝島
横当島
上ノ根島
大島
吐噶喇列島
南西
南

地理院地図

離島に残る火山活動の跡

鹿児島県の薩摩半島の南西に連なっているのが吐噶喇《とから》列島である。トカラの文字にはすべて口偏が付いているが、特に「噶」の字は国内で他に例はなく、中国・新疆《シンチャン》ウイグル自治区のカシュガルの漢字表記「喀什噶爾」ぐらいだろうか。

その吐噶喇列島で最も南西に位置するのがこの横当島《よこあて》だ。東西約3km、面積は2・75㎢の小島で、奄美大島の奄美市名瀬から北西に68km離れている。島は一見して子供が描いたサカナの絵のようで、その「目」の位置が噴火口だ。右が東峰で494・8m(三角点)、左が西峰で最高地点は257m(地理院地図から推定)。定住の記録はないが、明治43年(1910)には一等三角点が設置された。中央の低くなったところは標高わずか14mでかろうじて繋がっているが、それ以外は高さ100m内外の海食崖に囲まれている。

離島の百科事典『SHIMADAS』によれば、江戸時代の文政年間の末頃(1831年頃)に成立した『南島雑話』で「与波天島」「御神島」と紹介され、東峰からは常に噴気が見られると記されている。また平成24~25(2012~13)年には火山学者による調査が行われ、東峰で小規模な噴気活動が確認されたという。

左の3図はいずれも火山島で、上の青ヶ島は人口167人(令和6年10月推計)と全国最小の東京都青ヶ島村で知られる。世界的にも珍しい「二重カルデラ」で、西にあるピークの大凸部《おおとんぶ》を外輪山とするカルデラ、その中に丸山の小さなカルデラが入っている。ついでながら、凸の付く地名も、これと島内の大人《おおじん》ヶ凸部(外輪山東縁)以外は国内に存在しないらしい。丸山は天明5年(1785)の大噴火で誕生したが、その際に島民は八丈島へ逃れた。ちなみに天明の大飢饉の要因とされる浅間山の大噴火はその2年前である。

右下は伊豆諸島南端に近い鳥島で、青ヶ島の南約220km。かつては玉置《たまおき》半右衛門が欧米に高く売れる羽毛の採取目当てで島のアホウドリを乱獲した。併せてリン鉱石や硫黄の採掘で事業を拡大したが、明治35年(1902)の大噴火で当時島にいた125人全員が死亡する大惨事も起きている。絶滅寸前だったアホウドリは近年繁殖が進められて劇的に生息数を増やして話題になった。

左下は近年にわかに巨大化している小笠原の西之島。父島の西約130kmにあり、4000m級の海底火山の頂上

島の東西幅は約2.6km

部分である。昭和48年（1973）から翌年にかけて、また平成25年（2013）から最近までの火山活動で面積を増やし、昭和48年（1973）の7ヘクタールから現在は275ヘクタールと39倍に成長した。

日本で最も人口が少ない村のある青ヶ島

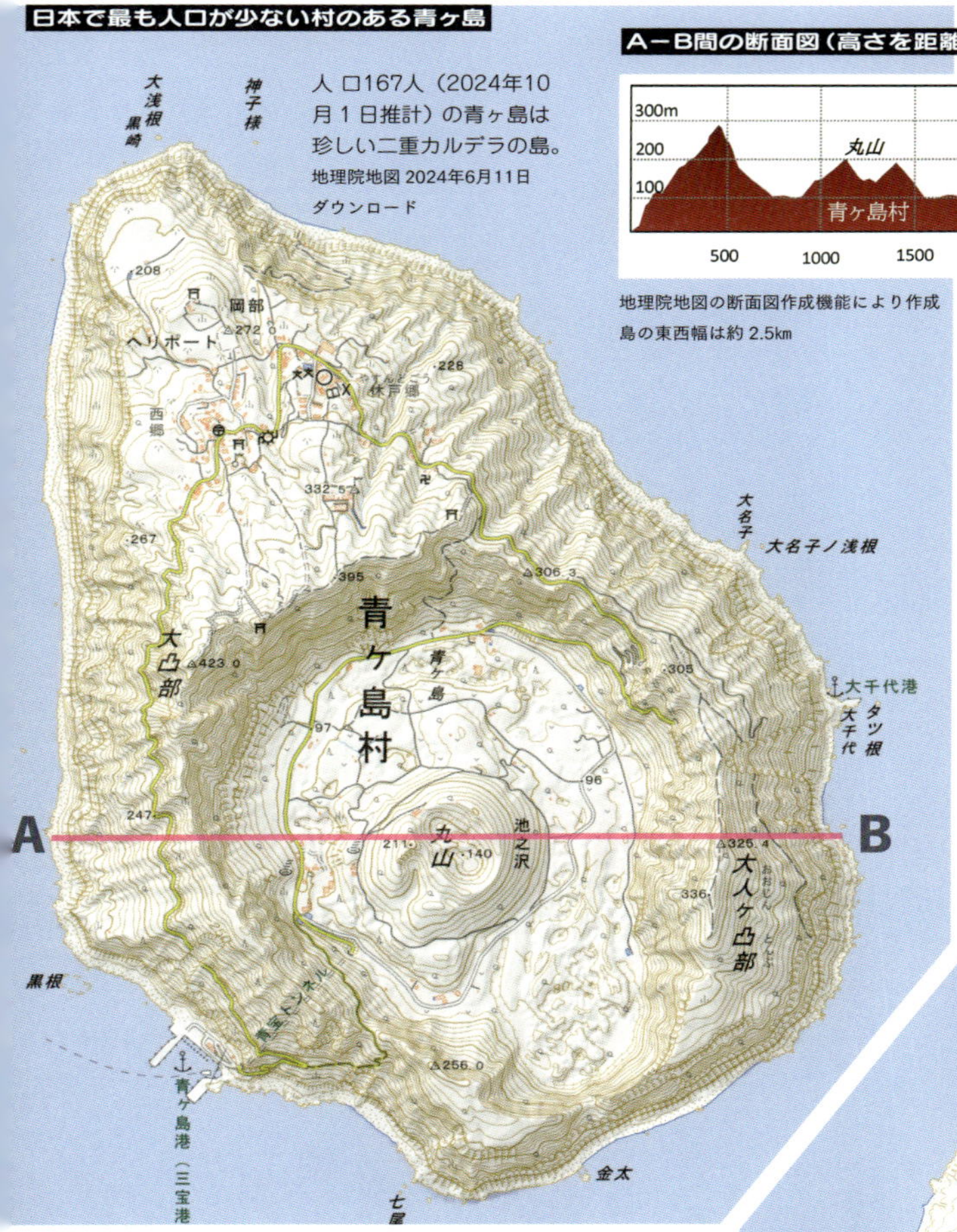

人口167人（2024年10月1日推計）の青ヶ島は珍しい二重カルデラの島。
地理院地図 2024年6月11日ダウンロード

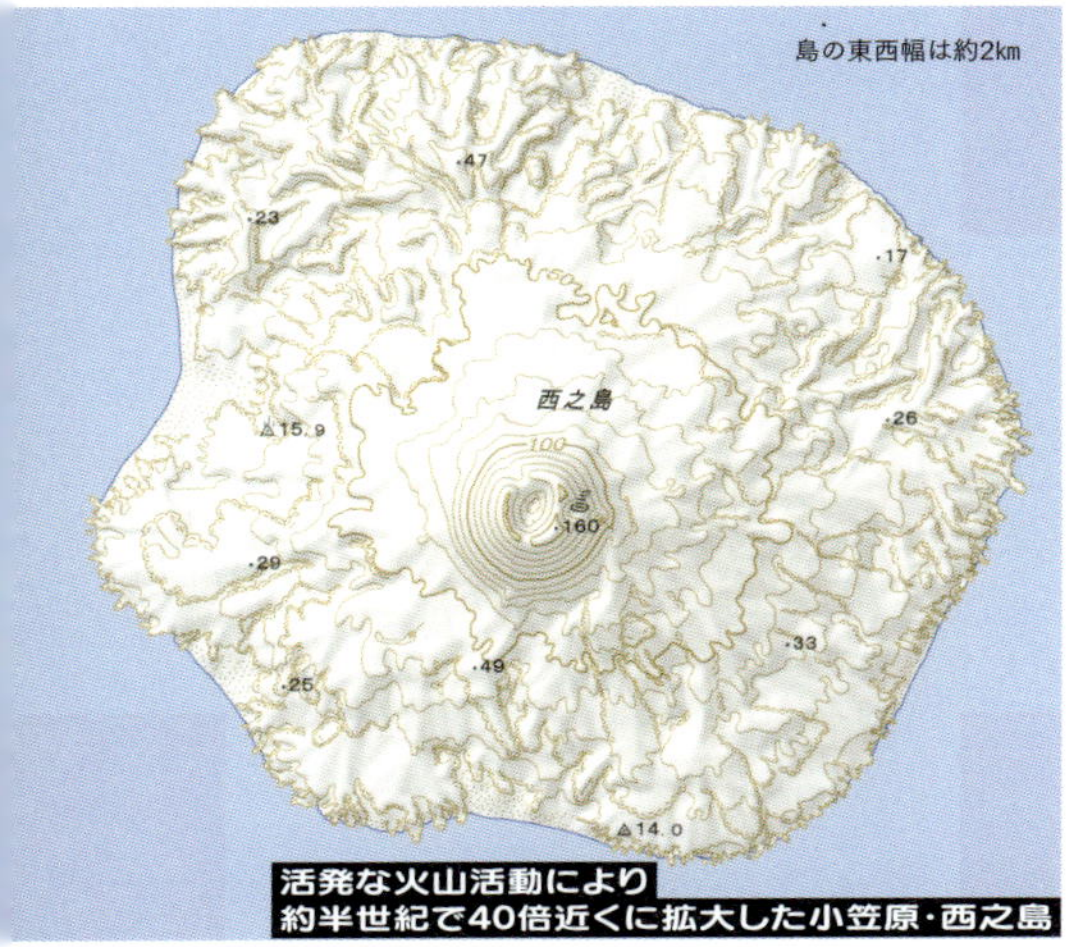

活発な火山活動により約半世紀で40倍近くに拡大した小笠原・西之島

昭和48年（1973）の0.07㎢から平成28年（2016）の2.75㎢まで39倍に拡大した。地理院地図 2024年6月11日ダウンロード

東京から南へ580kmの絶海の孤島・鳥島

鳥島は東京都八丈支庁、伊豆諸島の最南端に位置するがどの町村にも属していない珍しい例。地理院地図 2024年6月11日ダウンロード

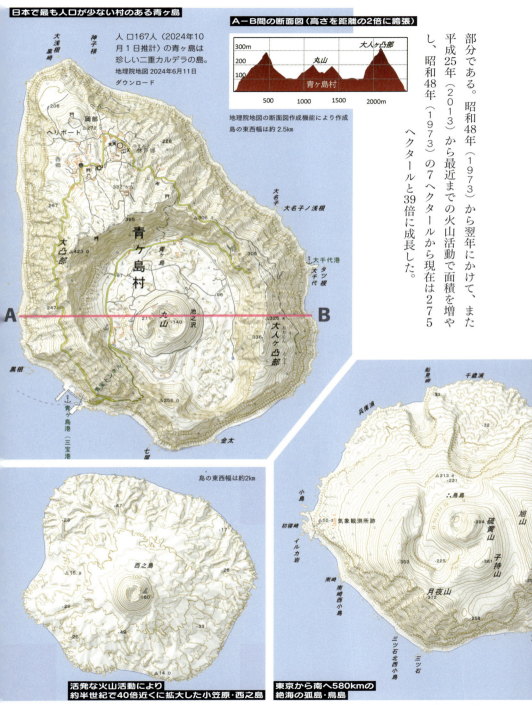

弘法大師が建てた橋脚はマグマ貫入の痕——橋杭岩

一直線に延びる岩の連なりは、まるで橋を架けるために建てた橋脚。しかし実際には太古の昔に堆積した泥岩層に地下からのマグマが入り込んで固まり、それが長年にわたる波の侵食で削られて「元マグマ」だけが残った。プラモデルのバリと同じ。

橋杭岩のある和歌山県南端・串本町

1:200,000「田辺」平成 23 年（2011）要部修正・原寸

波しぶきを浴びる橋杭岩

2017 年 10 月 6 日著者撮影

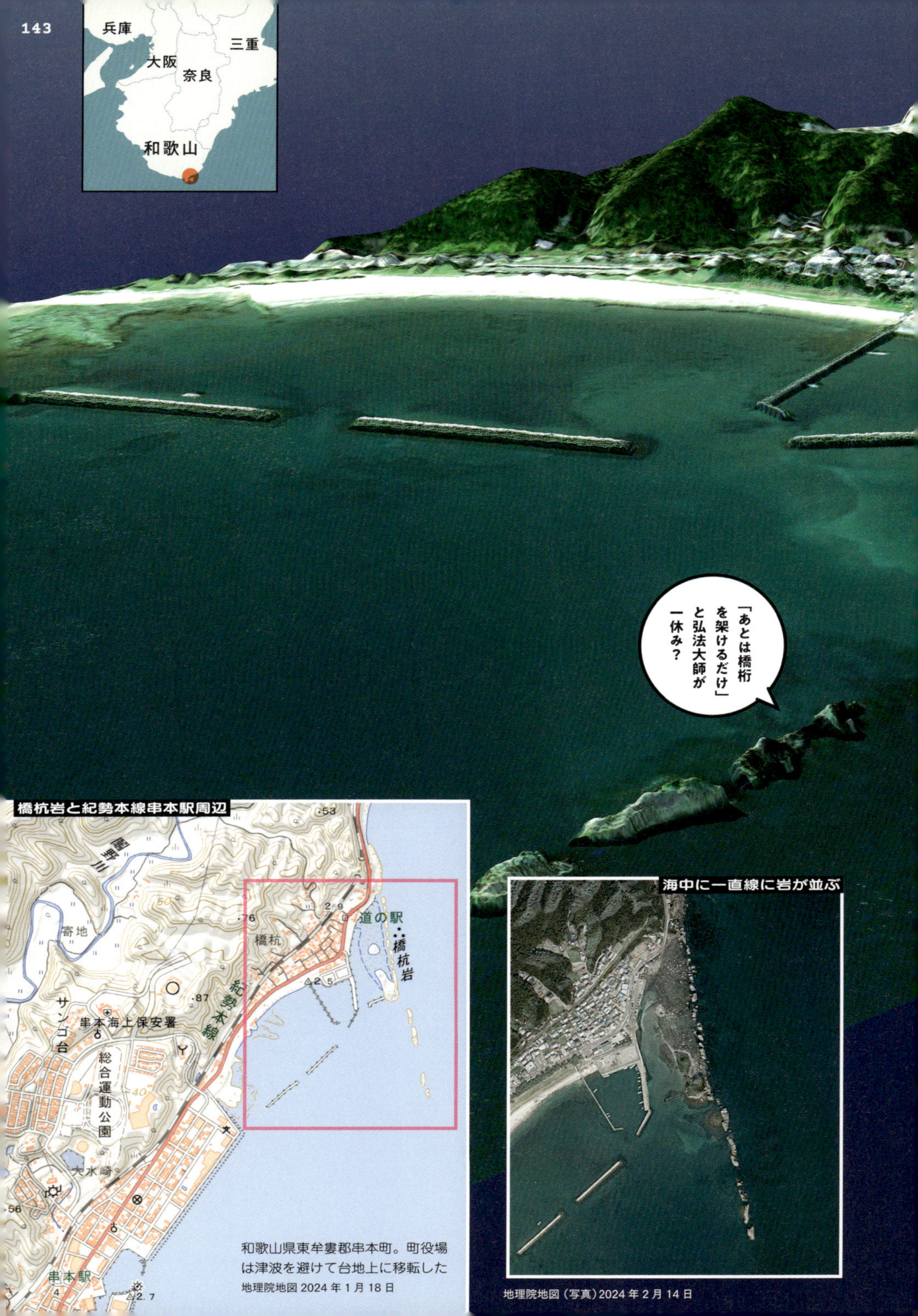

橋杭岩と紀勢本線串本駅周辺

和歌山県東牟婁郡串本町。町役場は津波を避けて台地上に移転した
地理院地図 2024 年 1 月 18 日

海中に一直線に岩が並ぶ

地理院地図（写真）2024 年 2 月 14 日

大小のさまざまな岩が一直線に並ぶ

岩の列がまっすぐ沖合に向かっている。紀伊半島の南端近い和歌山県串本《くしもと》町には大小25ほどの岩が約８７０ｍにわたってズラリと並んでいる。橋脚のように見えることから橋杭岩《はしぐいいわ》と名付けられた。弘法大師が紀伊大島へ橋を架けようと橋脚を立てたとの伝承がある。

岩は沖合から一ノ島、二ノ島、三ノ島、四ノ島、大メド沖ノ島、馬乗島、辰欠島、小メ戸コオシ島、イガミ島、弁天岩、童子島、ビシャコ岩……などが25番目の元島まで続いているが、中間の弁天岩あたりから陸側に「岩」の名が多くなるのは、陸側に波食台《はしょくだい》（海食崖が後退した後の地形）があるので岩と呼んだ方がぴったりするからだろう。

一直線の岩の列はマグマが貫入した痕跡である。地下から上昇してきたマグマが、一帯に堆積していた泥岩の層に入り込んで固まった。その後に長い期間をかけて海の波が比較的軟らかい泥岩を侵食した結果、マグマが固まった硬い岩が板状に残ったというわけだ。その板状の岩壁が長年の侵食で橋杭状になったらしい。波食台に転がっている大小さまざまな岩は、その後の大地震による津波が運んだものとされる。なお、橋杭岩の南端（一ノ島）から約９００ｍ南の大島漁港にある権現島は「橋杭」列の続きという。

左の図は山口県萩市街の北側だ。この一帯から山口市にかけて「阿武《あぶ》火山群」があり、40あまりの火山体から構成されている。そのいくつかは島となり、また砂州で繋がれた陸繋島《りくけいとう》になっている。橋杭岩とは成因を異にするが、「マグマの存在」を感じさせない地形というのが共通点だ。

沖合の6つの島は「萩六島」と呼ばれ、うち3島が有人島。挿入図の羽島（無人）のようにいずれも数十ｍの標高をもつ台状の地形が特徴である。それぞれ異なる時期に噴火した火山で、小さな溶岩台地が水没して島となり、それぞれ海食崖が発達して「オセロの駒」のような形状になった。陸繋島で繋がった図上部の笠山も溶岩台地ができた後、約８８００年前の噴火で伊豆大室山のようなスコリア丘ができ、横から見て「市女笠《いちめがさ》」の形となったためその名が付いたという。頂上に開いた直径30メートルの小さな噴火口は階段で降りることができ、奥には暗い洞窟が続いている。図に見える陸繋島の狐島、中ノ台、鶴江台もそれぞれ小規模な単成火山で、少しずつ成因が異なるが、これだけ小さくて低い火山が集まっている場所は世界でも珍しい。

萩市街の北側に並ぶ阿武火山
地理院地図
2024年10月28日ダウンロード（ワク内も

笠山の北西沖合に浮かぶ
羽島も火山由来の無人島

COLUMN

断層がもたらしたもの

地面がずれ動くのが断層だ。主にずれ方で①正断層、②逆断層、③横ずれ断層の３種類が知られている。①正断層は水平に引っ張られた結果、片方がずり落ちる形となるもので、４つのプレートがひしめき合う日本では少数派だ。多数派の②逆断層は水平に圧縮の力がかかって破断した一方がせり上がり、一方がもぐり込む形である。③横ずれ断層は文字通り水平にずれる形で、破断した向こう側が右にずれるのが「右横ずれ断層」､左にずれるのが「左横ずれ断層」だ。右と左は相対的な方向で、反対側から見ても同じなので合理的だ。なお正断層と逆断層には、しばしば横ずれも伴う。

横ずれ断層で有名なのは静岡県最東端にある丹那《たんな》断層で、昭和５年（1930）11 月に起きた北伊豆地震でこの断層は南北 35kmにわたって動いた。これによって当時建設中だった丹那トンネルの坑道は南北方向に 2.1 mもずれ、この影響で東海道本線の同トンネル内はわずかながらＳカーブを描いている。北側に並行する東海道新幹線の新丹那トンネルは地震後の建設なので直線。もし工事がスムーズに進んで営業運転中だったとすれば恐ろしいことだ。丹那盆地にある火雷《からい》神社では鳥居と参道の間が南北に 1.4 mずれたため、鳥居をくぐると石段が正面でなく左側から始まっている。

逆断層で盛り上がった山地は国内外に多いが、わかりやすいのが大阪府と奈良県の境に位置する生駒《いこま》山地である。せり上がったのが奈良県側なのでそちら側は斜面が緩く、大阪府側は急峻だ。国道 308 号の暗《くらがり》峠の前後各 2、3 kmを測ったところ、東側が約 100 パーミル（１km進んで 100 mの高度差）であったのに対して、西側は約 170 パーミルと明らかに急だった。その西側の急斜面に江戸時代から昭和戦前期にかけて多く設置されたのが水車である。明治末の地形図を見れば斜面を流れ下る沢筋に水車の記号がいくつも描かれているのが印象的だ。

この水車動力を利用したのが伸線《しんせん》業である（線香の製造にも用いられた）。江戸期はこれでカンザシに使う銅の針金を伸ばしていたというが、近代に入って針金、金網、釘やネジなどの需要が急増した。生駒山地に長いトンネルを掘り抜いた大阪電気軌道（近鉄の前身）が大正３年（1914）に開業、給電事業も行ったことで水車動力は次第に電力に取って代わられるが、ここで培われた金属加工の技術は後に大阪平野へ降りて行き、現在に続く東大阪市周辺の金属加工業の隆盛に繋がっている。断層が作った地形が地場産業に影響をもたらすのは興味深いことだ。

第4章

農業景観

先祖が耕した作品群

宇宙からも見える格子縞

——道東の防風林

北海道の東部、緩やかな起伏がどこまでも続く根釧台地は日本最大の酪農地帯である。これを正方形に区切る防風林は原始林を切り開いた「残り」で、その総延長は648㎞にものぼる。牧草地の広がる「日本離れした風景」は、戦後に世界銀行の融資を受けた根釧パイロットファームとして開拓された。

別海町上春別（上の画像）付近の地形図に防風林を着色した

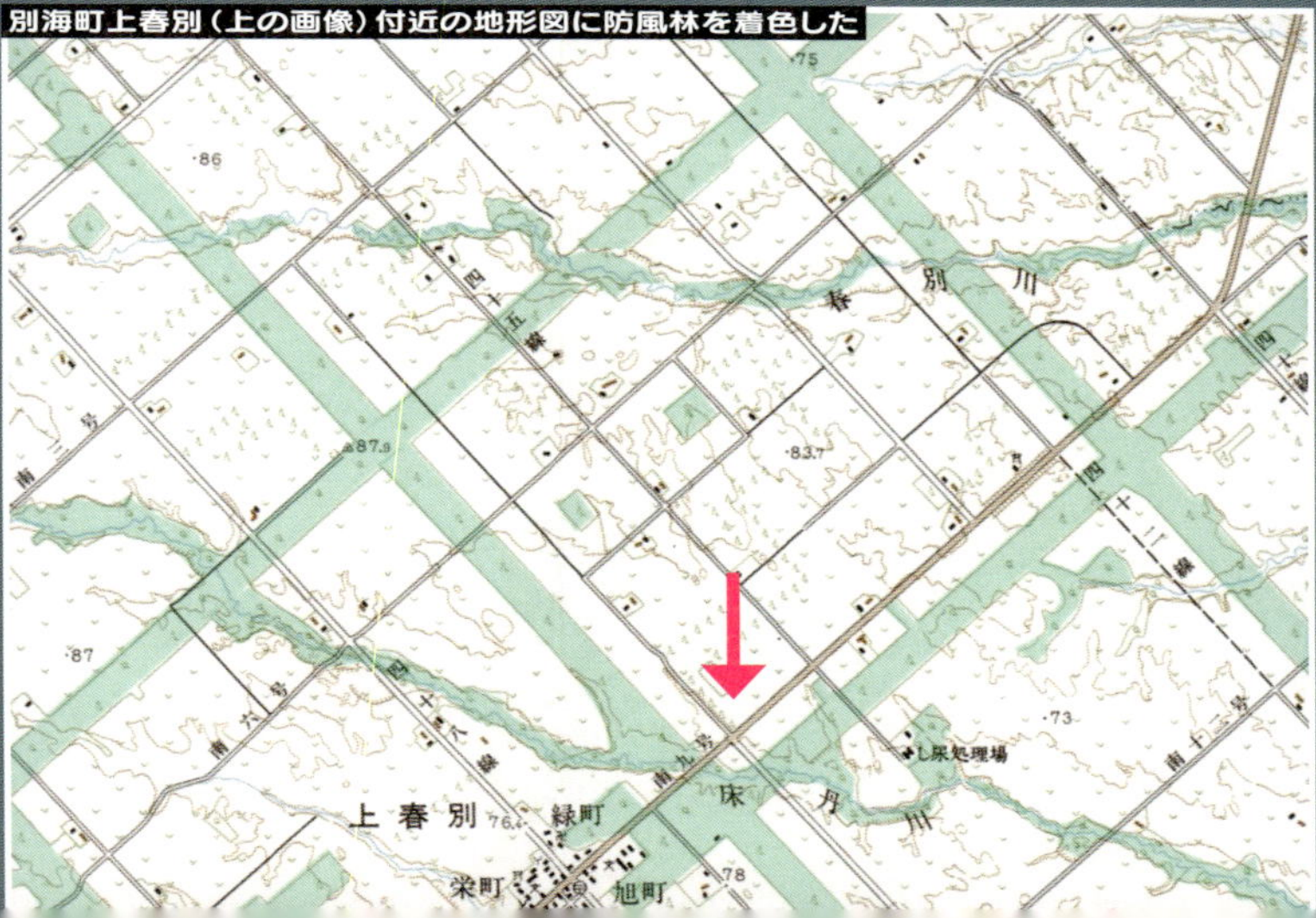

1:50,000「計根別」
平成３年（1991）
要部修正×0.75

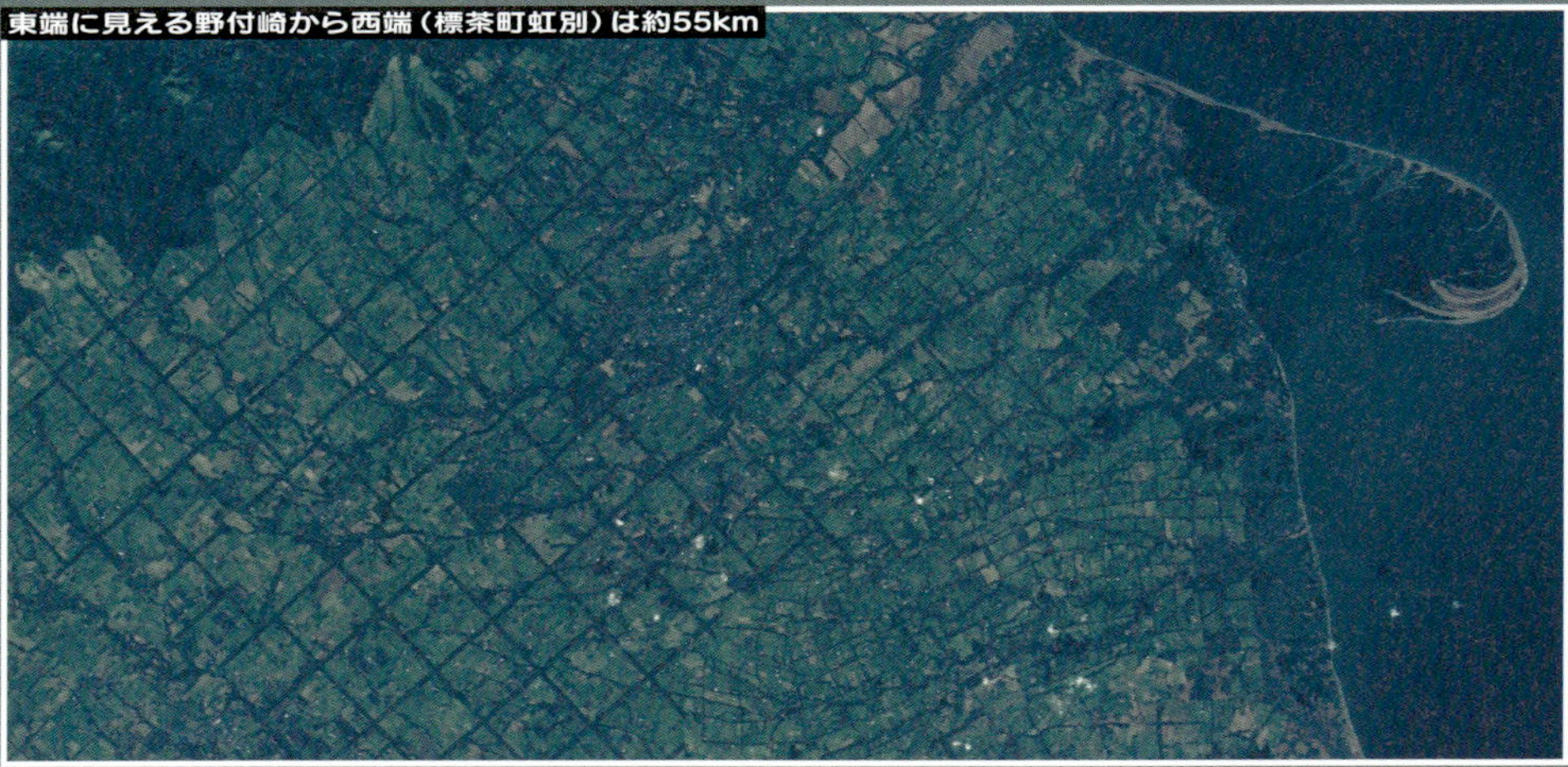
東端に見える野付崎から西端（標茶町虹別）は約55km

地理院地図（空中写真モード）2024年4月5日ダウンロード

林と牧草地が織りなすコントラスト

インドのエローラ石窟寺院は、岩崖を切り出して造ったもので、平地から石材を立ち上げる通常の建築とは概念がまったく異なる。ここを訪れた作曲家の芥川也寸志《やすし》はこの岩から彫り出され、精緻を極めた大伽藍《だいがらん》を「マイナス空間」と感激し、ユニークな「エローラ交響曲」を書いた。

そのことを思い出すのがこの根釧《こんせん》台地の格子縞である。濃い緑の太枠が林、その間に広がる薄い緑が牧草地で、その明瞭なコントラストは宇宙からもはっきり見えるという。太枠は防風林だが、何もないところに木を植えたのではなく、鬱蒼たる一面の原始林の中から酪農のための土地を切り出した後に残した森の一部が防風林となった。広い牧草地は立派な「マイナス空間」である。

格子縞の防風林は幅おおむね190m内外、格子の1辺は約2・7㎞に及ぶ。中には地形の事情により規則通りでない部分もあるが、格子は45度ほど傾いてどこまでも続いている。画像下の空中写真（地理院地図）では野付崎の先端から写真の左端まで約55㎞。直線距離なら東京駅から平塚駅、神戸の三ノ宮駅から奈良駅の距離にほぼ等しい。

この格子は昭和30年（1955）度から同41年度にかけて、根釧台地の別海村《べつかい》（現別海町）で世界銀行の融資を受けた大規模酪農開発、「根釧パイロットファーム」の事業によるものだ。地形は火山灰が堆積した土壌をほぼ南東へ流れる各河川が侵食して起伏に富んでいるが、格子はそれとは無関係に配置されているため、谷を刻む樹木の多い川に沿った曲線と幾何学模様が対照的である。中心となる別海町では1世帯あたりの牛の数が17頭にのぼる国内随一の酪農地帯となった。

格子状の防風林そのものはオホーツク海側の斜里《しゃり》平野（網走市と知床半島の間）などでも戦前から行われ、現在も残っているが、その幅は約80メートルと細く、またそちらはジャガイモやビート（砂糖大根）など畑作が中心である。

左上の図は十勝管内の音更町《おとふけ》と鹿追町《しかおい》付近で、ここも見渡す限りの畑。中央を南流する瓜幕川《うりまく》とその西を流れるパンケビバウシ川（いずれも十勝川水系）の自然な曲線と300間（545m）四方の殖民《しょくみん》区画がコントラストを描く。その下は戦後に八郎潟を干拓した秋田県大潟村《おおがた》の広大な水田地帯。標高はかつての湖底なのでマイナス3～4mで、中央の大潟富士は「本家」富士山の1000分の1で、地面から3・776mの頂上がちょうど標高0mになっている。

北海道・十勝平野北部に位置する鹿追町と音更町の碁盤目の畑作地帯

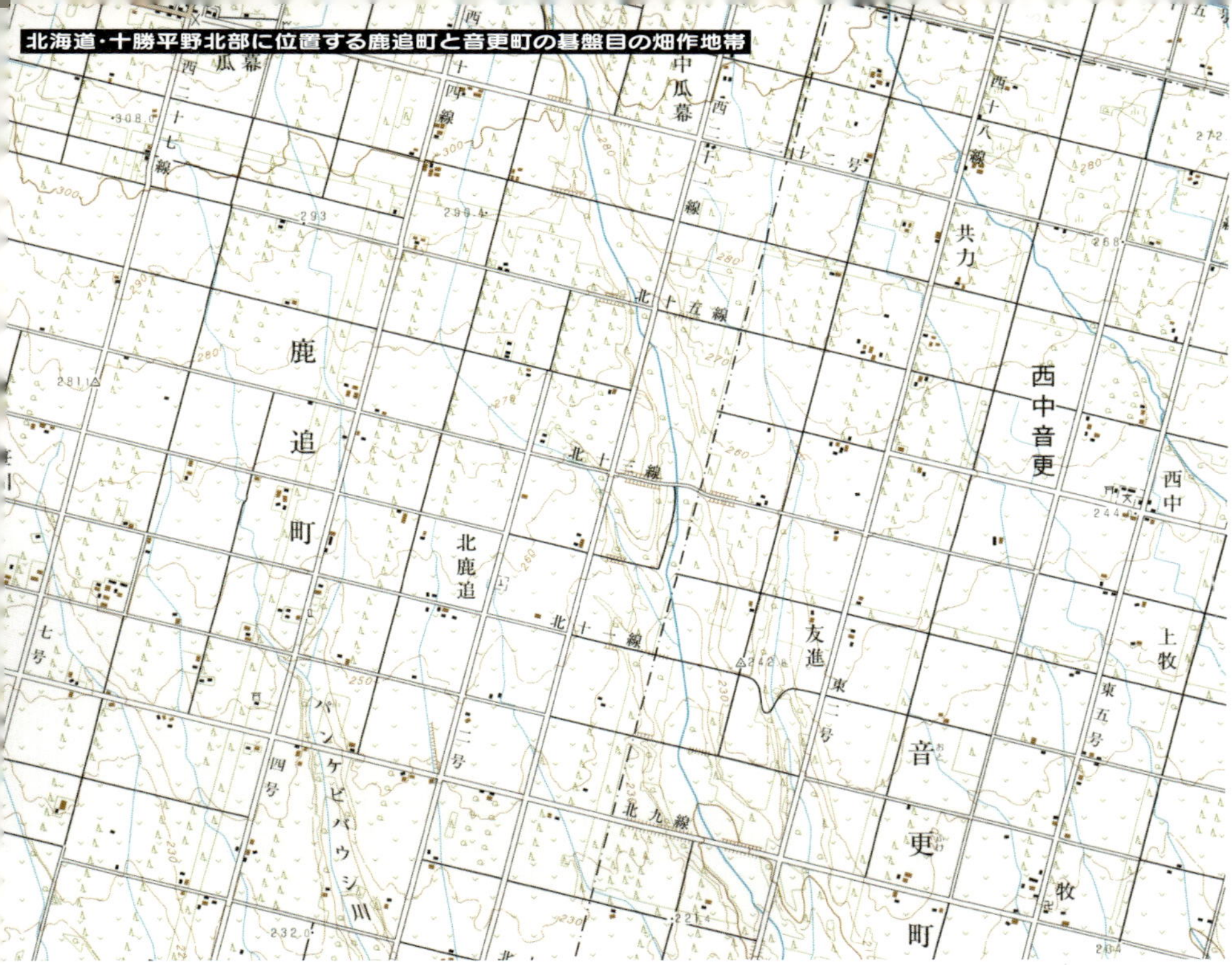

グリッドの 1 辺は 545m（300 間）。1:50,000「中士幌」平成 12 年（2000）編集×0.7

秋田県の八郎潟を戦後に干拓して生まれた水田地帯（大潟村）

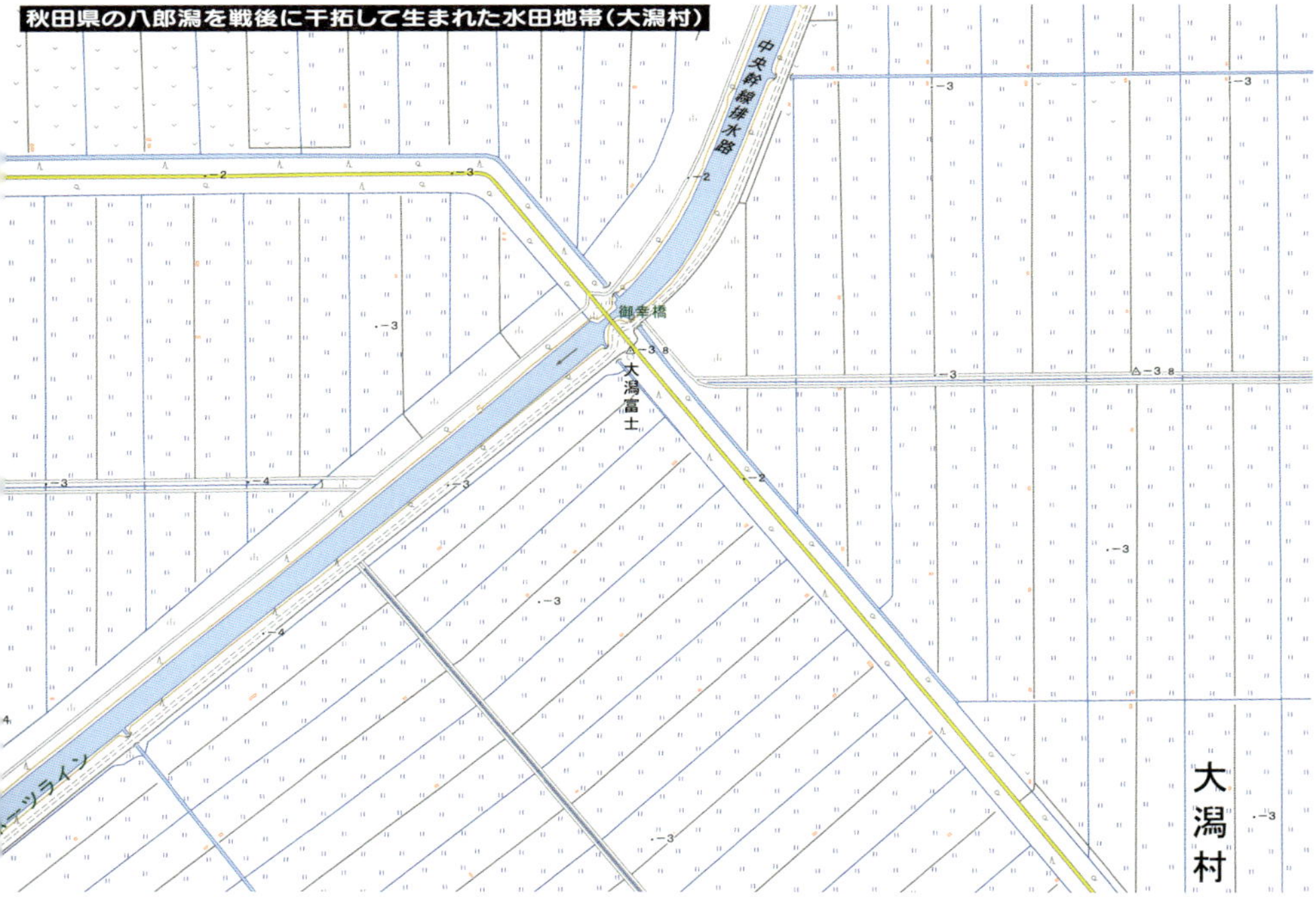

もとは湖底だったのでマイナスの標高の土地が広がっている。地理院地図 2024 年 4 月 5 日ダウンロード

干満の差が大きい筑後平野のクリーク

——大木・柳川

伝統的なクリークが広がっていた有明海沿岸の平野部

干満の差が大きいので広い干潟が描かれているのが特徴。1:200,000「熊本」平成 17 年（2005）要部修正×0.6

濃い色に見える線はすべて水路である。干満の差が大きな有明海沿岸では、古くから独特な手法で淡水《アオ》を水田に引いていた。昨今では農業用水を筑後川から得ており、耕地整理も進んで伝統的なクリーク（農業用水路）は大きく減少し、今では集落付近を中心に残る程度である。

クリークが目立つ画像付近の地理院地図

地理院地図 2024 年 1 月 18 日ダウンロード

迷路のような伝統的な用排水路

九州の佐賀、長崎、熊本の各県が面した有明海。その他に筑紫《つくし》海、筑紫潟、有明海湾《かいわん》、島原湾などさまざまな呼称もあり、それぞれ範囲は異なっているのでその詳細は省くが、潮汐の干満の差が国内最大で6m台に及ぶ海として知られている。そのため干潟が顕著に発達し、大潮の干潮時には沖合3〜4㎞先までに及ぶ。魚類や貝類、カニなどの水生生物、それらを餌とする海鳥も多く、海苔の養殖の適地にもなっており、日本国内で生産される海苔の約4割を占めるほどだ。

遠浅の海岸なので古代から干拓が行われてきたが、特に戦後の大規模な干拓事業で陸となった区域は多い。周囲に広がる平野は筑後川を境に東の福岡県側を「筑後平野」、西の佐賀県側を「佐賀平野」と呼び、併せて筑紫平野と総称されている。この平野は海岸線から10㎞ほど入っても標高は3m台のところも多く、必然的に潮汐の影響を受けてきた。各河川は満潮の際に潮が上ってくる「感潮《かんちょう》河川」である。

ところが一帯の土地利用は水田であり、海水を入れるわけにはいかない。そのために独自の取水方法が行われてきた。淡水は海水より比重が軽いため、満潮の際には海水の上に載った形で遡ってくる。この淡水を「アオ」と呼ぶが、これだけを田んぼに入れるのだ。グズグズしていると海水も混じってしまうため、柄杓《ひしゃく》に汲んだ水を舐《な》めて味見しながら堰を調節したという。ただしアオを入れることができるのは満潮の水位が最高になる大潮の満潮時のみだから月2回に限られる。

画像には縦横に多くのクリークが穿たれているが、これは自然にできたものではなく、アシなどの生えた一面の低湿地の泥をすくい上げて傍らに積んでかさ上げし、そこに宅地や田んぼを作ったのである。できたクリークは用排水路として用いられ、そこで得られたアオは飲料水としても用いられてきた。ところが前述のように取水の機会が限られることもあって、これほどの水郷にありながら水不足にも苦しめられてきたのである。現在ではアオの取水は行われておらず、筑後大堰の少し上流で取水して農業用水を安定供給できるようになった。その後は耕地整備も進み、伝統的なクリークは姿を消しつつある。左の新旧2図を見れば一目瞭然だが、迷路のような特徴的なクリークの多くが姿を消し、直線的な用水に大きく変貌していることがわかる。旧観をとどめているのは集落の周辺しかない。

古いクリークの残る福岡県大木町筏溝の風景

平成 20 年（2008）11 月 3 日著者撮影

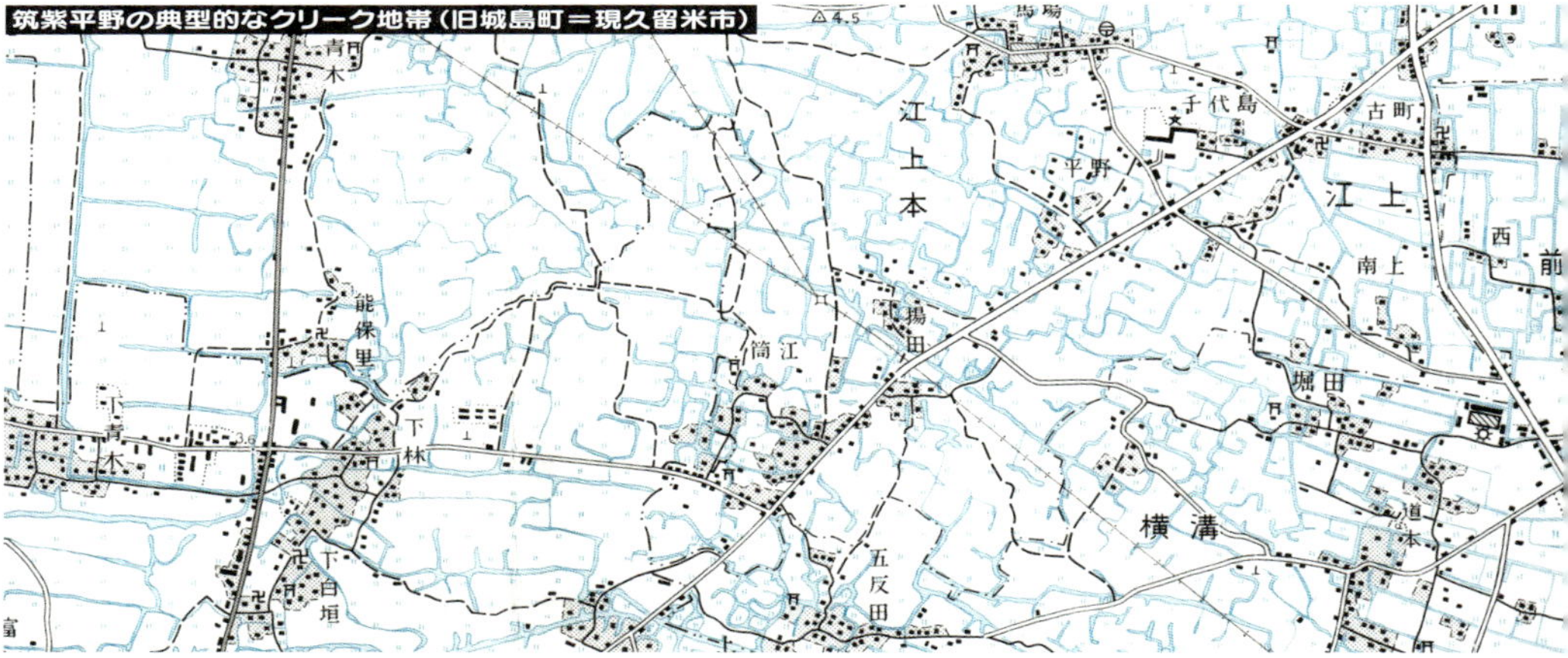

筑紫平野の典型的なクリーク地帯（旧城島町＝現久留米市）

1:25,000「羽犬塚」昭和 50 年（1975）修正×0.7

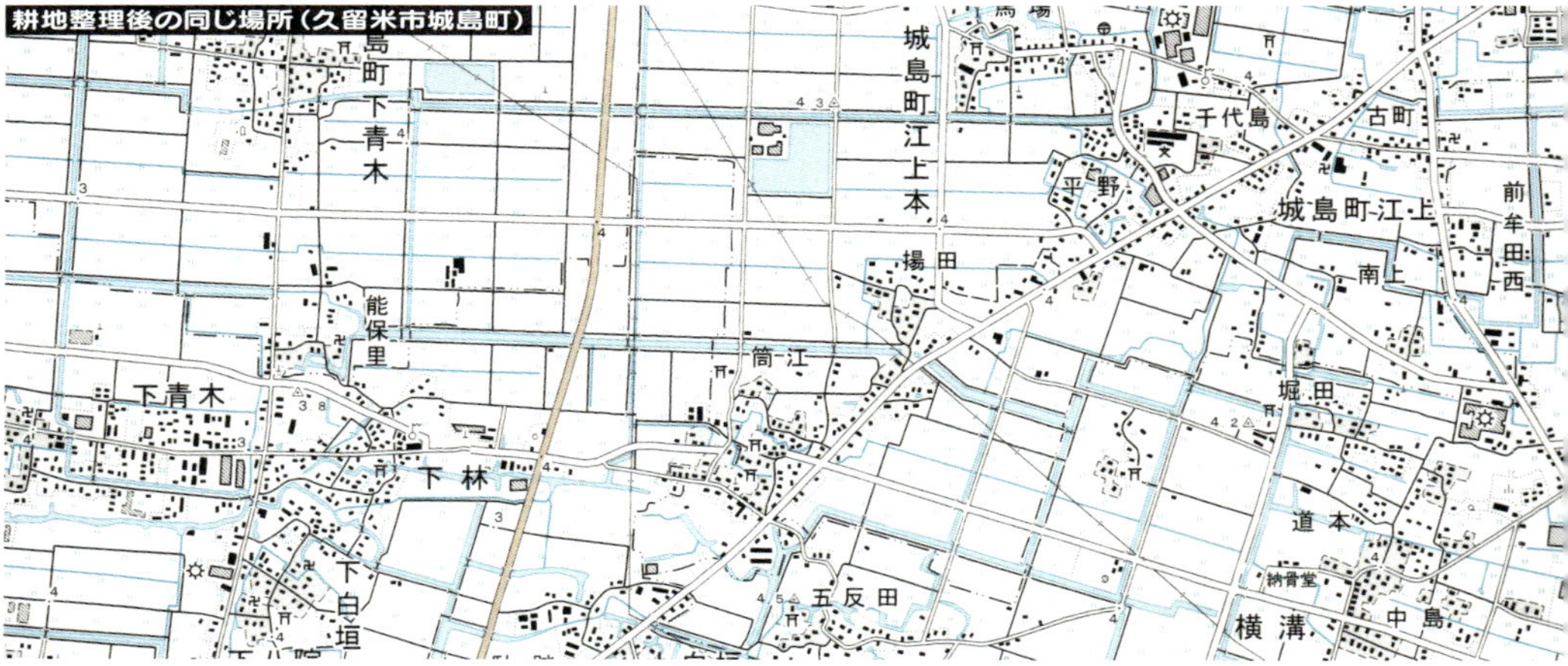

耕地整理後の同じ場所（久留米市城島町）

1:25,000「羽犬塚」平成 23 年（2011）要部修正×0.7

耕して天に至る——丸山千枚田

日本は国土の約７割が山地のため、そこで米を得るためには斜面をひな壇に造成するしかなかった。このため旧来の棚田は等高線に逆らわずこれに沿う曲線で囲まれた独特な形状を呈している。無数にそれが並ぶ風景は全国各地で見られるが、後継者不足と機械化の困難で姿を消しつつある。

山また山の紀伊半島には棚田が多い——丸山千枚田とその周辺

丸山は三重県南部の紀和町東部、風伝峠の北西側にある。1:200,000「田辺」「木本」いずれも昭和58年（1983）編集×0.7

地理院地図 2024 年 2 月 13 日ダウンロード

斜面の地形に応じた不定形の田んぼが並ぶ

霧が静かに山の斜面を降りてくる。三重県南部に位置する熊野市の山で秋の早朝にしばしば起こる神秘的な現象だ。季節の変わり目を象徴することからテレビのニュースでその様子が放映されることもある。まさに風が伝わると書く「風伝峠《ふうでん》」で、その北西2kmほどに広がっているのが有名な丸山千枚田である。

私が最初に訪れたのは6月の初旬で、ちょうど田植えが終わった時期であった。午後2時過ぎの霧が立ちこめる中、丸山に近づくにつれて無数の棚田が広がる風景が像を結んだ驚きは忘れられない。斜面の微細な地形に応じた不定形の小さな田んぼが上から下まで無数に広がっている。それぞれ水を湛《たた》えた田んぼは期せずして間隔の密な等高線が示されたかのようだ。

ここの棚田の起源は不明だが、江戸開府直前の慶長6年（1601）には2240枚の棚田が記録されている。明治期まではそれが維持されてきたが、特に戦後は過疎と高齢化が進み、減反政策もあって耕作放棄地が増え、平成初期には530枚まで減少していたという。ところが伝統的な農業景観を守ろうと、丸山地区住民全員による「丸山千枚田保存会」が平成5年（1993）に結成された。紀和町（現熊野市）もこれに応じて棚田は少しずつ復活、4年間で1340枚まで復活させた。棚田オーナー制度なども活用して貴重なこの農業景観は現在も守られている。「丸山千枚田条例」の第1条には「千枚田が美しく豊かな水田景観を形成し、かつ、貴重な稲作文化資産であることにかんがみ、市、市民等が一体となってその景観の保護に努めるとともに、生産の場としての有効な活用を図ることにより、ふるさとづくりに資することを目的とする」と明記されている。

地形図によれば、棚田はおおむね標高150～300mの間に広がっており、その等高線の緩やかなカーブが伝統的な棚田であることを示している。国内に分布する棚田は地すべり地形であることが多い（丸山千枚田は不明）。しばしば災害に見舞われる一方で、水が容易に得られ、長年にわたって土がよく混ぜられたためおいしい米が穫れると評価も高い。左には各地の棚田を挙げたが、長野県千曲《ちくま》市の「田《た》毎《ごと》の月」で知られる姨捨《おばすて》、千葉県鴨川市の大山千枚田などではオーナー制度を活用した保存・活用が行われているが、全国的に耕作放棄地が増える傾向は変わっていない。能登半島地震で被災した白米《しろよね》の千枚田も心配である。

房総半島の大山千枚田（千葉県鴨川市）

一帯の嶺岡山系は風化した蛇紋岩が粘土質層を作り、湧水が多いことから棚田が発達した。地理院地図 2024 年 2 月 17 日ダウンロード

「田毎の月」で知られる
姨捨駅付近の棚田（長野県千曲市）

JR 篠ノ井線と長野自動車道に面している。
地理院地図 2024 年 2 月 17 日ダウンロード

見事に「等高線」を描く
岡山県美咲町東垪和の棚田

地理院地図（空中写真）2024 年 2 月 17 日ダウンロード

東垪和（はが）の棚田（右の写真エリアはこの中央）

地理院地図 2024 年 2 月 17 日ダウンロード

日本海に面した山口県長門市油谷の棚田は撮影名所

地理院地図 2024 年 2 月 17 日ダウンロード

棚田を転用した錦鯉の池——旧山古志村

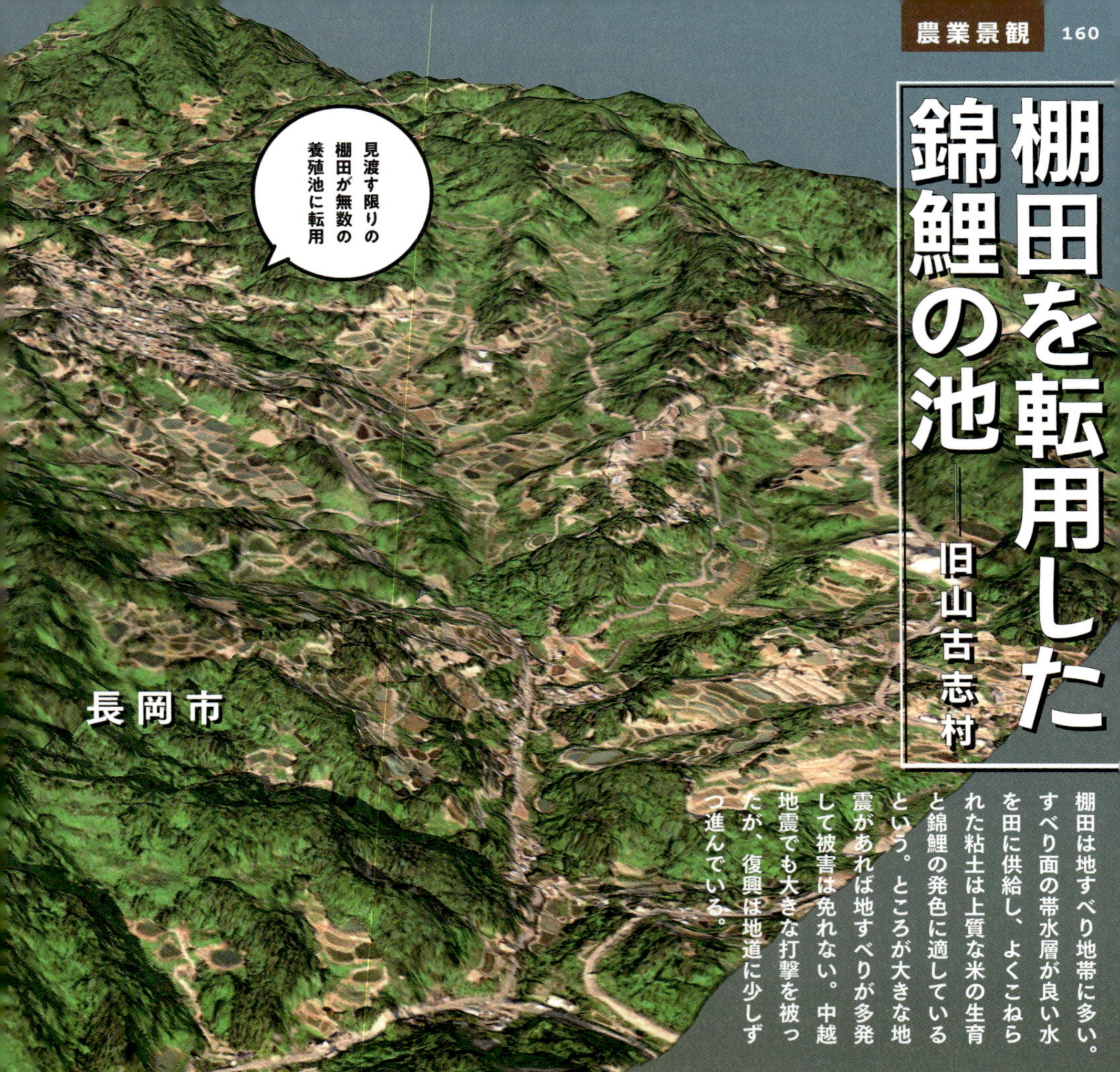

棚田は地すべり地帯に多い。すべり面の帯水層が良い水を田に供給し、よくこねられた粘土は上質な米の生育と錦鯉の発色に適しているという。ところが大きな地震があれば地すべりが多発して被害は免れない。中越地震でも大きな打撃を被ったが、復興は地道に少しずつ進んでいる。

半世紀前の山古志村

1:50,000「小千谷」昭和47年（1972）修正・原寸

錦鯉の養殖池が多く描かれた現在の地理院地図

地理院地図 2024 年 2 月 14 日ダウンロード

池の有効活用として始まった錦鯉の養殖

新潟県山古志村《やまこし》。「平成の大合併」を経て現在では長岡市の一部だが、私が最初に訪れたのは合併前の90年代である。今はなき夜行列車で長岡駅に早朝4時台に着き、そこからバスを乗り継いで虫亀《むしがめ》（現山古志虫亀）に着いた。周囲もようやく明るくなっていたが、起伏のある地形を覆った朝霧の中に浮かぶ杉木立の点在が印象的だったのを覚えている。

桃源郷とはこんな風景だろうか。木立の下に無数の池が点在している。これらはかつての棚田を利用した錦鯉の養殖池で、朝の空気の中に静まりかえっていた。地元の子供が使う副教材『わたくしたちの山古志』を書き写した当時の取材ノートには、大正3年（1914）に山古志村の錦鯉が東京の博覧会で賞をとってから有名になったことが記されている。これは村に電灯が初めて点《つ》く10年も前の話だ。

その翌年には航空会社の機内誌でここを取材し、その時には漁協の方にもお話を伺った。山古志村の錦鯉はなんといっても色が良いとのことで、その理由は養殖池の土にあるという。カロチンをエサに混ぜて赤の発色を良くする話も聞いたが、青いバケツの中に入れられた錦鯉の鮮やかな色が忘れられない。

もともとは当地で突然変異した鯉に始まった錦鯉だが、その後は改良を重ねて地域の産業として定着していく。古くから棚田の水源は湧水だが、地下水は冷たいため上方の溜池で温められた水を順次下へ流す。その池の有効活用として錦鯉の養殖は始まった。その後は棚田が養殖池に転用されていくが、これが「野池」である。地形図に多数描かれているが、冬季は屋内の池に移す。平成16年（2004）10月には中越地震の地すべりで甚大な被害を受けたが、少しずつ復興して今に至っている。

左の4図はいずれも魚介類の養殖場で、右上が愛媛県愛《あい》南町《なん》船越付近のハマチと真珠の養殖場。どちらも愛媛県の生産量は全国トップクラスである。左上は愛知県西尾市の一色町《いっしき》で、全国有数の養殖ウナギの産地。明治27年（1894）に日本初の水産試験場が設立された際にコイやボラの池で一緒に養殖したのが起源で、名古屋の「ひつまぶし」が現れるのもこの頃から。赤い記号は養殖用の加温ハウスだ。右下は新潟県佐渡市の両津地区（旧両津市）で、市街が載った砂州で外海と区切られたラグーンの加茂湖でカキの養殖が行われている。左下は三重県志摩市の溺れ谷、英虞《あご》湾。ここでの真珠養殖は戦前から有名だ。

三河湾に面した西尾市一色町に目立つウナギ養殖場

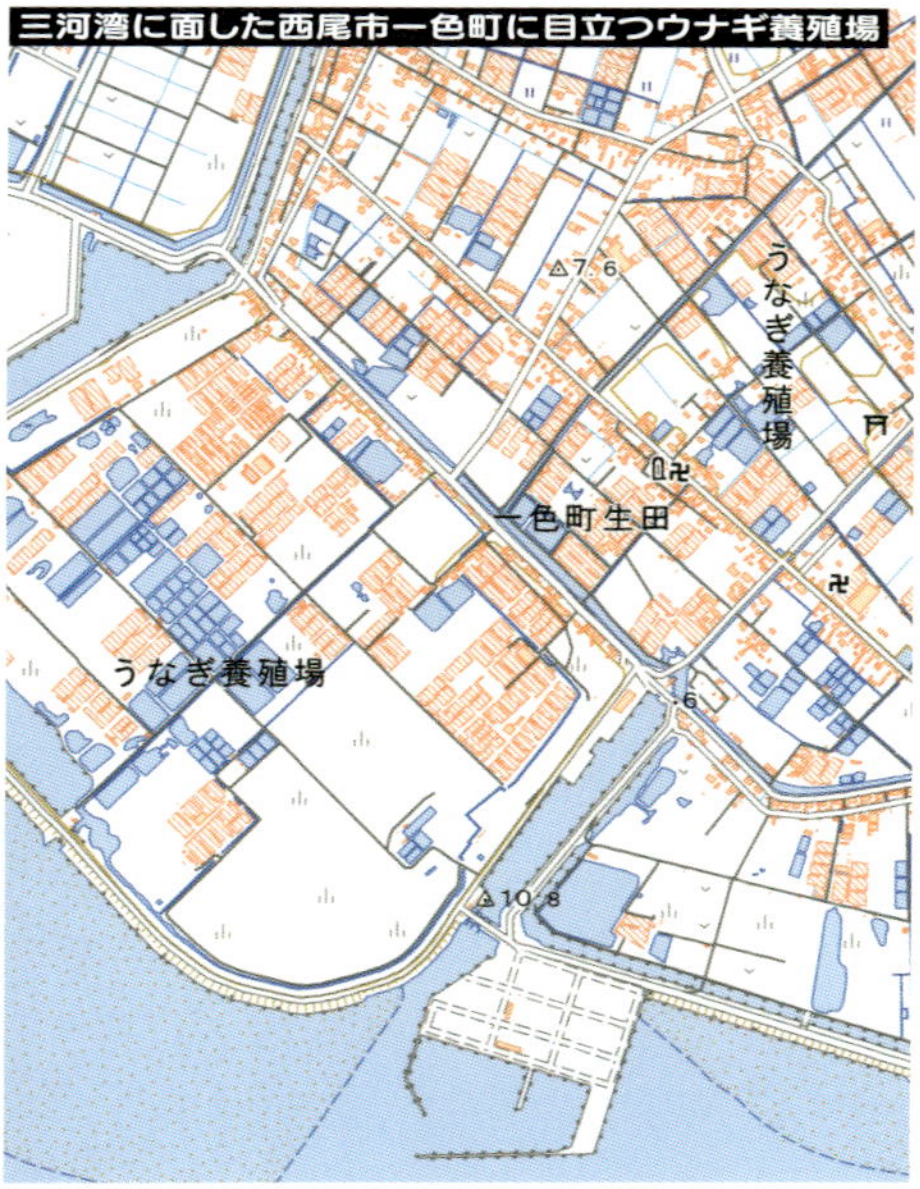

地理院地図 2024 年 2 月 17 日ダウンロード

愛媛県南西端に位置する愛南町のはまち・真珠養殖場

地理院地図 2024 年 2 月 17 日ダウンロード

三重県志摩市の英虞湾は真珠の養殖で有名

地理院地図 2024 年 2 月 17 日ダウンロード

佐渡島の両津地区・加茂湖のかき養殖場

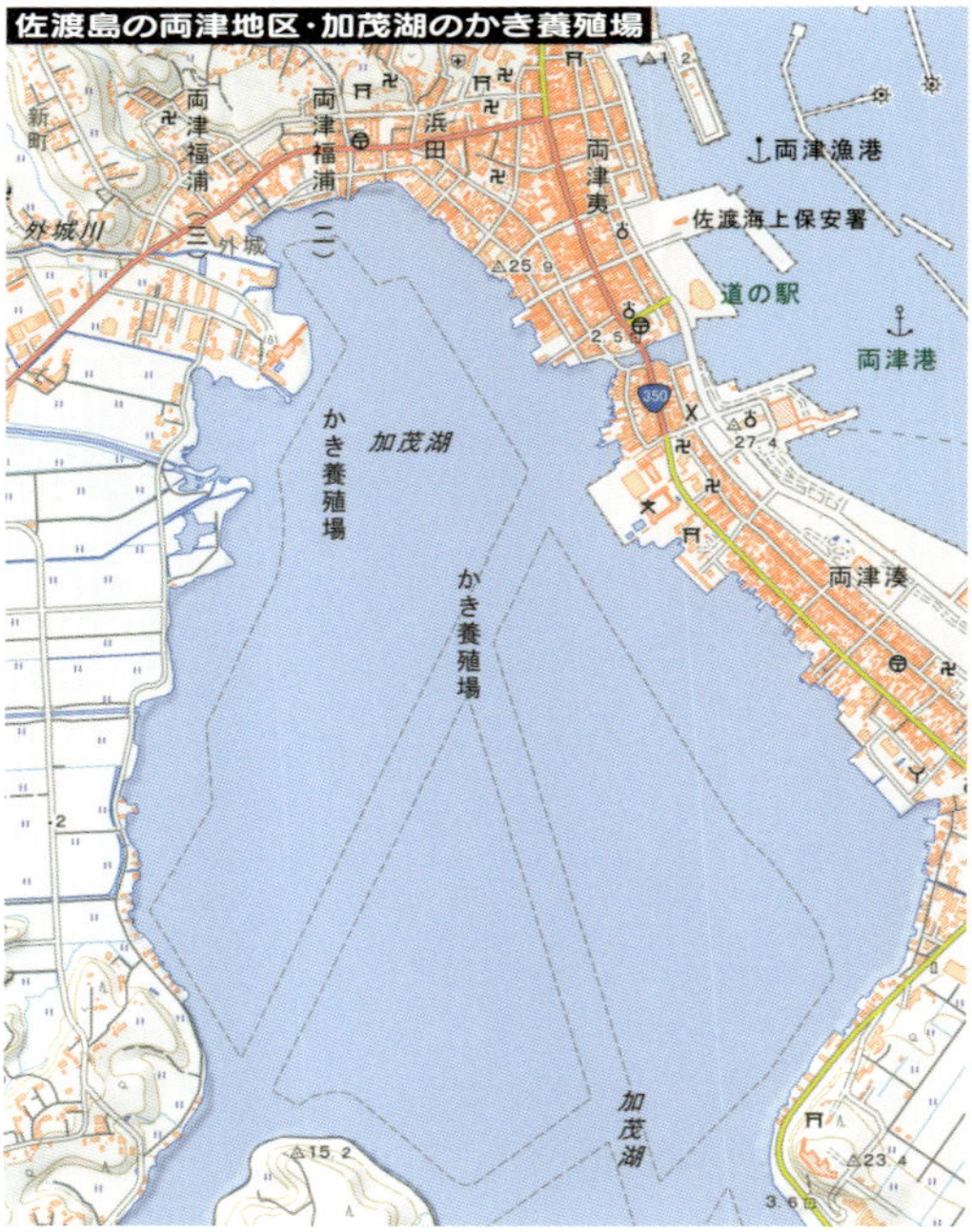

地理院地図 2024 年 2 月 17 日ダウンロード

この上空で飛行機のパイロットは下を見てはならぬ？
岡山市

まるでエッシャーの騙し絵？

——児島湾の干拓地

空から斜めに見たアングルと思いきや、よく見れば真上から見たらしき部分も含まれている。どうも平衡感覚がおかしくなりそうだが、決してコラージュ作品などではない。実は農地をこんな区画にしたのは江戸時代のことである。空から見る必要がない当時はこれでも一向に困らなかったのだろう。

兵庫
岡山
広島
香川
愛媛
徳島
倉敷市
干拓が進んだ岡山県の児島湾とその周辺
岡山市
岡 山 平 野
倉 敷 市
児 島 郡
児島湖
1:200,000「岡山及丸亀」
平成11年（1999）修正×0.7

江戸時代がルーツだった斜めの区画

新たに平地や干拓地を新田開発すると、その区画は碁盤目または長方形の区画となるのがふつうだ。ところが岡山市南区から倉敷市にかけてのこの地域は違う。前ページ左上の市街地は倉敷市茶屋町《ちゃやまち》で、左上端にＪＲ瀬戸大橋線の茶屋町駅がある。

実際には真上から見たアングルなのだが、まるでエッシャーの騙し絵のように感じてしまう。中央から右ページにかけては西の上空から斜めに俯瞰したようだし、左上の区画は南方から斜めに見下ろしたと感じる。ところが右下のエリアは真上から見ているようだ。こんな地域の上空を飛ぶ航空機のパイロットは「空間識失調」に陥ってしまうのではないかと心配になる。

よく見れば水田の広がる中に点在する建物はまっすぐ建っているので、なんとも妙な感じだ。左ページ上は地理院地図であるが、なぜこれほどの変形区画で開発したのだろうか。平行四辺形の田んぼが出現した謎を調べてみると、なかなか興味深い。

まずは江戸期にここの開発にあたった岡山藩の作業奉行が、地割の際に川や堤防を「基線」とし、それに平行に線を引いたという。具体的には「南北」のラインは南流する倉敷川に沿って定められ、「東西」のラインは当時の新田と海の境界であった一番堤防（右手の少し曲がりながら北東へ延びる線）に沿って定めた。その結果「縦」と「横」のラインの交差角度が結果的に53度になったというのが真相らしい。思えば当時は空から眺めることもないし、平行四辺形の面積を求めるのも簡単だ。

ただし家を建てる場合にはどうしても角に三角形の土地が生じてしまう。左下の写真をよく見れば一目瞭然だろう。また今日のような自動車社会になると、広くはない区画の道路で53度の鋭角を曲がるのは少々面倒という問題もあるらしい。夜など用水に落ちない配慮が必要かもしれない。

付近には左上の茶屋町駅周辺をはじめ、他にも倉敷市の水島地区などに斜めの区画はけっこう存在するが、おおむね江戸期までの新田に該当するようだ。明治以降は直角の区画となるが、この画像でも干拓時期が新しい一番土手の東側（右下側）は直交座標である。

ついでながら、左上の茶屋町付近は倉敷市（備中国）、角度が鋭角になる部分は岡山市（備前国）と行政区画が異なる。かつては備中側が都宇《つう》郡（後の都窪《つくぼ》郡）、備前側が児島郡だった。そんな境界領域だったために、享保6年（1721）に着工されながらも、幕府と岡山藩、児島郡の漁民、妹尾《せのお》村（備中）の漁民の4者が干潟の領有帰属を争ってその後長らく境界が決まらず事業は遅れたという。

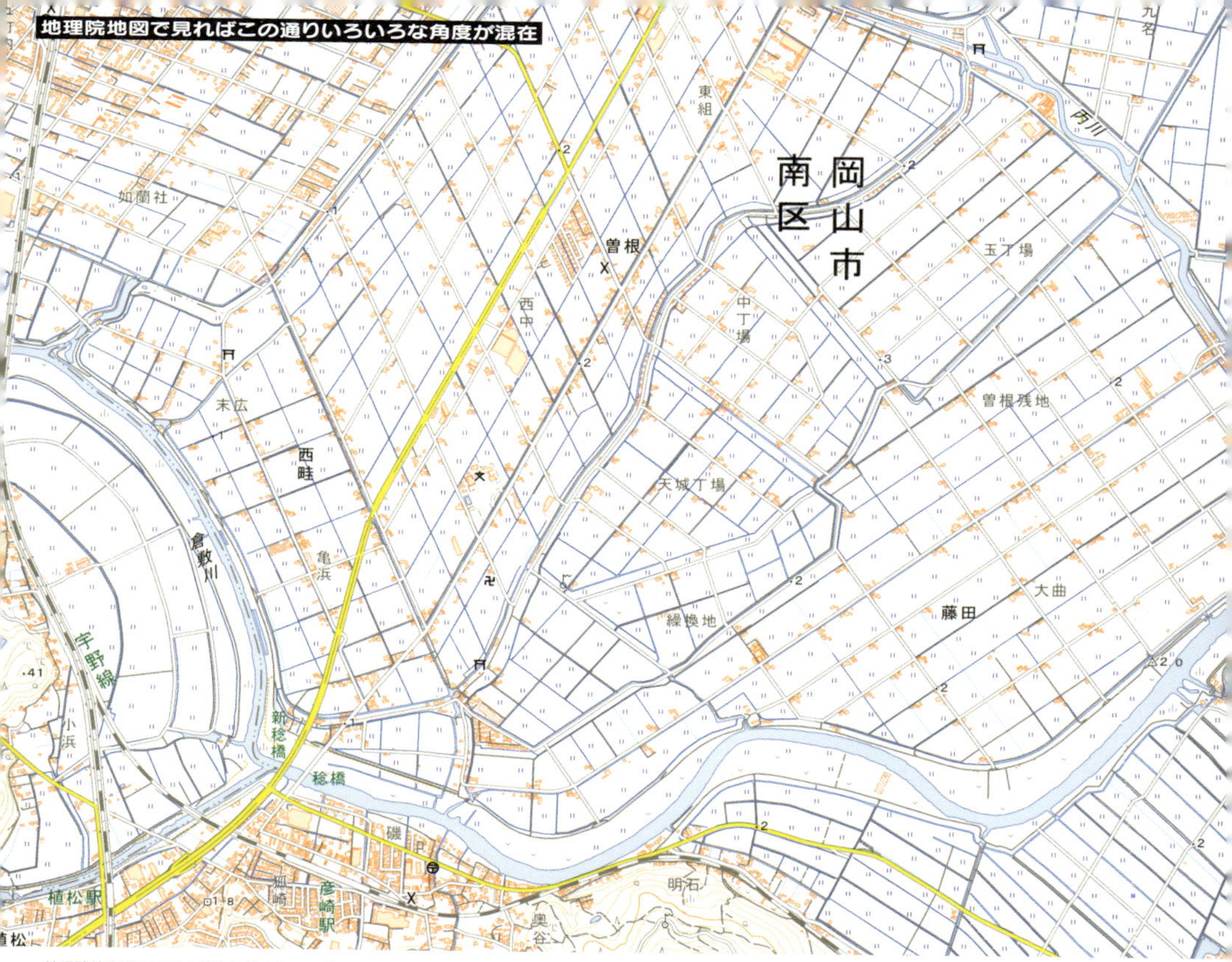

地理院地図 2024 年 4 月 5 日ダウンロード

地理院地図（写真）2024 年 4 月 5 日ダウンロード

台地を侵食する細長い谷
——千葉・下総台地

成田空港の近くである。この開港に至る強権的なやり方はともかく、土地として見れば一帯の下総台地は最も空港に適した平坦地だ。約12万年前の「下末吉海進」の時期は浅い海底だったところである。後に隆起して火山灰が積み重なり、それを小川が少しずつ侵食して樹枝状の細長い谷（ヤト）を無数に刻んだ。

平らな下総台地をよく表現していた昭和30年代の地勢図

右上の佐原市は現在香取市の一部。1:200,000「千葉」昭和38年（1963）修正・原寸

地形分類図で見るとオレンジ色の平坦な台地と刻んだ薄緑の谷が明瞭

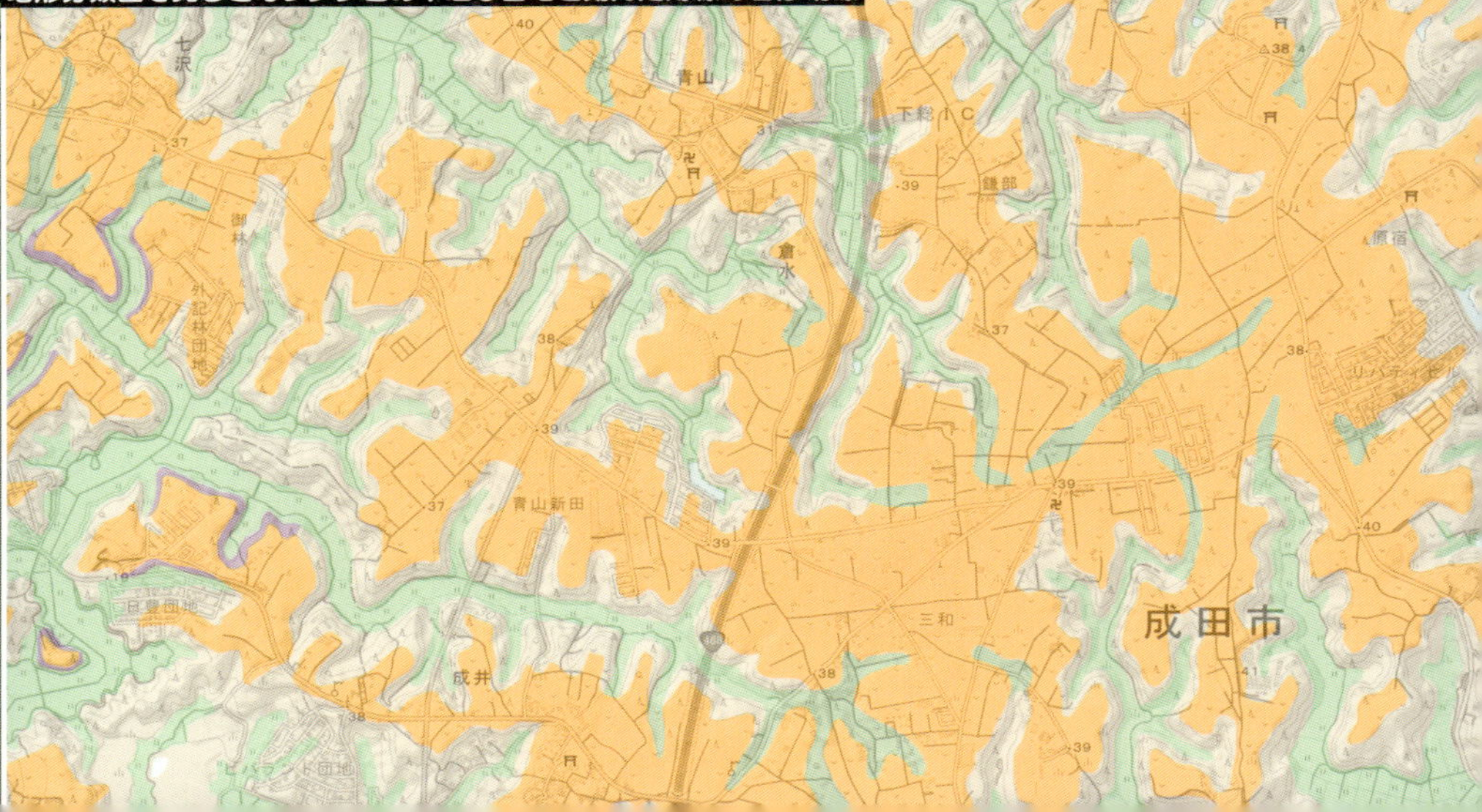

地理院地図（地形分類）2024年4月7日ダウンロード

木のように谷が存在する ヤト地形

上方に見えるのが圏央道（正式には首都圏中央連絡自動車道）の下総《しもうさ》インターチェンジ。成田市内なのに下総という国名を名乗る理由は、平成の大合併まで存在した自治体「下総町」に由来する。JR成田線滑河《なめがわ》駅のある滑河町ほか2村が昭和30年（1955）に合併して誕生し、平成18年（2006）に成田市内となった。

一帯は広大な下総台地のごく一部だが、この台地は江戸川を西端として東は香取市（佐原）、南は木更津あたりに及ぶ。正確に言えば上総国にもまたがるので、本来なら「両総台地」の呼び方がふさわしい。約12万年前の「下末吉《しもすえよし》海進」の時期には浅い海の底だったところだ。これが隆起し、関東周辺の富士、箱根、浅間山などの火山噴出物（火山灰、火山礫など）から成る関東ローム層がその上に分厚く積み重なっている。

その平坦な地形は標高20～40mに及び、北側が低い。南へ10㎞ほどにある成田空港はおおむね40m。この空港が立地したのも平坦な下総台地が空港に適していたからだ。画像の区域は台地がおおむね35～39mの間で、その平坦面を小川が侵食して谷間になっている。画像の左ページの地形分類モードで明らかなように、オレンジ色が台地、薄緑が谷であるが、こちらは木の枝のように枝分かれして谷を刻んだ。これが関東で言うヤト地形である。

土地利用は広い面積を占める台地が畑、谷間はおおむね水田として用いられていて、これを谷津田《やつだ》または谷戸田《やとだ》などと呼ぶ。地名も「○○谷津」「○○谷戸」などが小字レベルの地名には多い。谷間の標高は侵食谷《こく》なので勾配があり、10～20m程度。台地と谷の間は坂道で結ばれ、急斜面なので森林となっている。これらが画像の色にも反映されていて、典型的な台地の地形だ。

左上は同じく下総台地で、千葉県佐倉市の東部から八街《やちまた》市にかけての地域。このように地理院地図の「陰影起伏図」モードで見てもわかりやすい。読み取りはしにくいが、右上に見える内満木山《うちまぎやま》という地名の東側の細長い谷は佐倉市「米戸《こめど》」で、八街市「八街ろ」の台地の中に細長く入り込んでいる。ヤト地形の谷と台地が別々の大字（旧村）であることは珍しいことではなく、たまたま別々の自治体になった場合はこのように細長い部分が生じることがある。

左下は下総台地より侵食がさらに進んだ東京都港区から渋谷区にかけての地域である。下総台地と同じ下末吉面であるが、渋谷川その他の小河川が谷を刻んで凹凸が著しい。このため道玄坂や宮益《みやます》坂など坂道が多く、立体的な地形になっている。

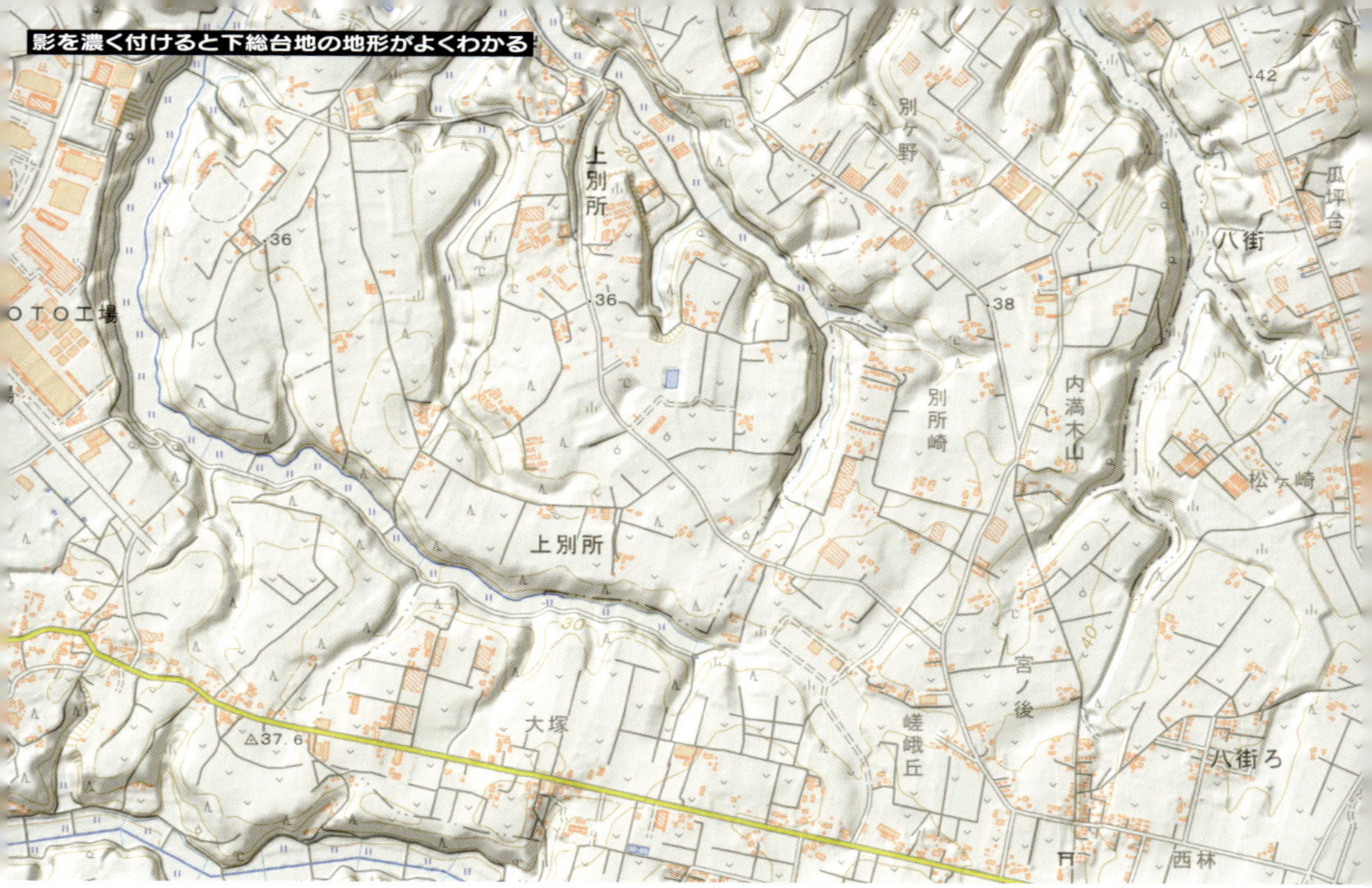

地理院地図（陰影起伏図・透過率 60％）2024 年 4 月 7 日ダウンロード

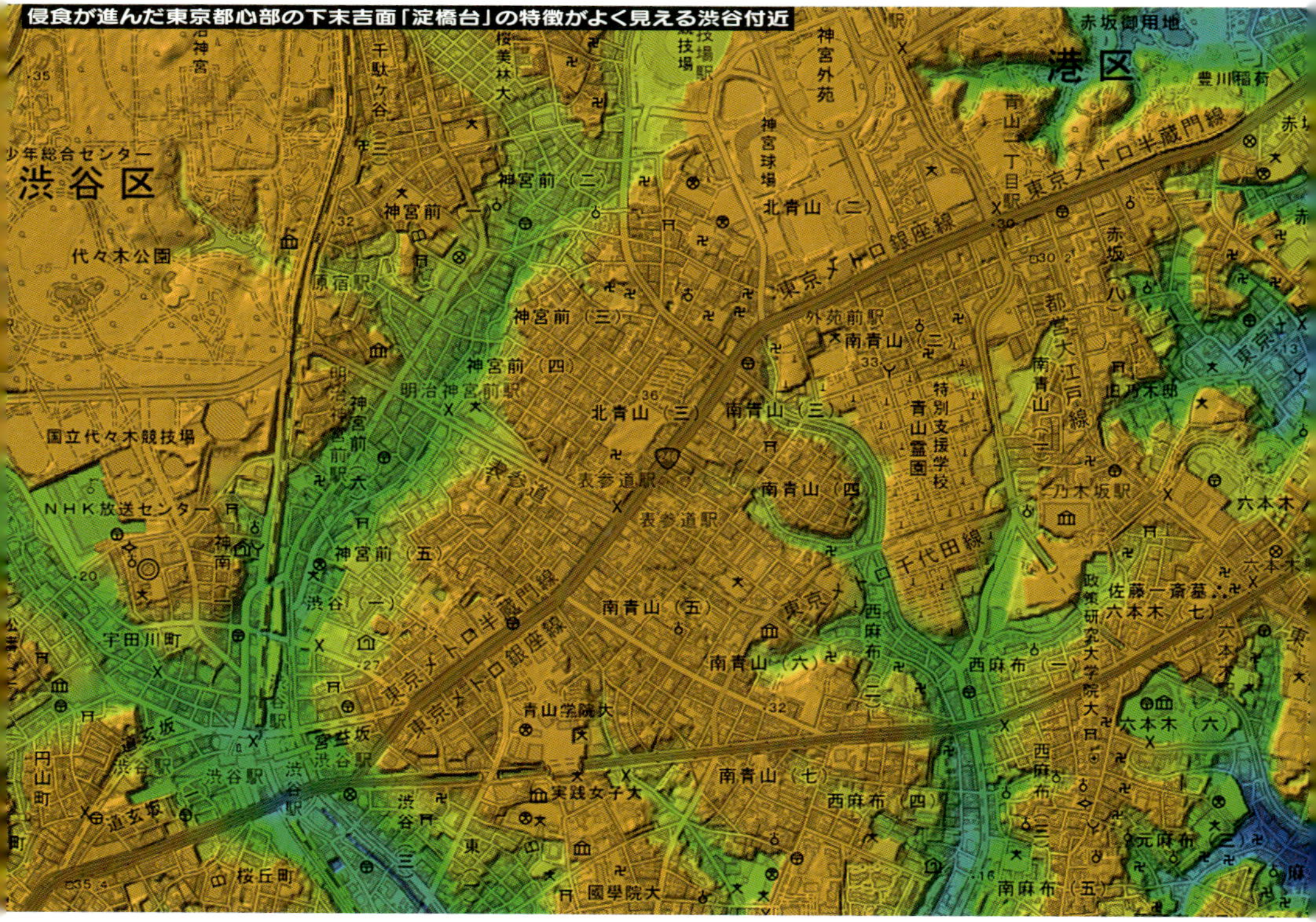

地理院地図（自分で作る色別標高図）2024 年 9 月 4 日ダウンロード

屋敷森のある家屋が点在

——富山・砺波平野の散居村

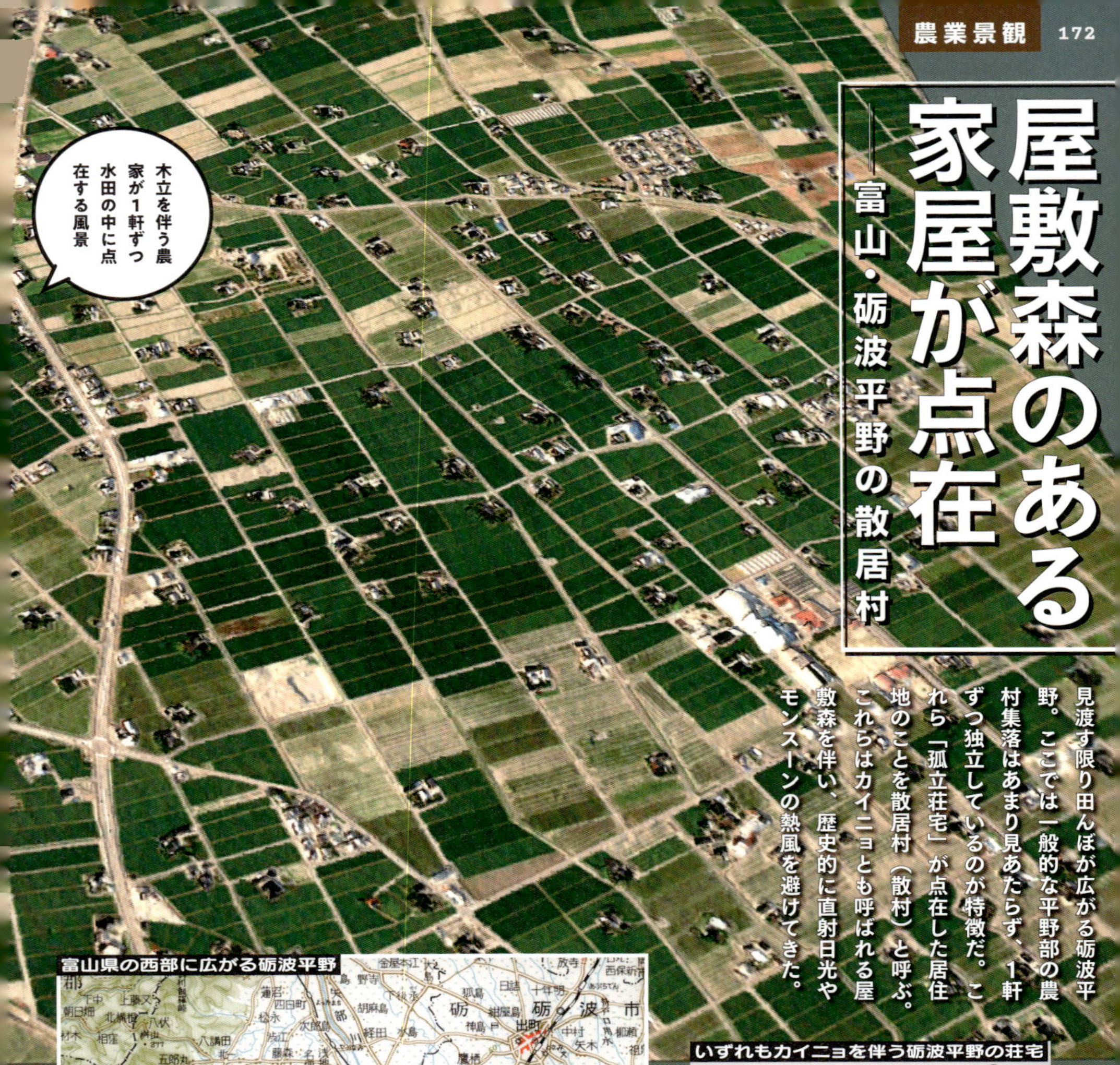

見渡す限り田んぼが広がる砺波平野。ここでは一般的な平野部の農村集落はあまり見あたらず、1軒ずつ独立しているのが特徴だ。これら「孤立荘宅」が点在した居住地のことを散居村（散村）と呼ぶ。これらはカイニョとも呼ばれる屋敷森を伴い、歴史的に直射日光やモンスーンの熱風を避けてきた。

富山県の西部に広がる砺波平野

平成の大合併で福野町、井波町、福光町、城端町などは南砺市となった。1:20,000「金沢」昭和43年（1968）修正×0.75

いずれもカイニョを伴う砺波平野の荘宅

2002年7月19日（上）、18日（下）今尾撮影

上の画像を含む散居村の地理院地図

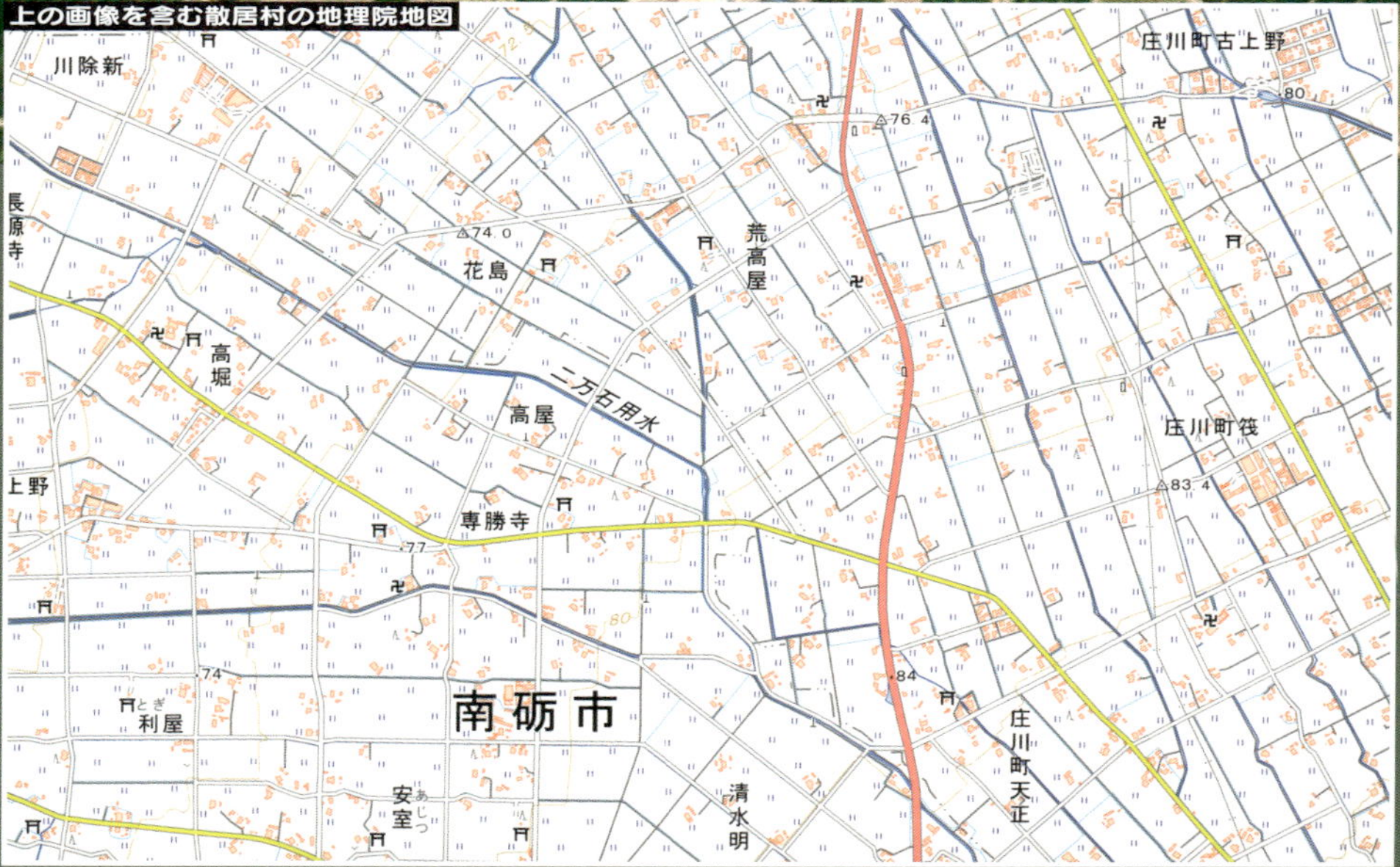

地理院地図2024年4月7日ダウンロード

防風林や薪炭林も兼ねた屋敷を囲む美しい小樹林

人文地理の分野でいくつかの集落形態を挙げるとき、必ず紹介されるのが砺波《となみ》平野の散居村《さんきょそん》である。１世帯の母屋と納屋、離れなどで構成される単位に屋敷森を伴っていることが多く、それが水田の中に分散することで独特な景観を形作っている。山の上などから俯瞰すると見事な眺めだ。ただ、この地域に散居村が形成された理由は明確にはなっておらず、庄川《しょうがわ》の流路変遷や用水の都合、屋敷を微高地に選ぶための工夫、防火のためなど諸説ある。

景観を作る要素である屋敷森は古くは防風林や薪炭林《しんたんりん》を兼ね、屋敷のメンテナンスにも用いられ、女の子が生まれると嫁入り時に箪笥《たんす》にすべく桐を植えたという。砺波平野ではこれをカイニョ（垣根の転訛か）と呼び、南から西側に主にスギやケヤキなどの高木を廻らせることにより強い日差しを避け、また北陸に多く発生するフェーンの熱風を遮る効果があった。

ところが戦後になると日照不足がクル病の原因となると伐採が薦められる時期があり、また最近ではエアコン完備の現代的な生活の普及、日照を確保したい感覚もあって屋敷森は減少する傾向にある。強風を伴う台風の上陸で屋敷森を形成する樹木の倒壊もそれに拍車をかけているようだ。

散居村は他の地域にも存在するが、そのひとつが左上、島根県の出雲平野。屋敷森は築地松《ついじまつ》と呼ばれ、主にクロマツが用いられる。砺波平野に見られるカイニョとは異なり、きれいに四角く剪定されて独特な景観となった。その起源についてはやはり不明で、神戸《かんど》川や斐伊《ひい》川の氾濫原で頻繁に水に浸かった時期に屋敷を土盛りしてその周囲に松を植えたのが始まりという説もある。クロマツが定着していったのは、防風林として風に強いことが決めてになったという。図を東西に走る線路は今はなき国鉄大社《たいしゃ》線、右下はこれも廃止された大社宮島鉄道（後の一畑電気鉄道立久恵《たちくえ》線）。

下の空中写真は岩手県の胆沢《いさわ》扇状地。北上川の支流である胆沢川が作った半径約20㎞の見事な扇形をした緩傾斜の地形で、その端（扇端）は北上川の河岸段丘である。その扇端部にあるのが水沢の町（奥州市）だ。ここの屋敷森は北および西にスギやキリ、クリなどを植える「エグネ（居久根）」で、薪炭林を兼ねていた。その根元にはその薪を垣根のように積んだ「キズマ」が見られたが今は減少している。

散居村で知られている島根県の出雲平野

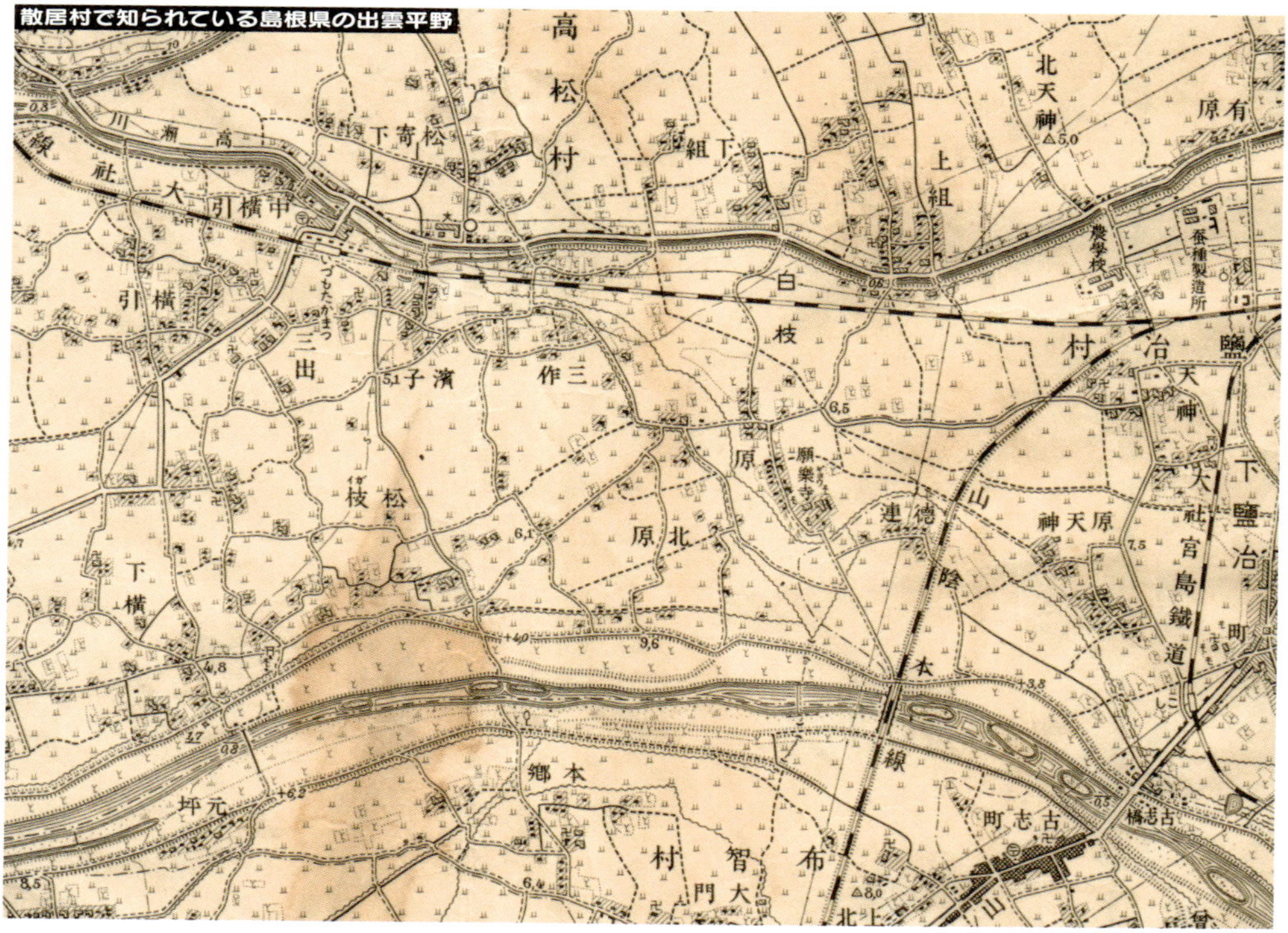

1:25,000「大社」昭和 9 年（1934）修正・原寸

岩手県奥州市の水沢西方に広がる胆沢川扇状地の散居村

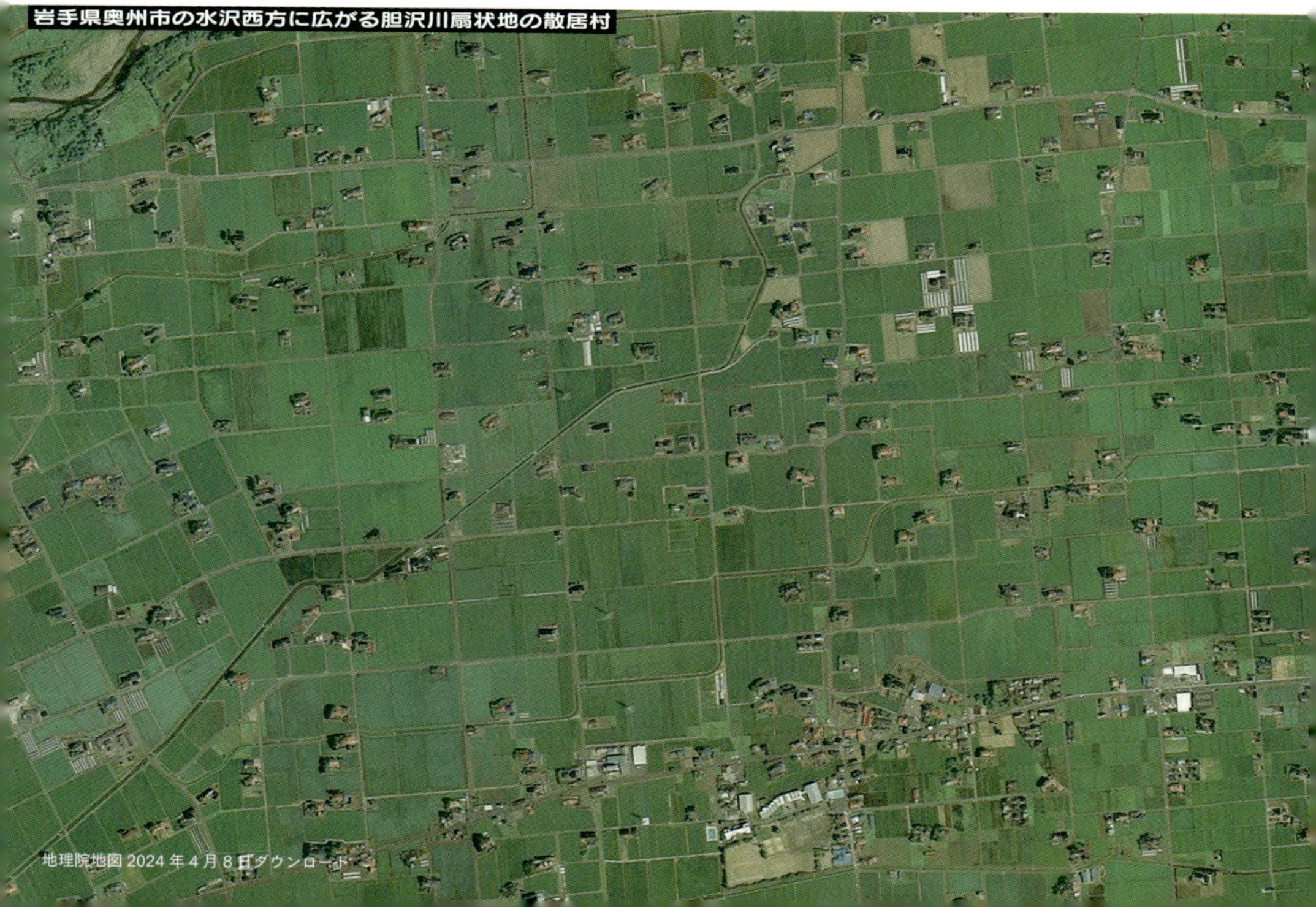

地理院地図 2024 年 4 月 8 日ダウンロード

火砕流台地に広がるパッチワーク

——北海道・美瑛

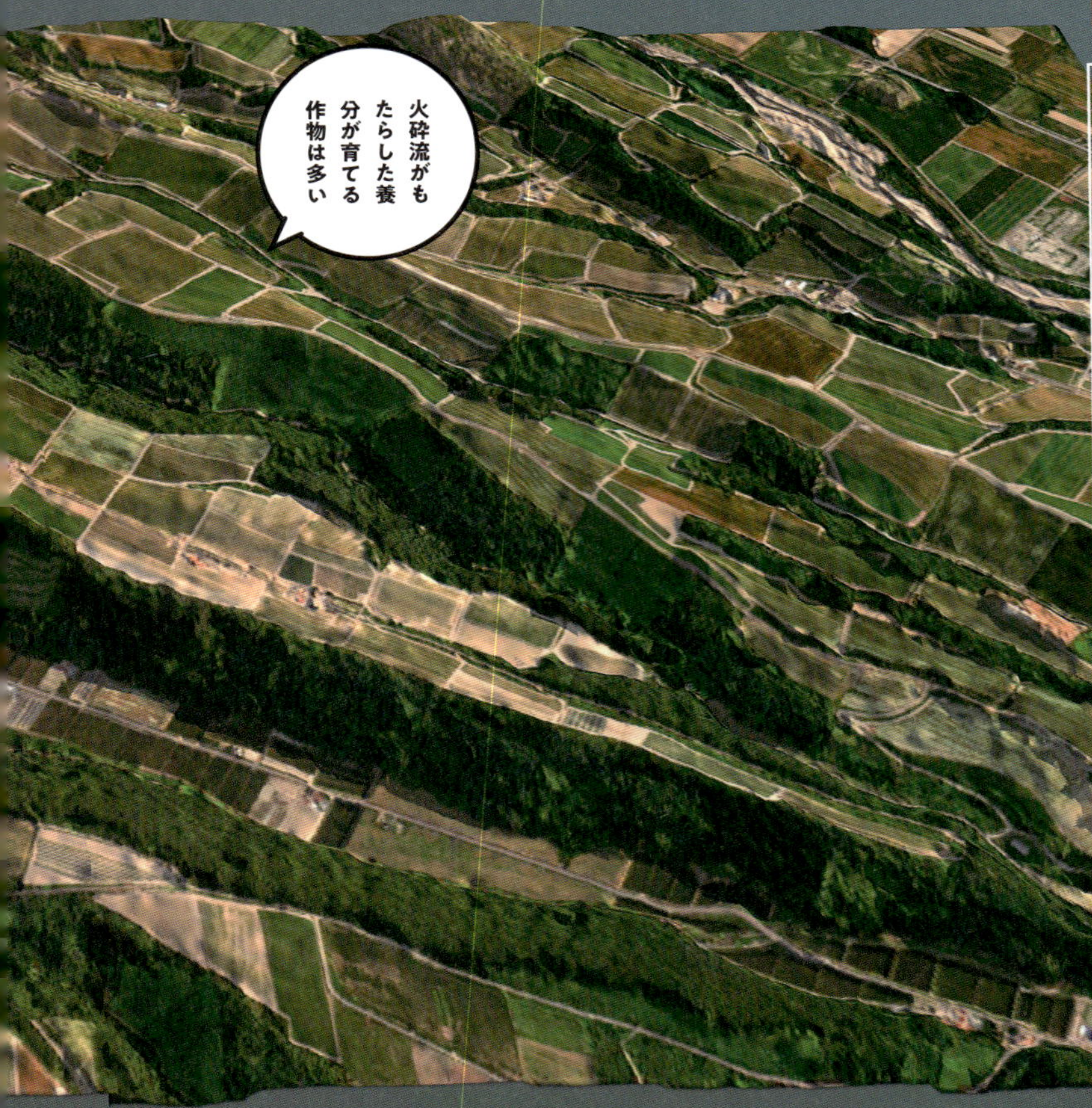

右下の十勝岳連峰が溶岩や火砕流を北西方面へもたらした

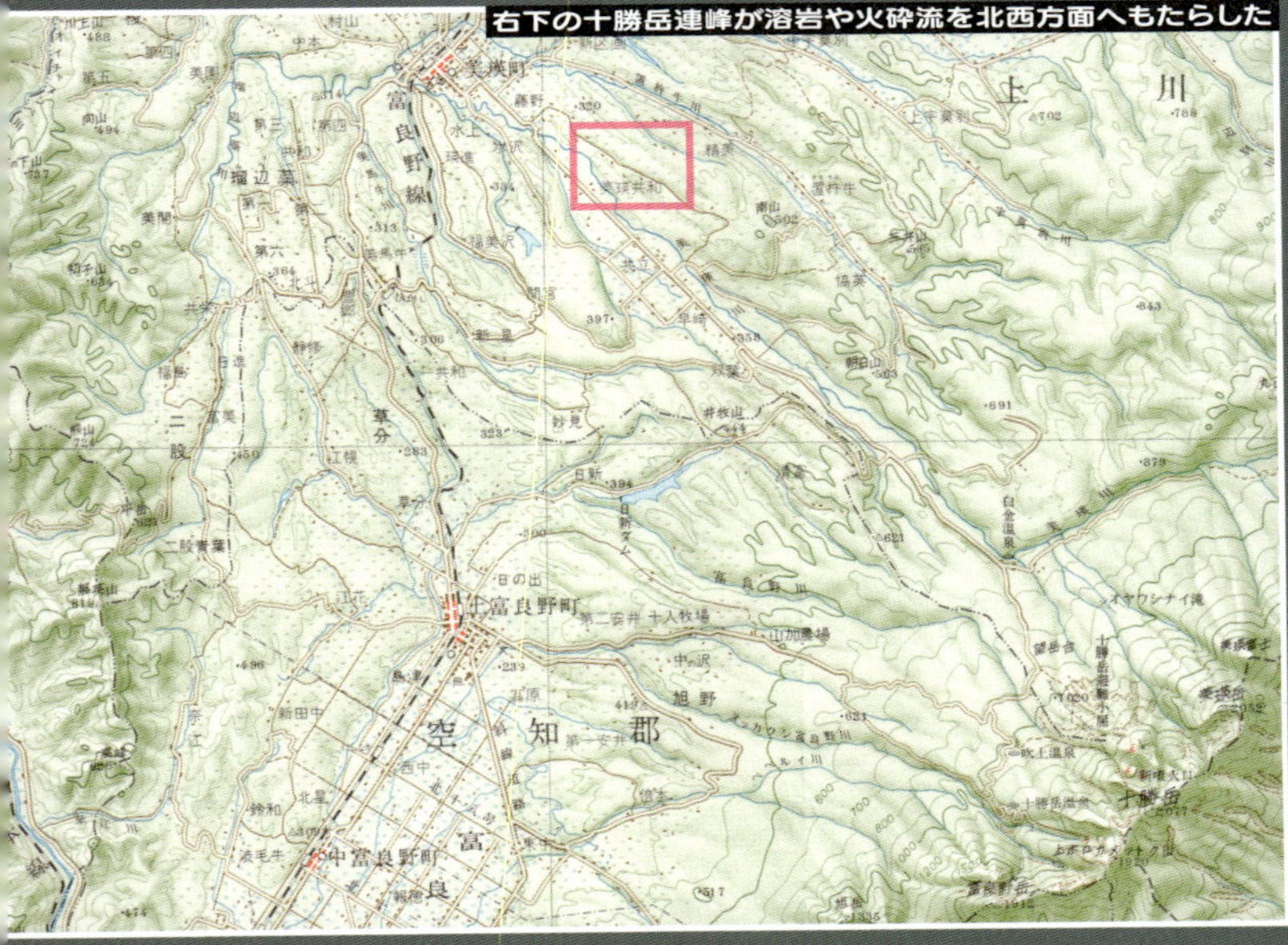

1:200,000「旭川」昭和 54 年（1979）要部修正×0.65

ダイナミックなスケールでうねるような北海道・美瑛の丘陵地。さまざまな作物ごとに色合いを異にする畑が、まるでパッチワークのようにどこまでも続いている。その中に道標のように立つ形の良い独立樹。元はといえば十勝岳や美瑛岳などの火山がもたらした火砕流台地で、これを川が侵食して現在の地形となった。

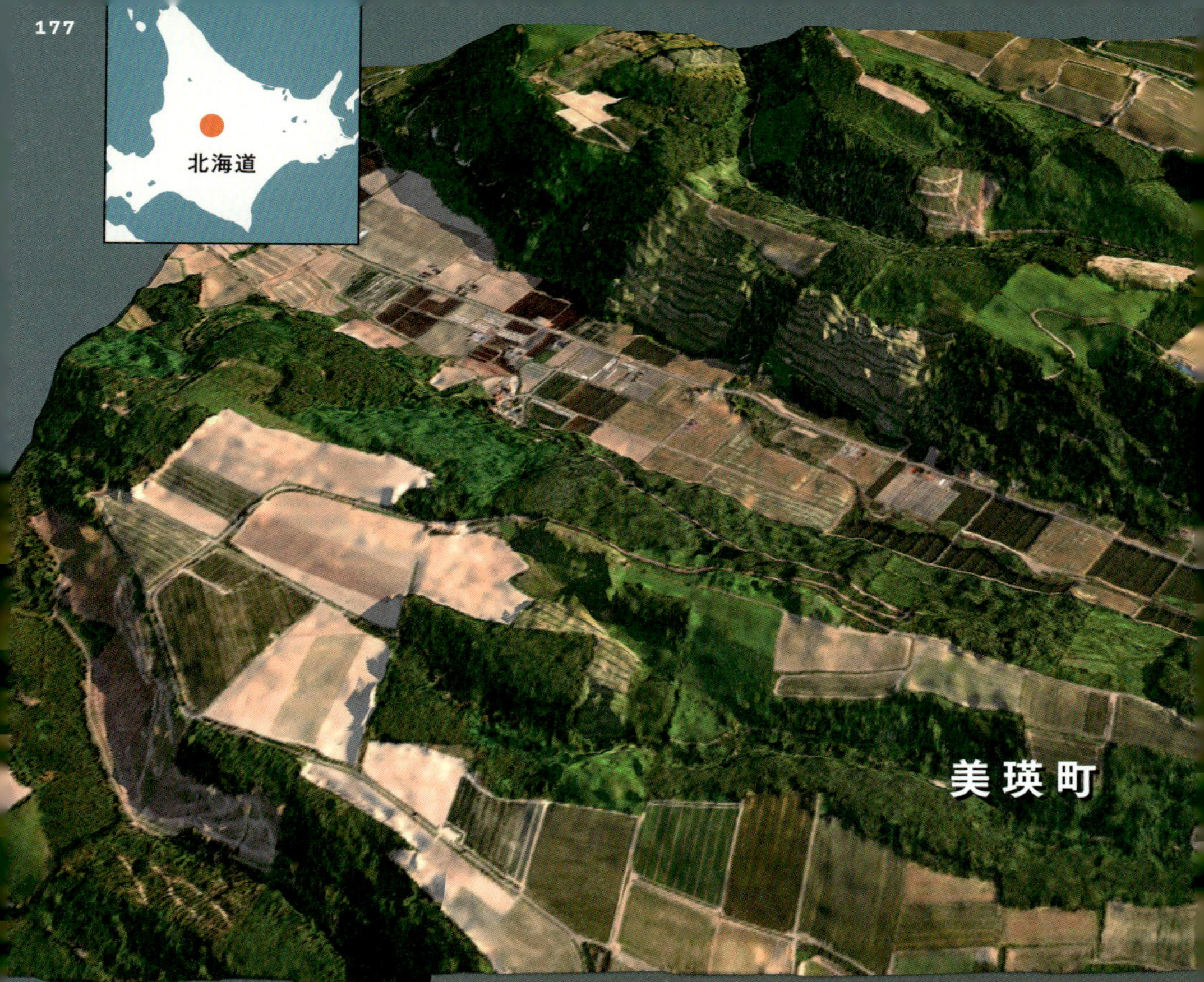

地理院地図で見るパッチワークの丘陵地

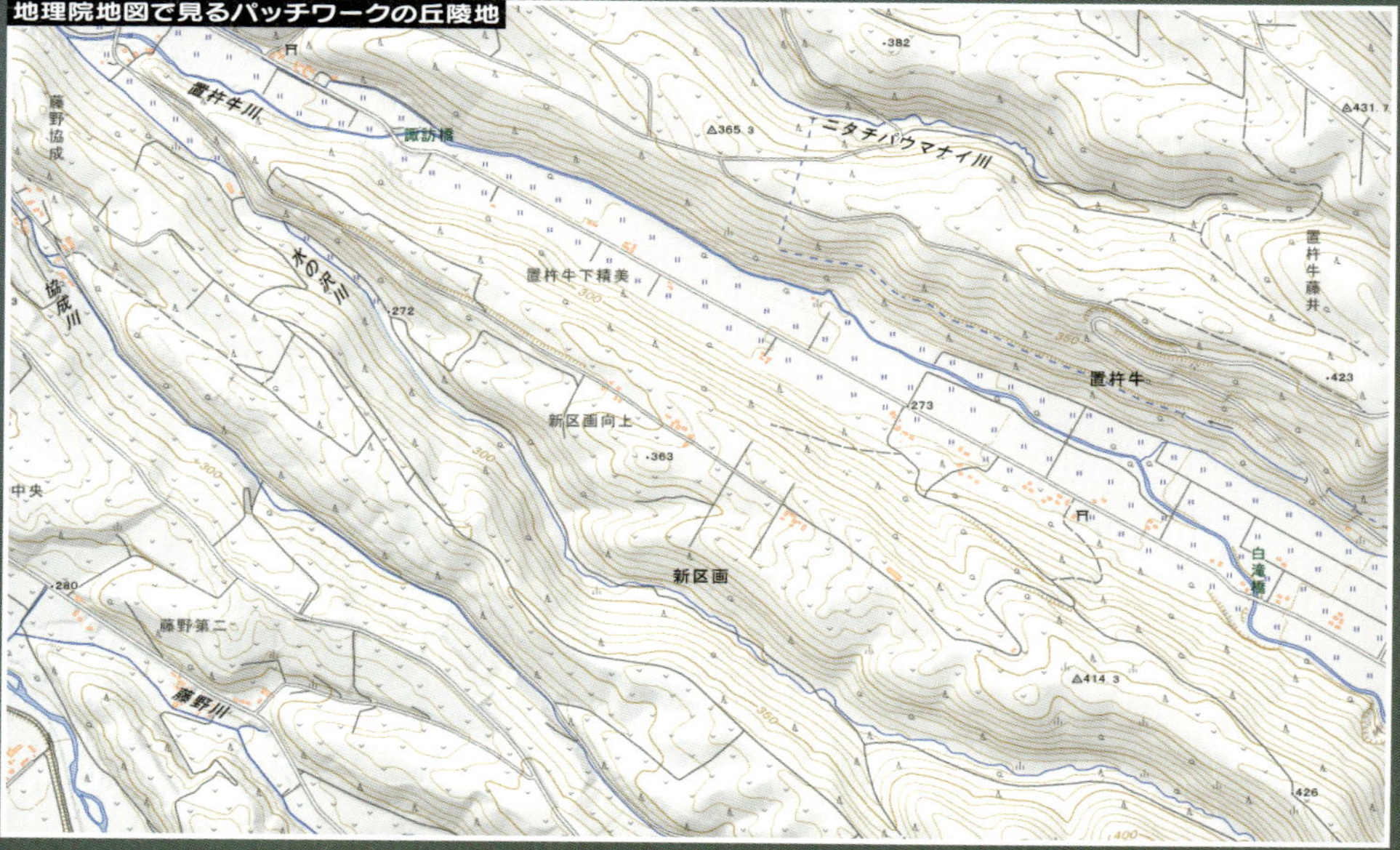

地理院地図 2021 年 8 月 20 日ダウンロード

うねるような輪郭をもつ色鮮やかな丘陵地

うねるような丘陵地にどこまでも畑が広がっている。作物の違いで色合いが微妙に異なるので、まるでパッチワークのようだ。北海道の美瑛《びえい》といえばその美しい景観が多くの観光客を魅了してきたが、注目され始めたのは70年代後半からである。

考えてみれば観光地となる景観といえば、戦前から美しい白砂青松や奇岩の続く磯、山の中であれば断崖絶壁の奇勝、名瀑や洞窟、借景が見事な神社仏閣などが中心で、「単なる農地」が観光の対象になるのはだいぶ遅かった。美瑛の場合はテレビCMに出てくる風景としてブレイクしている。たとえば日産自動車の「ケンとメリーのスカイライン」、専売公社の煙草の商標マイルドセブンなどで、それが「ケンとメリーの木」「マイルドセブンの丘」「セブンスターの木」といった具合に注目されて観光スポットになっていく。

うねるような輪郭をもつ丘陵地は、元はといえば十勝岳や美瑛岳、トムラウシ山など十勝連山がもたらした火砕流台地である。火砕流とは火山噴出物と火山ガスが混合して高速で流れ下るもので、構成する物質の種類により、火山灰流、軽石流、スコリア流、熱雲、火砕サージなどに分類される。そのスピードはしばしば時速100㎞に及び、人的被害を生じさせてきた。平成3年（1991）6月に起きた雲仙普賢岳《うんぜんふげん》での大規模火砕流では43人が死亡している。

美瑛の美しい丘陵地も約200万年前の美瑛火砕流堆積物と125万年前の十勝火砕流堆積物が元だ。現在までの間には氷期と間氷期が何度も訪れており、また冬に凍結して春に融ける北海道特有の気候のために表面の崩壊が進んだことで角がとれ、全体的に丸みを帯びた地形になった。農地にはジャガイモや小麦、ビート（砂糖大根）、豆類などが植えられて、その種類それぞれの色合いの差が「パッチワーク」の景観となっている。

左上は宮崎県の高千穂町の中心部で、国の名勝天然記念物に指定された高千穂峡（五ヶ瀬《ごかせ》川峡谷）が深い谷を穿っている。ここも阿蘇山がもたらした広大な火砕流台地を五ヶ瀬川が長年かけて侵食した造形だ。峡谷が深いために自動車道路では日本一高い天翔《てんしょう》大橋（143m）など100m超えの橋がいくつもある。左下もやはり阿蘇の火砕流台地で、阿蘇の外輪山から東へ15㎞、豊肥本線の豊後荻《ぶんごおぎ》駅の東側だ。大野川の支流・山崎川が深く侵食した谷と、田んぼになっている平坦面の対比が印象的で、豊後竹田《たけた》駅方面からの列車は急勾配の線路で尾根を伝いながら、ようやくここへ上ってくる。

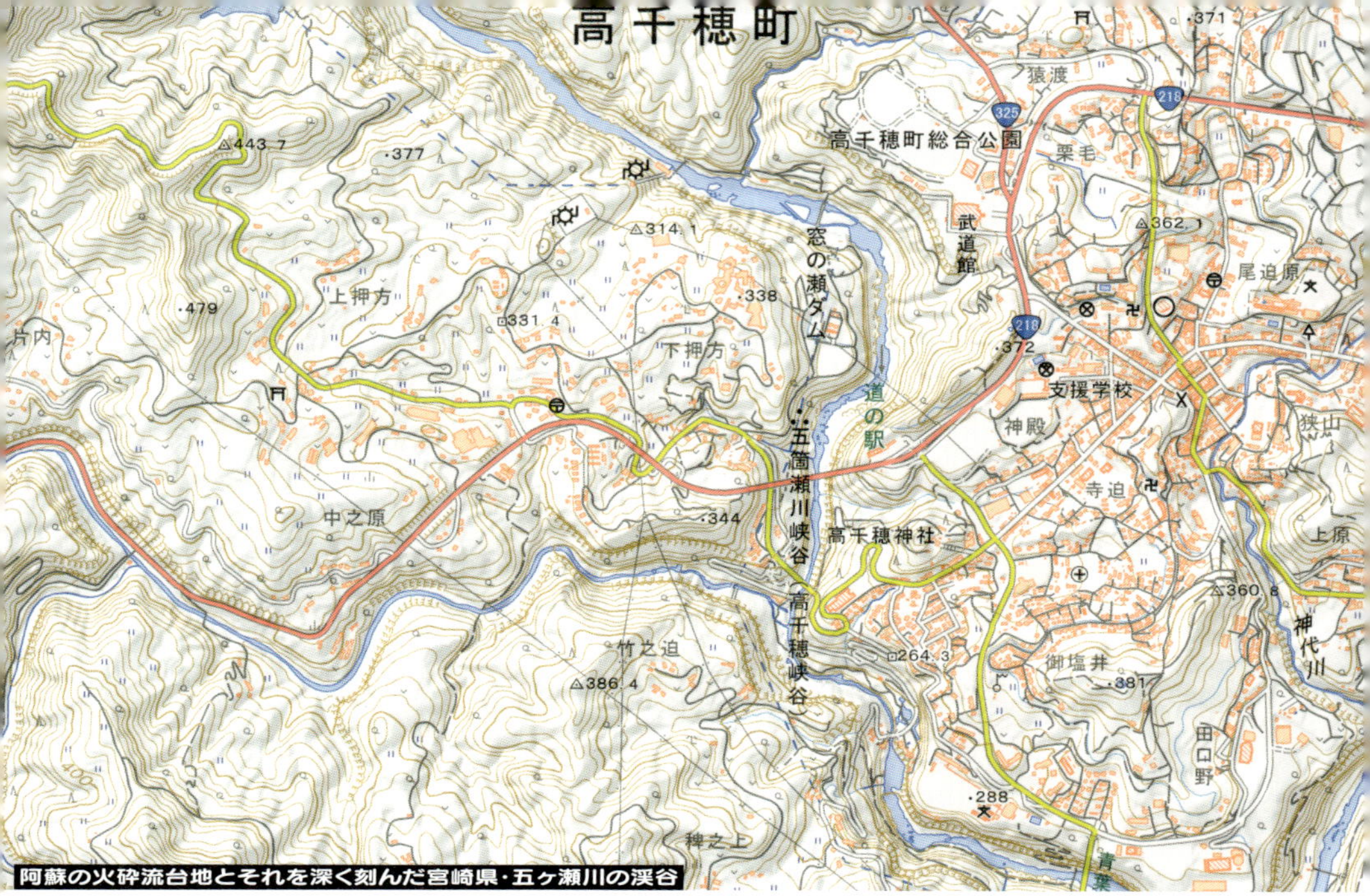

阿蘇の火砕流台地とそれを深く刻んだ宮崎県・五ヶ瀬川の渓谷

五ヶ瀬川の水面は高千穂町の中心部より 100m 前後も低い。2024 年 4 月 9 日ダウンロード

阿蘇の火砕流台地を川が深く侵食した竹田市荻町

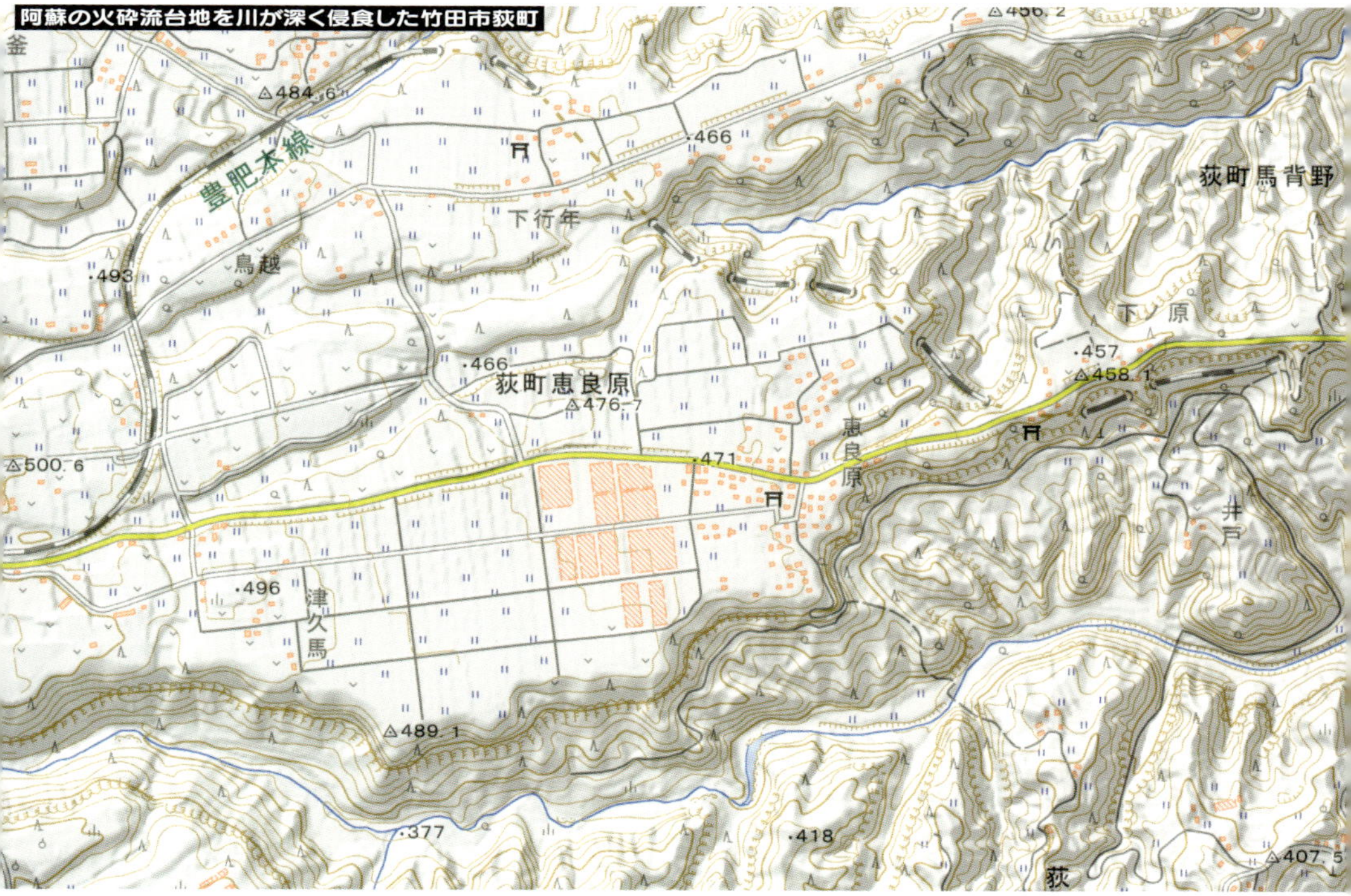

谷底に近い豊後竹田駅から急勾配で阿蘇を目指す竹田市荻町の豊肥本線。2024 年 4 月 9 日ダウンロード

COLUMN

農地の地図記号はどうなっているか

地形図の魅力といえば、筆頭に挙げたいのが「植生記号」の存在だ。そこが畑なのか田んぼなのか、針葉樹林か広葉樹林か。これらを記号で明らかにしているのがこれで、一定の約束に従って図上に表記される。ただし160年以上の歴史をもつ日本の地形図であるから、世の中の状況に合わせて少しずつ変化してきた。

日本で最初の地形図である2万分の1「迅速測図」は明治13年（1880）から整備が始まり、主に関東地方で作成されたが、この時の植生記号のうち農地関係では田、水田、畑、桑畑、茶畑、果園、葡萄畑の7種類の記号が定められた。このうち「葡萄畑」は明治33年図式（図式は記号適用の基準を定めたもの）までで姿を消している。この記号はワインを産する国の地形図には必ずといっていいほど存在するので、当初はフランス、後にドイツを範として記号体系を確立させた日本でも導入したのだろうが、後に果樹園（果園）の記号に合併させた。なお、変わり種としては和紙の原料となる「三椏《みつまた》畑」が明治24年図式から大正6年図式まで、和蝋燭の原料ハゼノキを生産する「櫨《はぜ》畑」は明治33年図式のみに定められていた。ドイツの地形図には現在も「ホップ畑」の記号があるが、これはさすがに日本では当初から導入していない。

田	竹林	広葉樹林
畑	笹地	針葉樹林
茶畑	荒地	ハイマツ地
果樹園		ヤシ科樹林

「迅速測図」の田んぼの記号に戻るが、田と水田の違いは何だろう。戦前期の図式では必ず田をいくつかに分類している。後の大正6年地形図図式によれば田は「乾田」に該当するようだ。陸地測量部（国土地理院の前身）が部内用に編纂した『地形図図式詳解』（昭和10年＝1935）によれば、「乾田ハ稲田ニシテ冬季水涸レ歩行シ得ヘク」とあり、一方の「水田ハ稲田、蓮田、藺田等ニシテ四季水ノ存スルモノヲ謂フ」と定めている。現在の田んぼはほとんどこの乾田だ。ついでながらその後の図式で登場した「沼田（当初は深田）」の定義は「泥土膝ヲ没シ若ハ小船ヲ用ヒテ耕作スルカ如キモノヲ謂フ」としている。ここまで細かく区分したのは、歩兵がそこを行軍できるか否かを判断する材料とするためだという。水田の定義に記されているように、現在の図式の規定でもイネだけでなくレンコンやワサビ、イグサなどを栽培する田んぼにもこの記号を用いている。逆に陸稲《おかぼ》は田ではなく畑の記号だ。

第5章

人工改変地

幾何学模様に理由あり

八稜郭の中に整然たる街区

——仏アルザス・ヌフブリザック

函館の五稜郭は西洋式城郭を取り入れたことで知られるが、その「本家」が17世紀フランスの築城家ヴォーバンによる一連の城郭だ。この城塞は城郭の中に碁盤目街路の小都市がすっぽり入っているのが特徴である。自然発生的でなく1から人工的に作った幾何学模様の街は、地図でも衛星画像でも異彩を放つ。

ドイツの地形図に見るヌフブリザック。東端に見えるのは独仏国境をなすライン川

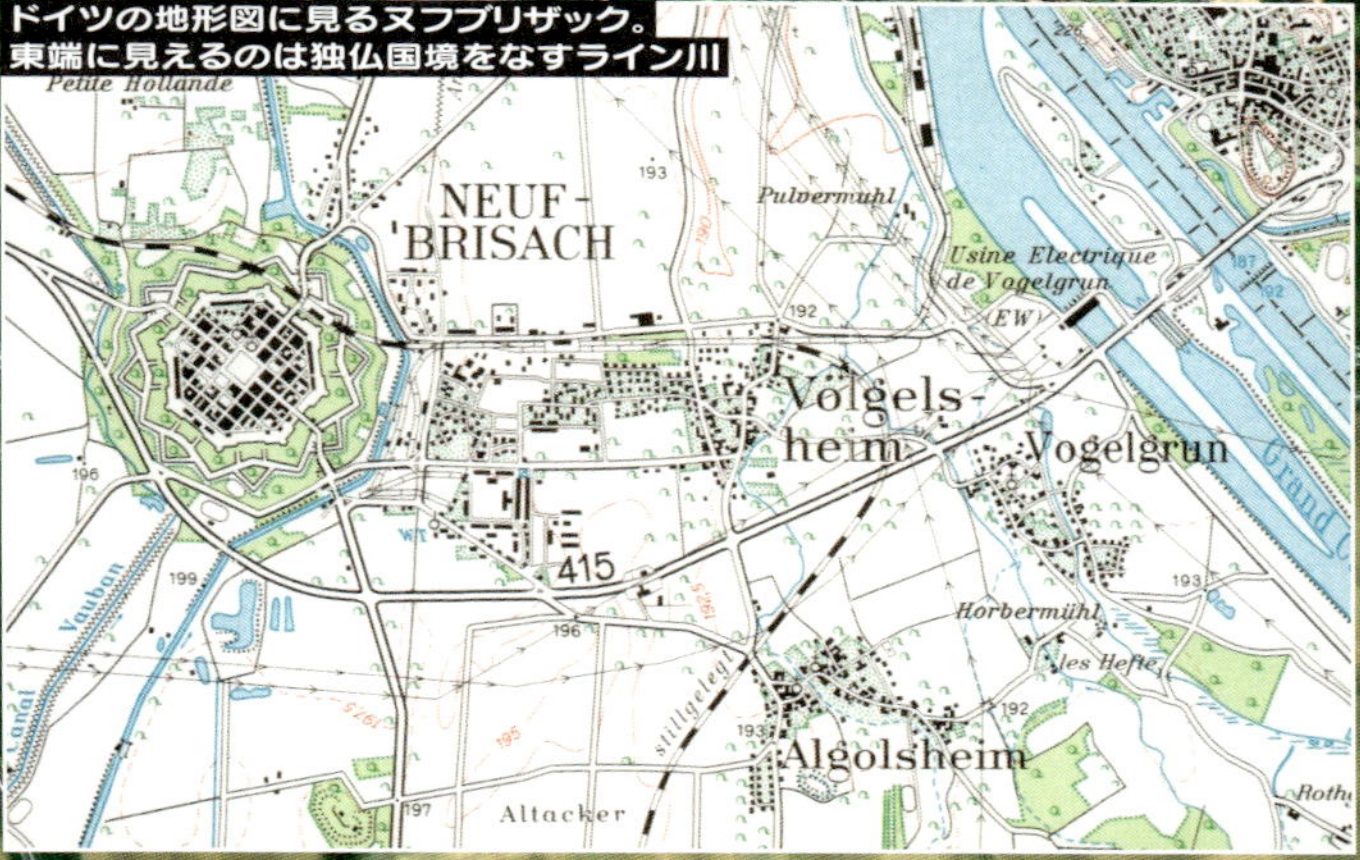

ドイツ・バーデン＝ヴュルテンベルク州官製 1:50,000「Breisach am Rhein」1988年×0.8

パリ旧市街を囲む城塞のうち南側の6つ

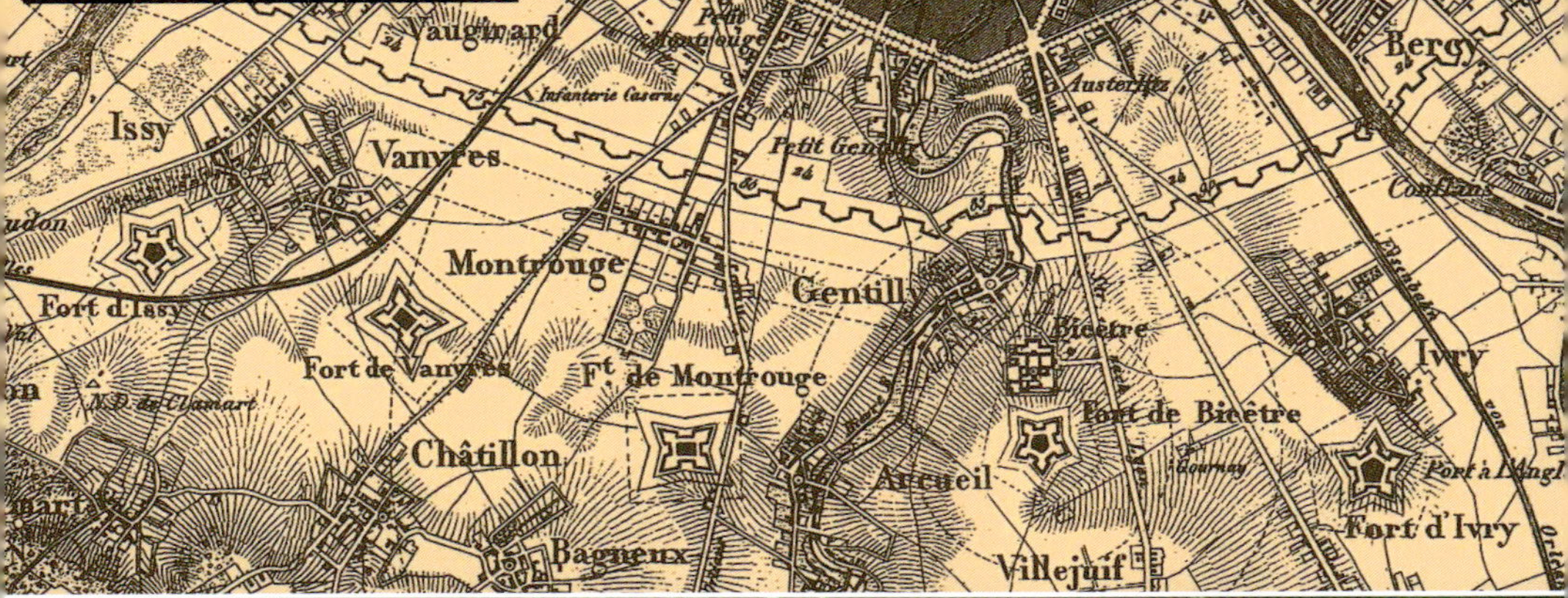

Iconographic encyclopaedia of science, literature, and art. by: Heck, J. G. (Johann Georg), -1857

難攻不落をめざした城塞都市

五稜郭ならぬ「八稜郭」である。しかもその城塞の中に整然たる市街が収まっているところが偉観だ。フランス・アルザス南部にあるこのヌフブリザックという町は、「ヴォーバンの防衛施設群」として他の11地点とともに2008年に世界文化遺産に登録されている。プレストル・ド・ヴォーバンは17世紀、城塞建築のエキスパートとして知られた技術将校で、ルイ14世に仕えた人物だ。

この城塞都市はルイ14世とアウクスブルク同盟諸国（ドイツが中心）との戦争が終わり、1697年に締結されたレイスウェイク条約によってライン右岸（東側）のブリザック（ドイツ語ではブライザッハ）要塞を失ったフランス側が、防衛拠点の再配置に迫られてライン川の対岸に新設したものである。ヌフ（新）ブリザックの名はそのためだろう。1698年に着工して1702年に完成したヴォーバン最後の作品である。182ページ右下の地形図に見える鉄道はだいぶ以前から旅客輸送を行っていない。

左上の図は1697年頃に描かれたこの町の設計図（北西が上）で、要塞都市からは右上にストラスブール門、左上のコルマー門、下のバーール（バーゼル）門などが当該各都市への街道に繋がっている。左側に通じている水路は建設資材を運んだ運河（現ヴォーバン運河）だ。まん中の大きな広場の周囲には教会や知事公舎、修道院など主要な建物が描かれ、赤い色の市街には「市民の住宅」と記されている。

前ページの下は1900年前後のパリの地図で、旧市街の南側の部分を切り取ったもの。ヨーロッパの都市を囲む堡塁《ほうるい》の典型だが、大きな都市ではこのように旧市街を取り囲んだ堡塁がいくつも並んでいる。この堡塁群は首相アドルフ・ティエールの提案で1841年から44年にかけてパリの新しい市壁の外側に合計16基を設置したもので、ナポレオン戦争の敗北で陥落した痛い教訓を受けて「難攻不落」の都市を目指した。図の範囲には南側の6つが見える。左ページ下の図はまさにその16基が設置された年の地図で、赤線で描かれた新市壁もやはりこの時にティエールが建設したもので、ピンクの部分はそれ以前の旧市壁の内側だ。

赤線は後に大通りとなったが、放射状に伸びるメトロの各路線と交差する地点にあるポルト・ディタリ（イタリア門）、ポルト・ド・シャラントンなど門（ポルト）を名乗る駅はその名残だ。最近ではこの環状道路を低床の新型路面電車が便利に走り抜け、各メトロに連絡して利便性を大いに高めている。

ルイ14世時代の築城家ヴォーバンが設計したヌフブリザックの地図

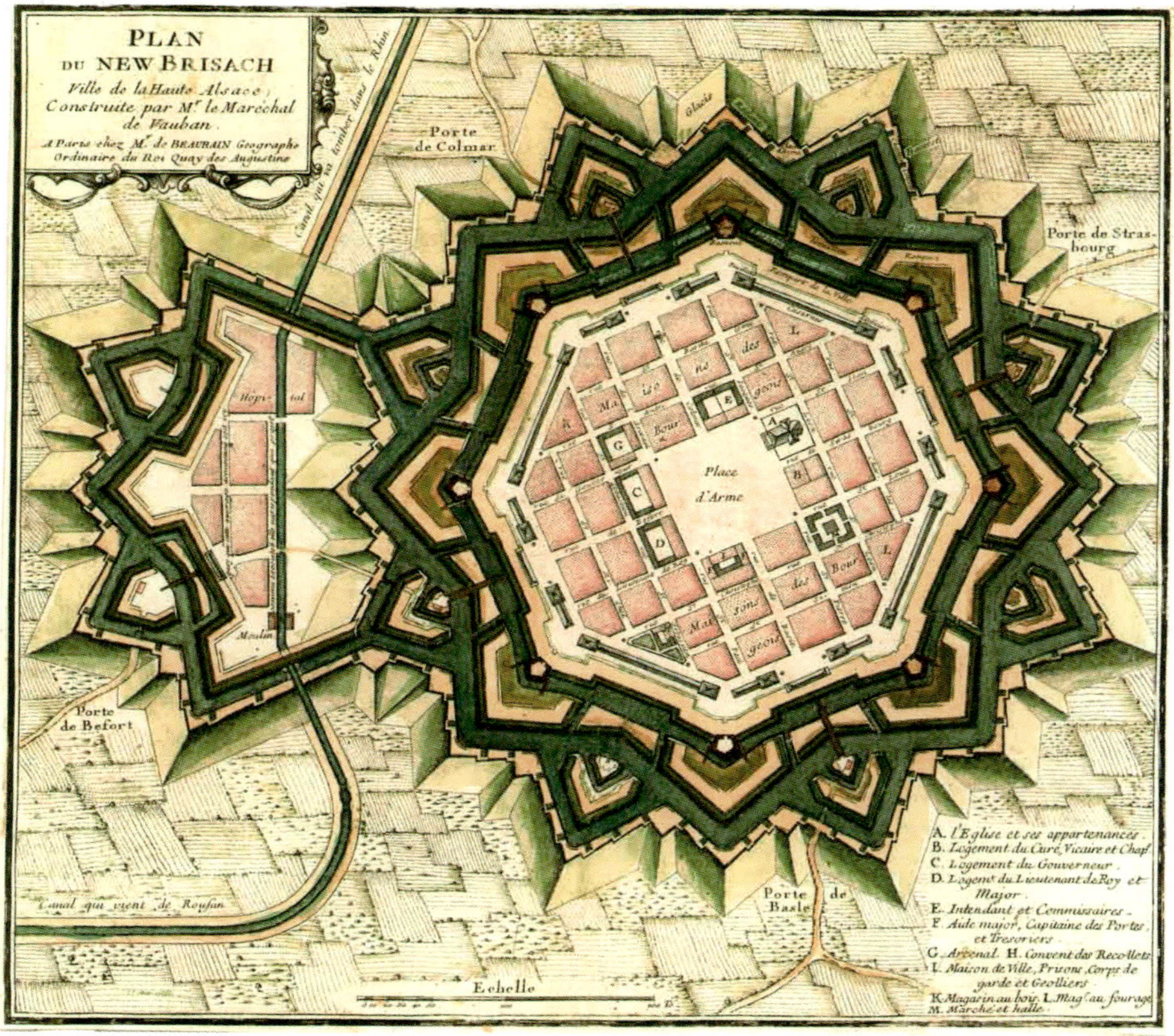

Plan du New Brisach, Ville de la Haute Alsace, ca. 1697

パリに築かれたティエールの要塞16基を示す図

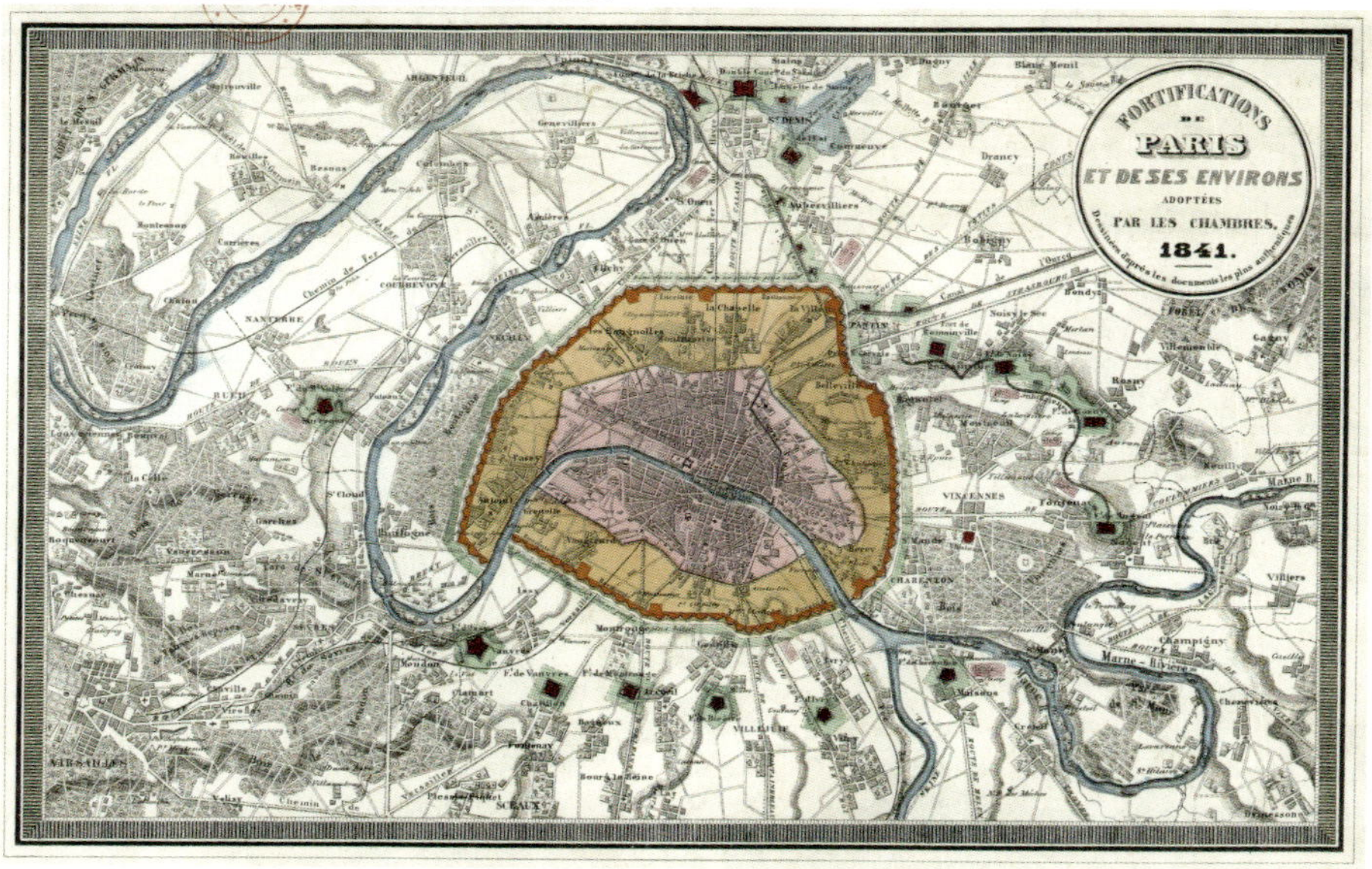

Fortifications Paris et environs, Paris et ses Environs Fortifiés, 1841

信州にもあった五稜郭

——佐久・龍岡城

千曲川が流れる信州佐久平の南端近く。臼田という町から支流の雨川沿いに東へ少し入ったところに、最近廃校になった小学校がある。周囲には溝もあるが、これといって変わった景色ではない。ところが空から見ると、あっと驚く「五稜郭」だ。幕末期に西洋事情に通じていた藩主が築いた城郭である。

富山
長野
群馬
岐阜
埼玉
山梨
静岡
「五稜郭公園」には城郭のミニチュアが

日本に2つだけ存在する 西洋城郭・五稜郭

五稜郭といえば函館市が有名であるが、長野県にも存在することはあまり知られていない。面積は函館の4分の1ほどだが国の史跡となっている。この西洋城郭を信州に造ったのは三河奥殿《おくどの》藩主であった松平乗謨《のりかた》（後の大給恒《おぎゅうゆずる》）。奥殿藩は岡崎城から北へわずか9㎞の山中にあった小藩で、文久3年（1863）に幕府の許可を得て藩庁を飛び地の信州佐久郡田野口《たのくち》村へ移転した。乗謨は西洋事情に通じていたためフランスの軍制を導入するなど、積極的に西洋の技術や文化を取り入れている。

龍岡城は「城」とはいえ1万6千石の小藩ゆえに、正式には「田野口陣屋」であった。江戸初期の田野口村は小諸藩領であったが、その後は幕府領や甲府藩領を経て宝永元年（1704）に奥殿藩領となっている。明治9年（1876）には町村制に先駆けた県内の合併で上中込《かみなかごみ》村と併せて田口《たぐち》村となった。大正4年（1915）には村内に佐久鉄道（現小海線）が開通して大奈良《おおなら》駅が開業している。その後は昭和27年（1952）にこれを龍岡城《たつおかじょう》と改称した。

明治5年（1872）に廃城となった後は土地建物とも売りに出され、資産家などが引き取るなどしている。大手門は取り壊されてそのケヤキ材は近くの農家に譲渡されたらしい。しかし1棟だけ売れ残ったのが「御台所」で、これが今も残る貴重な遺構である。管理していた旧家臣が田口村に寄付、改造して小学校の校舎に使われていた。

周囲に廻《めぐ》らされた濠はゴミ捨て場と化し、やがて悪臭のため埋められて土塁も壊されて桑の木が植えられたという。しかし日露戦争後に要塞の研究にあたっていた陸軍築城本部が注目、やがて龍岡城の復元運動に発展する。熱心に推進した地元の佐々木鉄之助氏の尽力があって、招魂社の整備と併せて2年がかりで昭和8年（1933）に復元、翌年には文部省から史跡の指定を得た。濠も完全ではないが復活したのはその時に村民が手弁当で作業にあたったからである。そして90年を経た令和5年（2023）3月、長らく龍岡城に位置していた田口小学校は廃校となった。そんな今では「完全復元」への声も高まりつつあるようだ。

西洋式の城塞は函館に「四稜郭」（右上写真）もある。左下は東京湾を守るために幕末に築造された「お台場」で、左下の図は今はなき第二砲台（台場）と第五砲台。現在はその東側の第三と第六が保存されている。神奈川台場は大正期から埋め立てが進み、わずかな痕跡が残るのみだ。

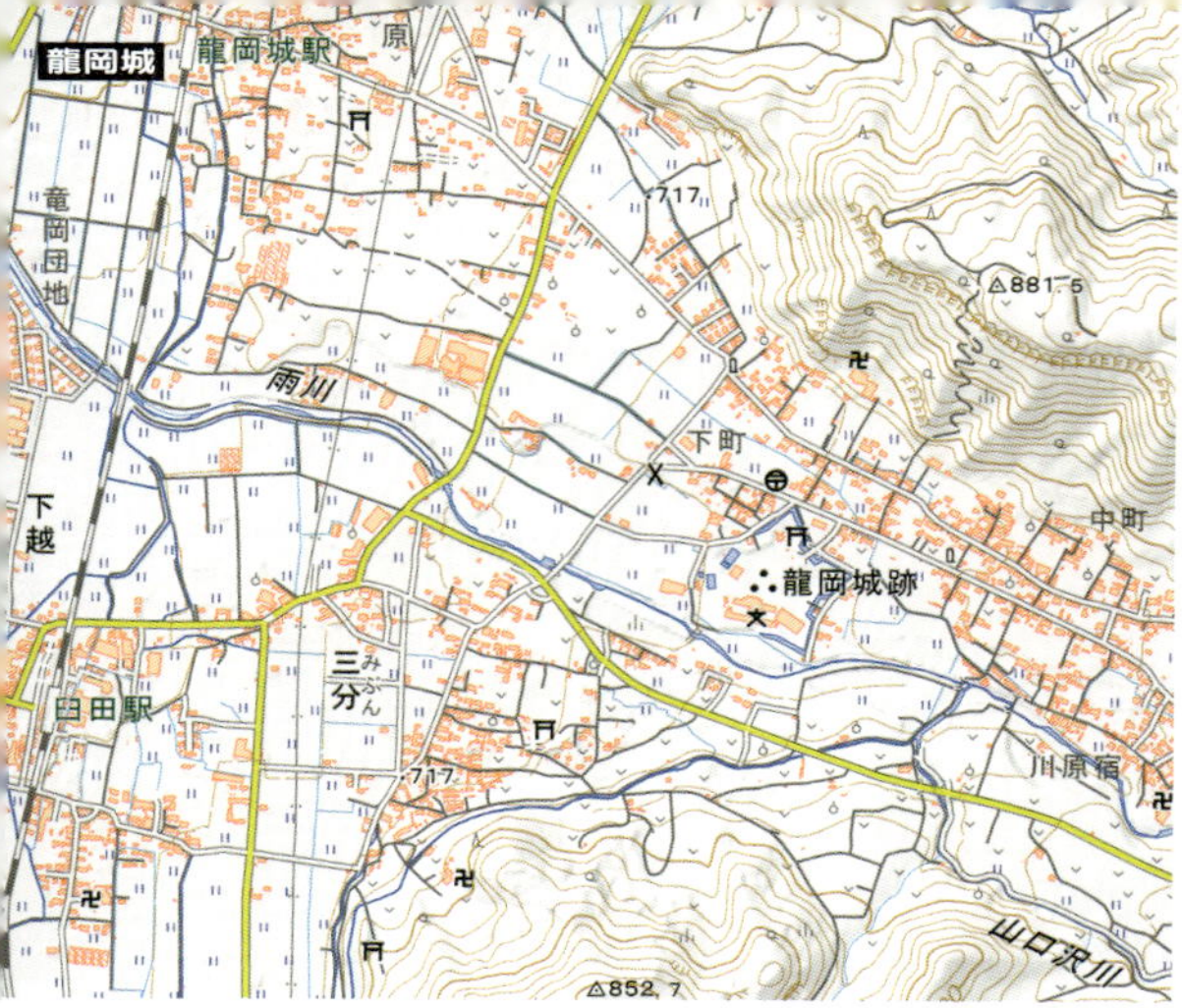

龍岡城

地理院地図 2022 年 3 月 2 日ダウンロード

五稜郭の北北東3.4kmの
高台にある四稜郭

地理院地図（写真）2024 年 4 月 5 日ダウンロード

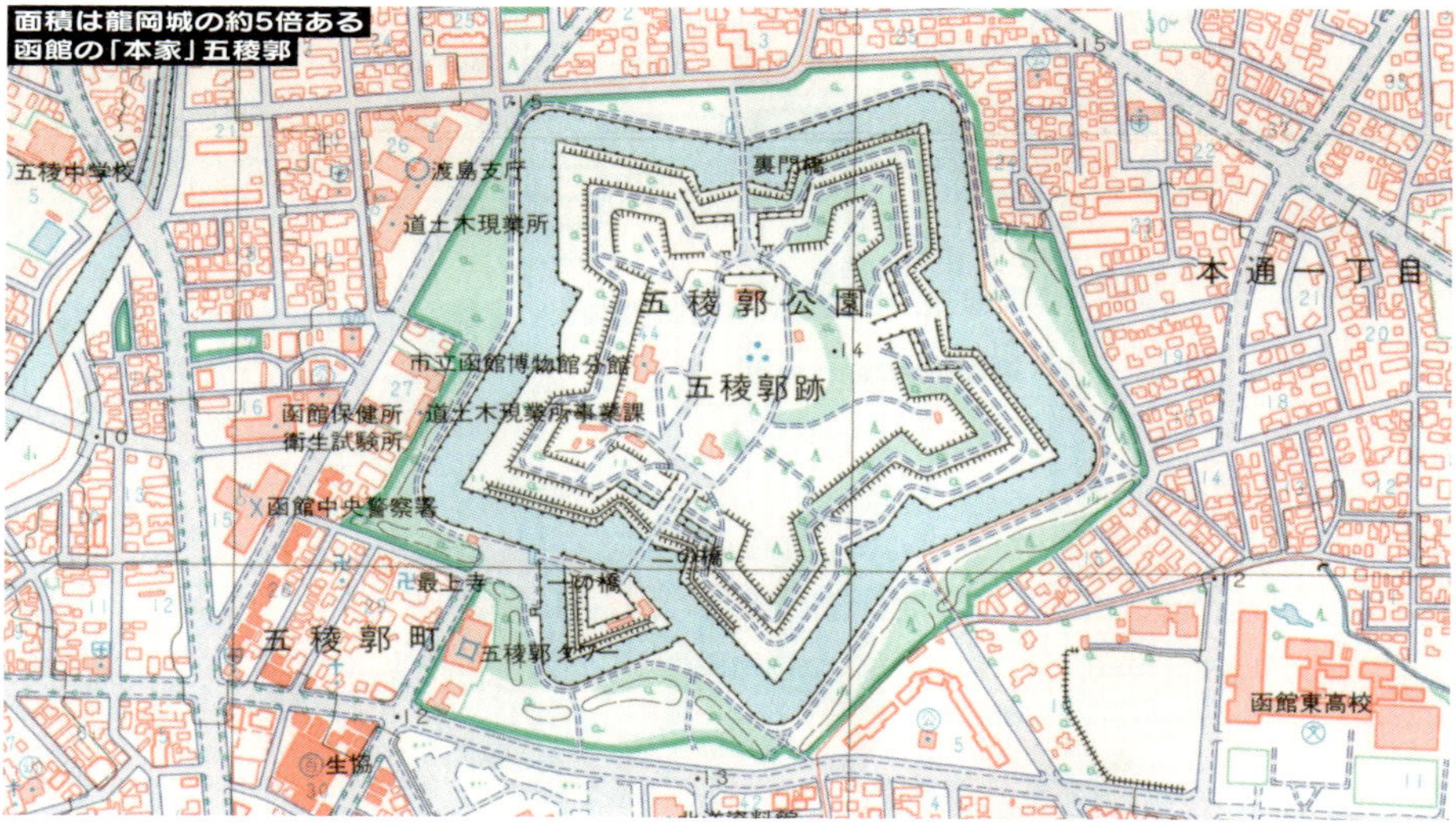

面積は龍岡城の約5倍ある
函館の「本家」五稜郭

1:10,000「函館」平成 3 年（1991）編集・原寸

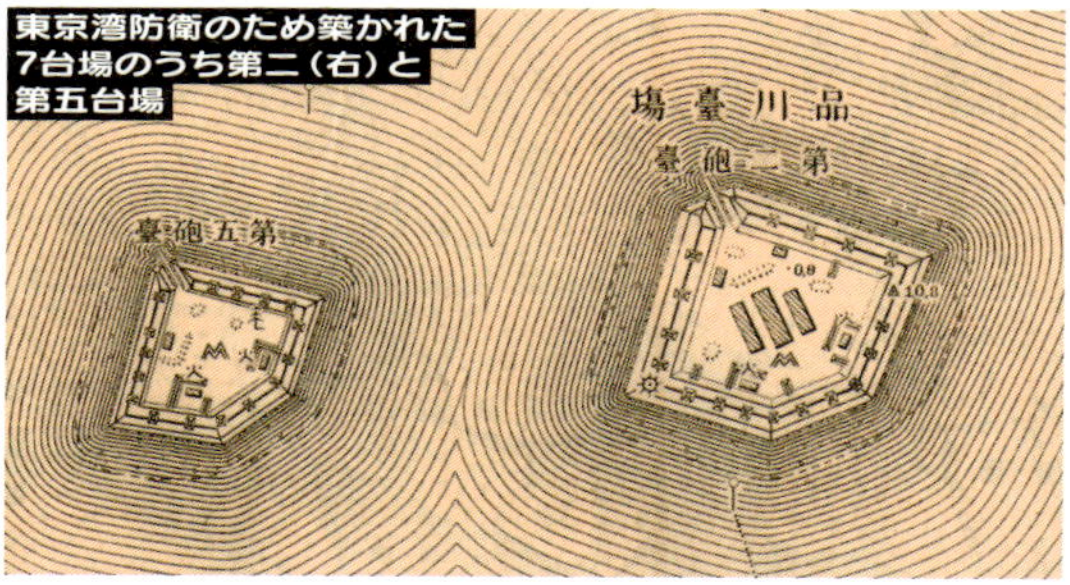

東京湾防衛のため築かれた
7台場のうち第二（右）と
第五台場

1:10,000「品川台場」大正 10 年（1921）修正

幕末に築かれた神奈川の砲台

1:20,000「神奈川」明治 41 年（1908）鉄道補入

住宅の中に多くの古墳が点在する町

——藤井寺・羽曳野

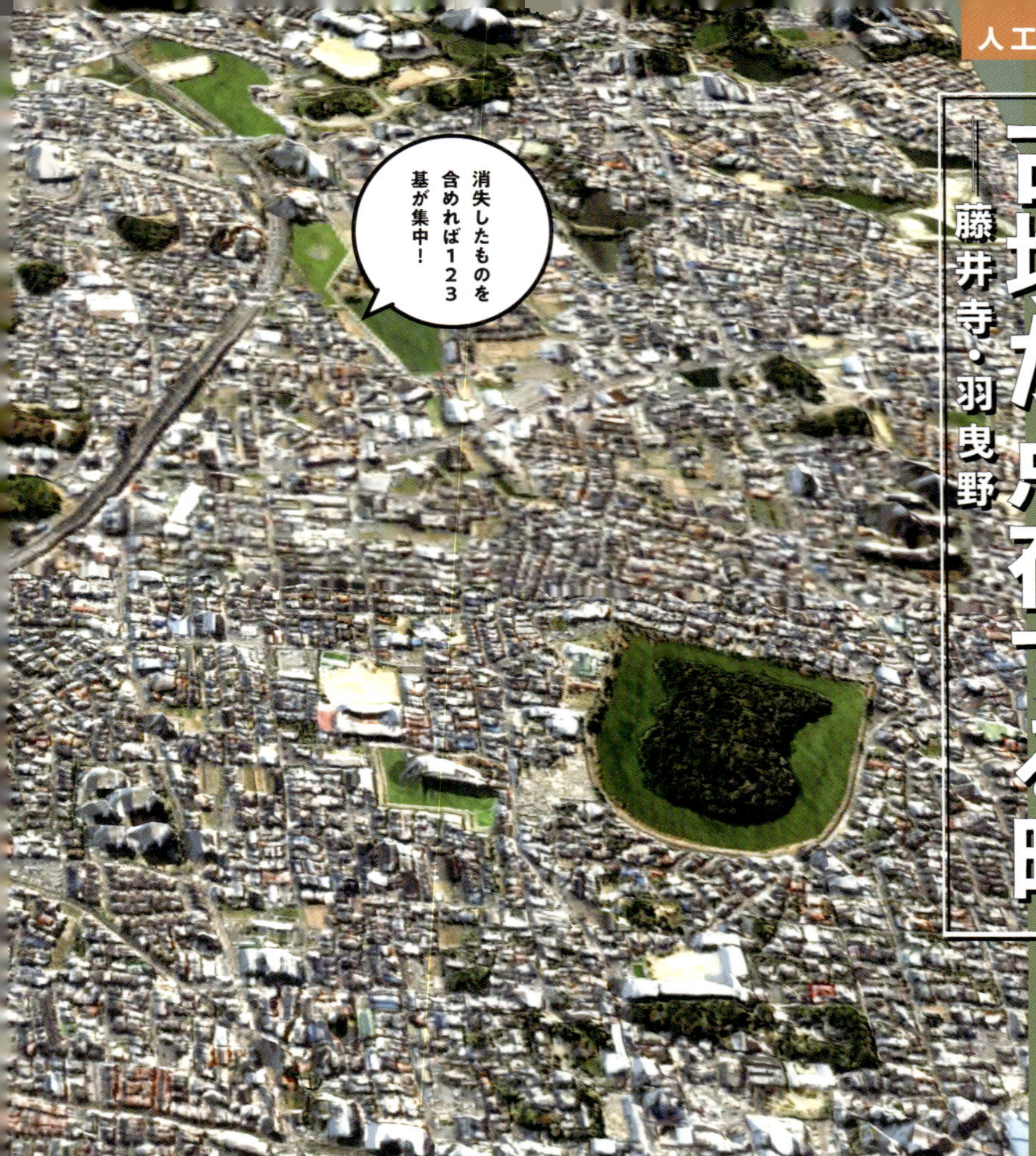

大阪府で初めて登録された世界文化遺産「百舌鳥・古市古墳群」のうち羽曳野市と藤井寺市にまたがる古市古墳群である。４世紀後半から６世紀半ばにかけての築造で、最大の応神天皇陵（南北約６００メートル）から小は１０ｍほどの小さなものまでが密集している。

古市古墳群とその周辺

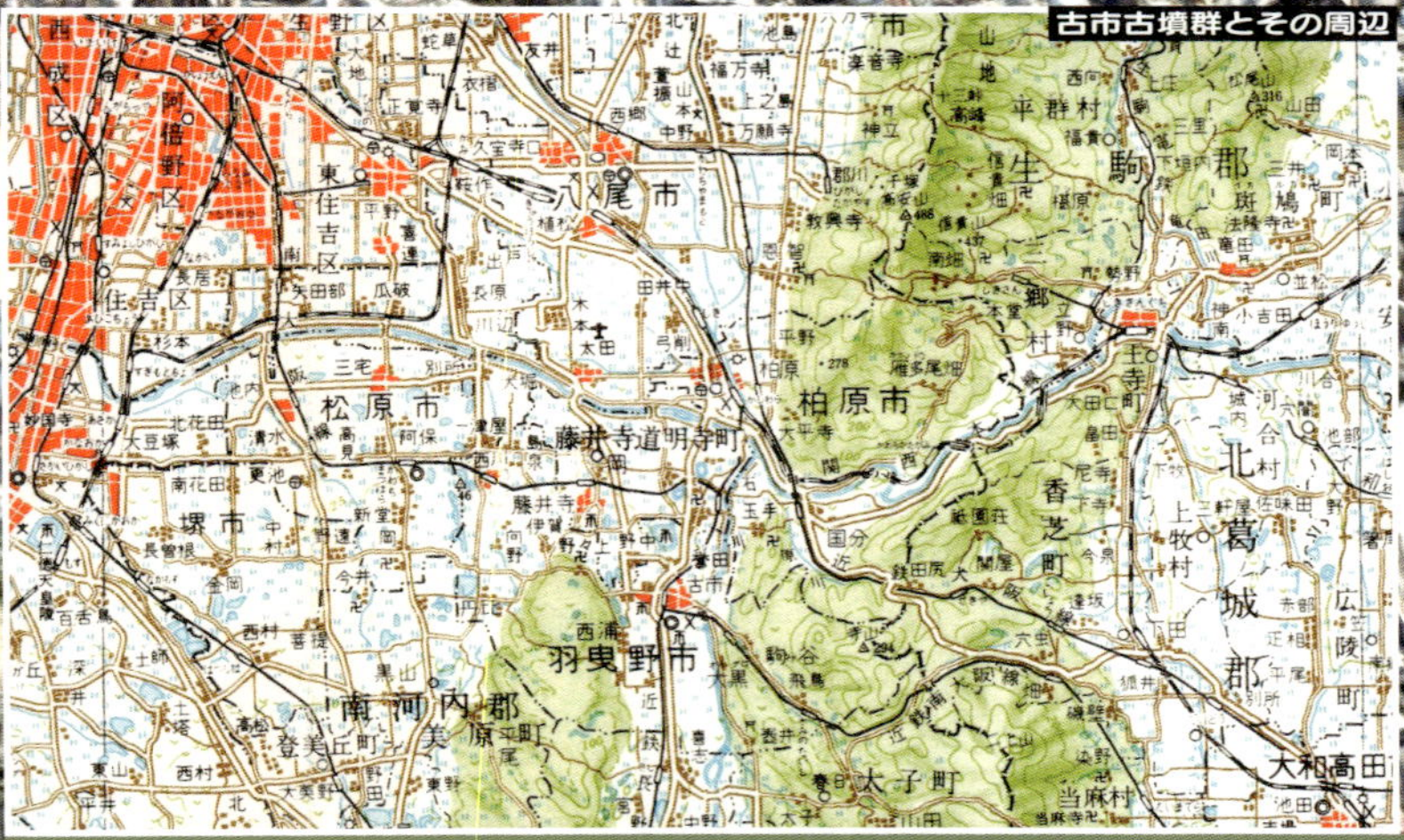

藤井寺市は図の当時のごく短期間「藤井寺道明寺町」という長名の自治体だった。1:200,000「和歌山」昭和 34 年（1959）修正×0.8

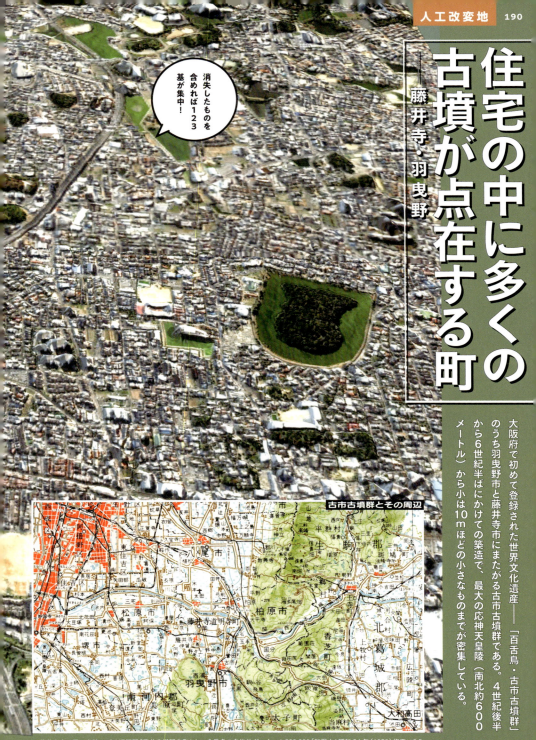

大阪鉄道（現近鉄）の沿線案内に描かれた多数の天皇陵など

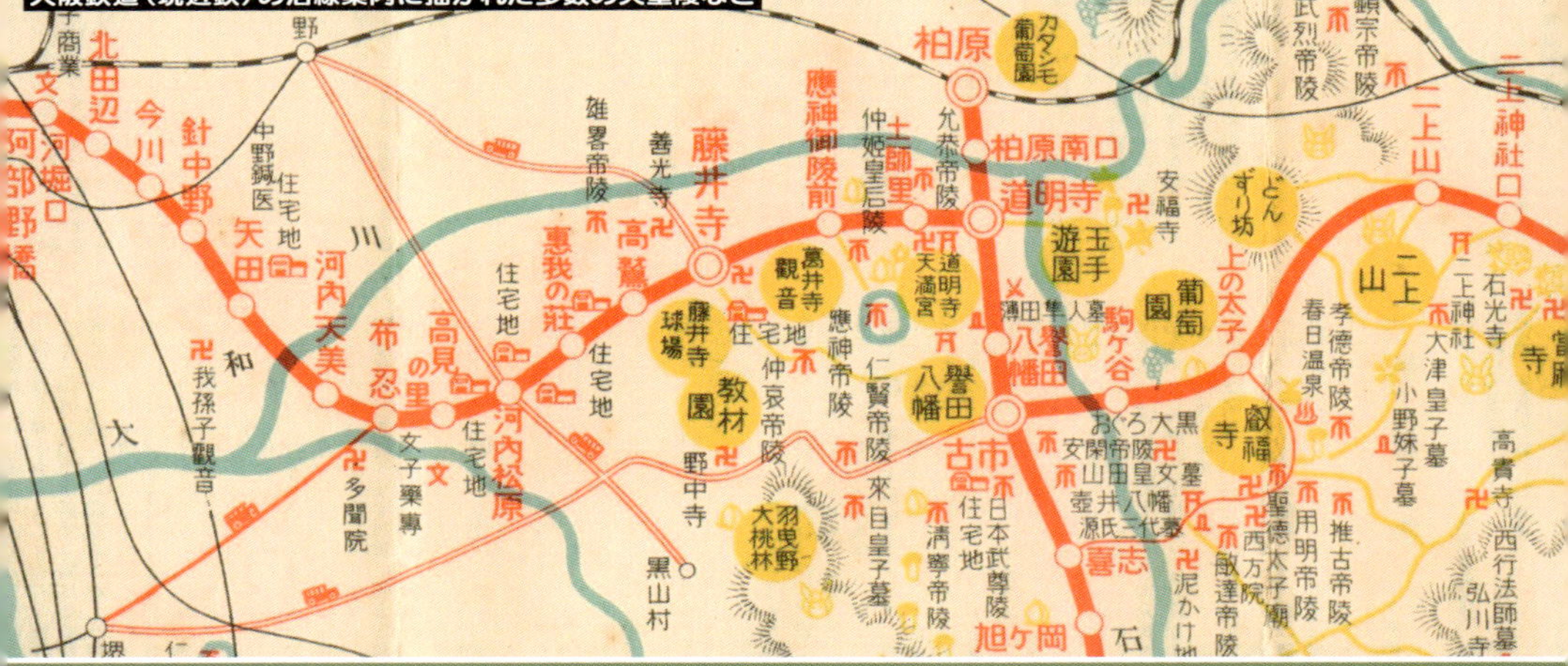

「大鉄電車沿線案内」昭和８年（1933）大阪鉄道

応神天皇陵をはじめ123基の古墳が集まる

関東南部から出たことのない私にとって古墳はあまり身近な存在ではなかった。歴史の授業で古墳時代を教わり、大《だい》山《せん》古墳（百舌鳥耳原中陵《もずみみはらのなかのみささぎ》、仁徳天皇陵）は子供の頃から知っていたが、東京都内にも小型の古墳が多数存在することを認識したのはだいぶ後になってからである。

全国の古墳の数は北海道、青森県、秋田県を除く全国に広く分布しているそうで、多くの消失したものを含めて約16万基もあるという（文化庁令和3年調査）。コンビニの総数よりはるかに多い実感はないが、大阪府の中ほどに位置する藤井寺市と羽曳野《はびきの》市にまたがるエリアには大型のものが多く、地図でも一見して密度が高い。大阪府は古墳の数では13位の３４２８基だが、面積あたりではランクはもっと上だろう。ちなみに東京都にも８１４基（31位）あるそうだ。

冒頭の画像は西名阪自動車道の藤井寺インター付近上空から南南東を俯瞰したアングル。このエリアには「古市《ふるいち》古墳群」があり、4世紀後半から6世紀半ばに築造されている。多くの消失したものを含めて１２３基が集まり、内訳は大型のものの多くを占める前方後円墳が31基、円墳が30基、方墳が48基、墳形不明が14基。

このエリアで最も大きいのが中央の応神天皇陵、その左が仲津姫《なかつひめ》皇后陵、右ページに目立つのは仲哀《ちゅうあい》天皇陵である。その他にも中小の古墳が点在している様子が一目瞭然だ。規模は大小さまざまで、この中で最も大きな応神天皇陵のように墳丘長が４００ｍ超から10ｍ台の方墳までが集まっている。

前ページ左は大阪鉄道（現近鉄南大阪線）の沿線案内パンフレットで、多数の古墳が墳墓の記号（戦前の地形図記号と共通）で示されている。平成17年（２００５）に閉場して現在では学校となった藤井寺球場は昭和3年（１９２８）の開設で、阪神が甲子園球場を開いた5年後のことだ。点在する「住宅地」や遊園地、学校の誘致などと併せて、私鉄の沿線開発の手法が確立されていく時代である。左上の図は大正11年（１９２２）で水田が目立つが、その中に小高く隆起した地形表現も古墳だ。現在では下図のように大変貌し、背景の水田はことごとく市街地となっている。溜池も多い地域なので、全体に水辺が多い。古墳を覆う木々は「ヒートアイランド現象」の抑制効果もあるという。この古市古墳群は大山古墳のある百舌鳥《もず》古墳群と併せた「百舌鳥・古市古墳群」として世界文化遺産に大阪府で初めて登録された。

田園風景の中だった大正期の古市古墳群

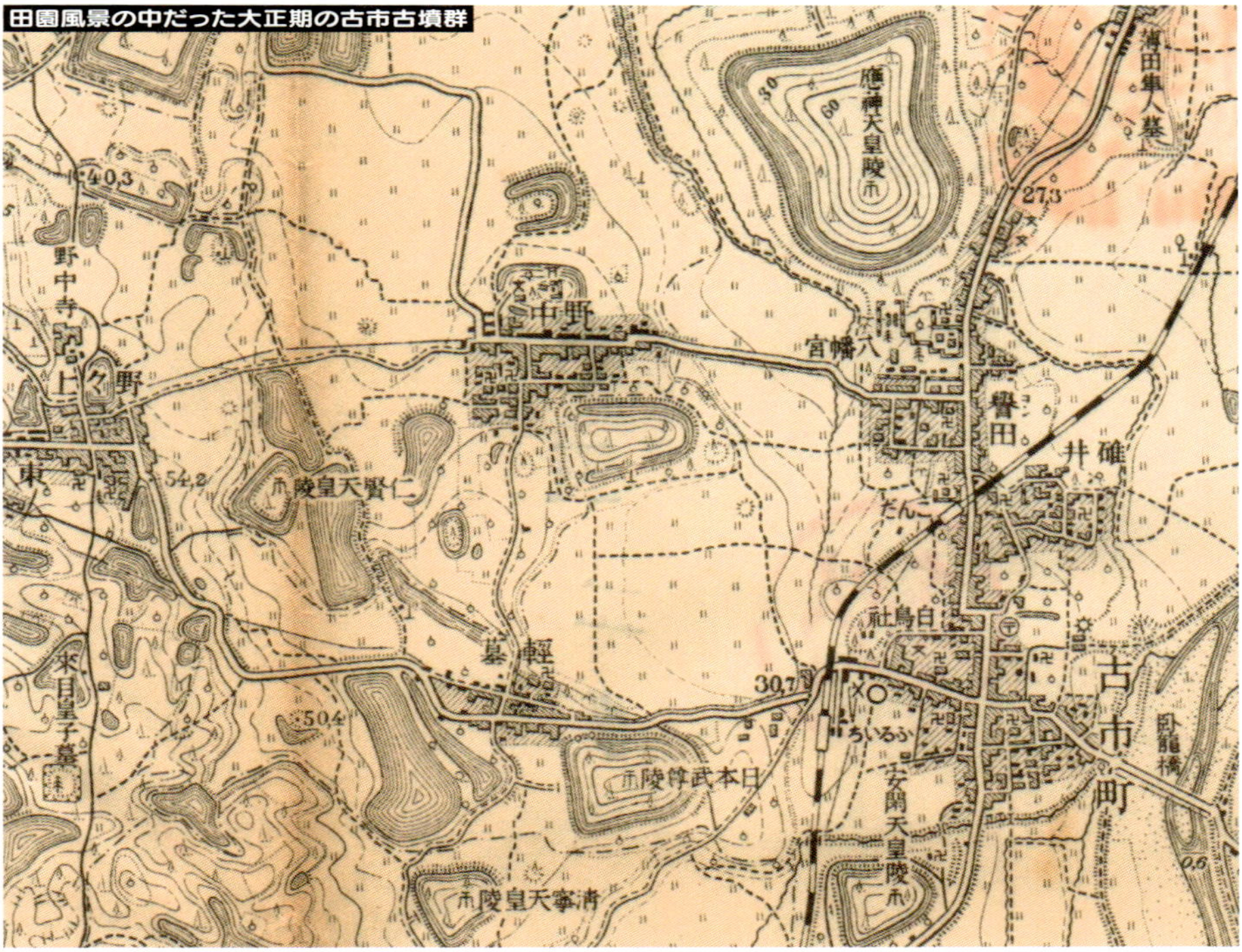

1:25,000「古市」大正 11 年（1922）測図×1.15

市街化が進んだ現在の応神天皇陵とその周辺

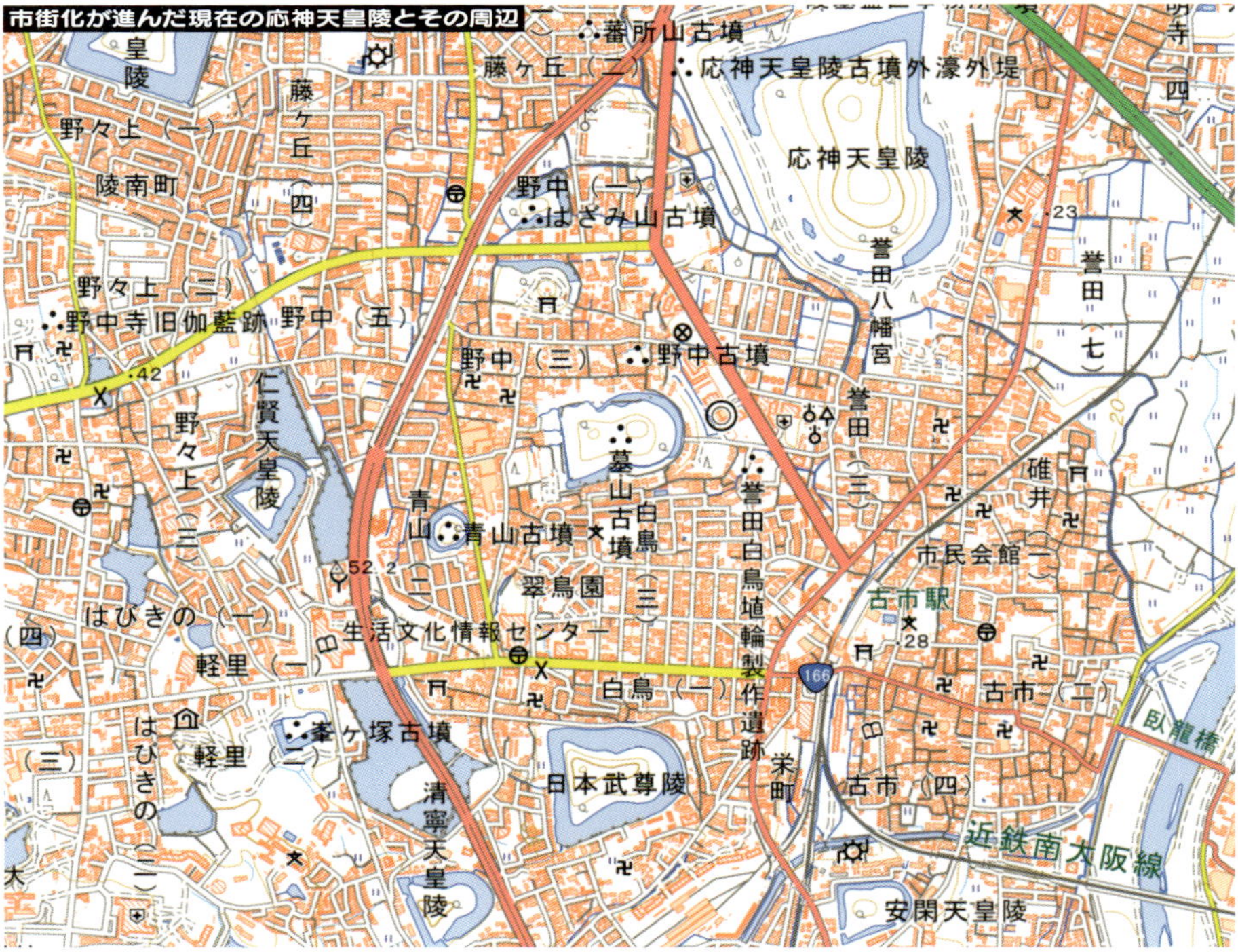

地理院地図 2024 年 2 月 13 日ダウンロード

古代のグリッドが今に残る——奈良・大和盆地

大和盆地には古代から碁盤目のグリッドがかかっている。ご覧の通り田畑はもちろん、多くの道路を含むさまざまなモノが、今でも千年以上も昔の1町（約109m）四方のマス目に規定されているのは驚異的なことかもしれない。悠久の歴史の中でこれらの耕地では毎年作物が育てられている。

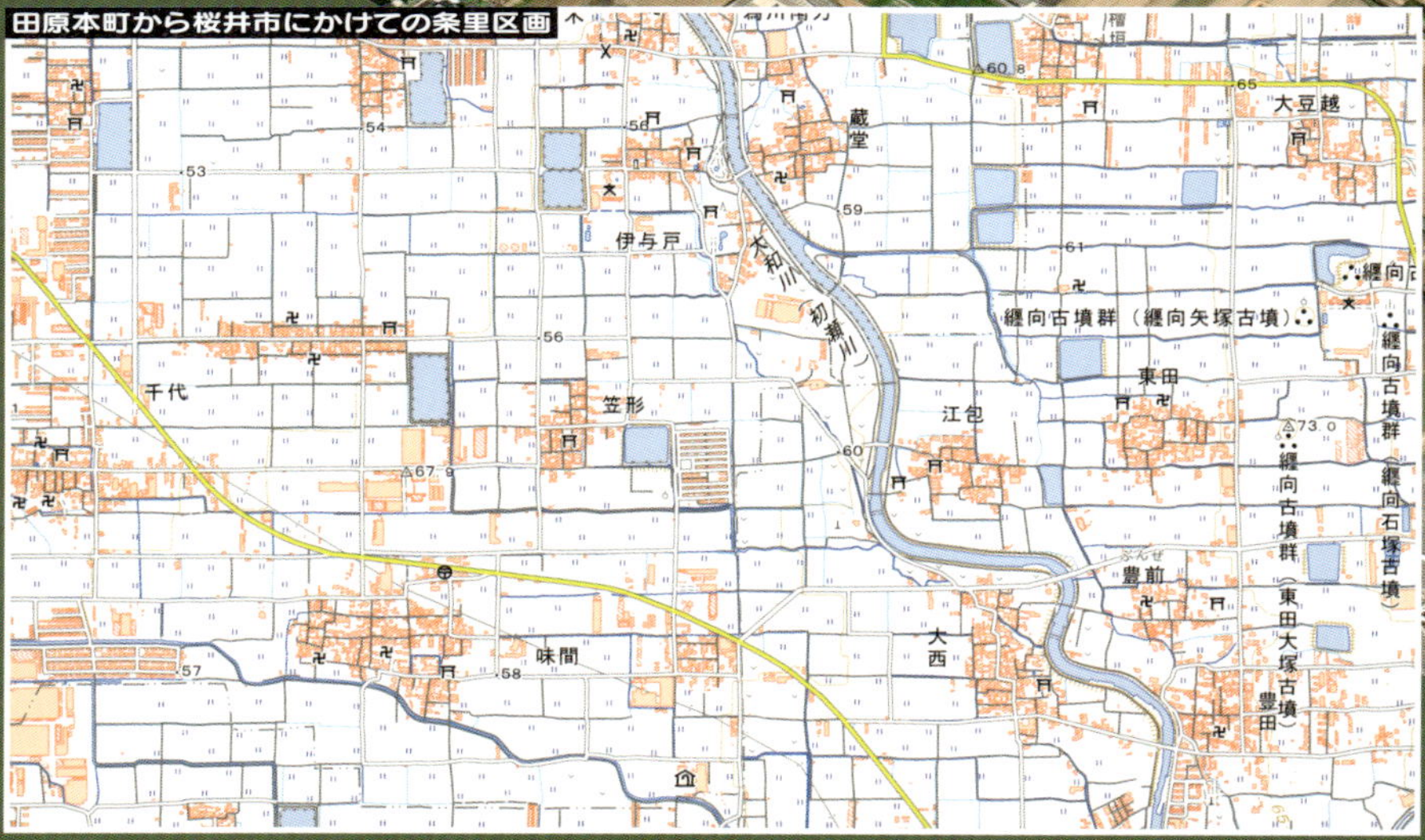

左下を斜めに通る曲線は大和鉄道の廃線跡を利用した道路。地理院地図 2024 年 4 月 4 日ダウンロード

古代の条里制の区画が現在まで残る

奈良県の北部に広がる大和盆地である。平地の中を緩やかに曲がって流れるのは大和川（初瀬川）で、その左側には正方形の区画がどこまでも続いている。左下の地理院地図なら明白であるが、その正方形は同じサイズで、しかも南北のラインは地図の経線に完全に一致しているようだ。

見事な碁盤目は古くから存在する条里制の区画である。これは古代から行われた土地の区画整理で、直交座標によって均等に区画することで口分田《くぶんでん》（男子2段、女子はその3分の2）などの政策を実施することができた。長さ1町（＝60間、約１０９ｍ）四方が1つの単位（坪。現在の坪とは違う）で、これが縦図で浮かび上がっている座標の1マスにあたる。これが縦6つ分、横6つ分の36個分の坪が集まったのがひとつの「里」だ。東西を条、南北を里と呼び、これを組み合わせることで「三条五里」などと地点を特定するシステムである。

画像をよく見ると、その1マスは主に南北（たまに東西）に細長い短冊形が10本ずつ並んでいるところが多い。サイズは長辺が1町、短辺が6歩（＝6間、10・9ｍ）だが、これは古代からの地割りそのもので、１０００年以上も前の区分が継続されているのは驚くべきことかもしれない。その細道は歪んでいるものも多いが、おそらく歴史の経過による微細な増減で、当初の測量精度はかなり高かったようだ。

この条里制は北海道と東北地方の北部を除いてほぼ全国的に行われたため、各地に条里制の区画が今も残っている。左ページの右上は愛媛県の松山市街東側で、市街化が進んでいない明治期の地形図を掲載したが、ここにも明らかに条里制区画の痕跡が伺える。市街化したエリアでもそれを踏襲している都市は少なくない。左上は斜めになった例で、滋賀県の湖東平野に位置する栗東《りっとう》市の周辺である。斜めの理由はおそらく目印とした山頂とどこかを結んだ一直線を基線として施行したためらしい。「十里」という地名があることも条里制の証拠と思われる。

右下は東海道新幹線がまっすぐ南北に走る区間で、それが条里制の区画に沿っているのは興味深い。図には小字《こあざ》が記されており、「一ノ坪」「四ノ坪」などの坪のナンバリングが今に至っても健在であることがわかる。この中で「上《じょう》古《こ》」とあるのは、歴史地理学の研究者であった足利健亮氏（京都大学教授）によれば19が転訛したらしい。左下は川崎市の武蔵小杉付近の昭和初期である。ここも条里制区画が明瞭で、タワーマンションが林立する現在も健在だ。

1:25,000「草津」昭和 29 年（1954）修正×0.8

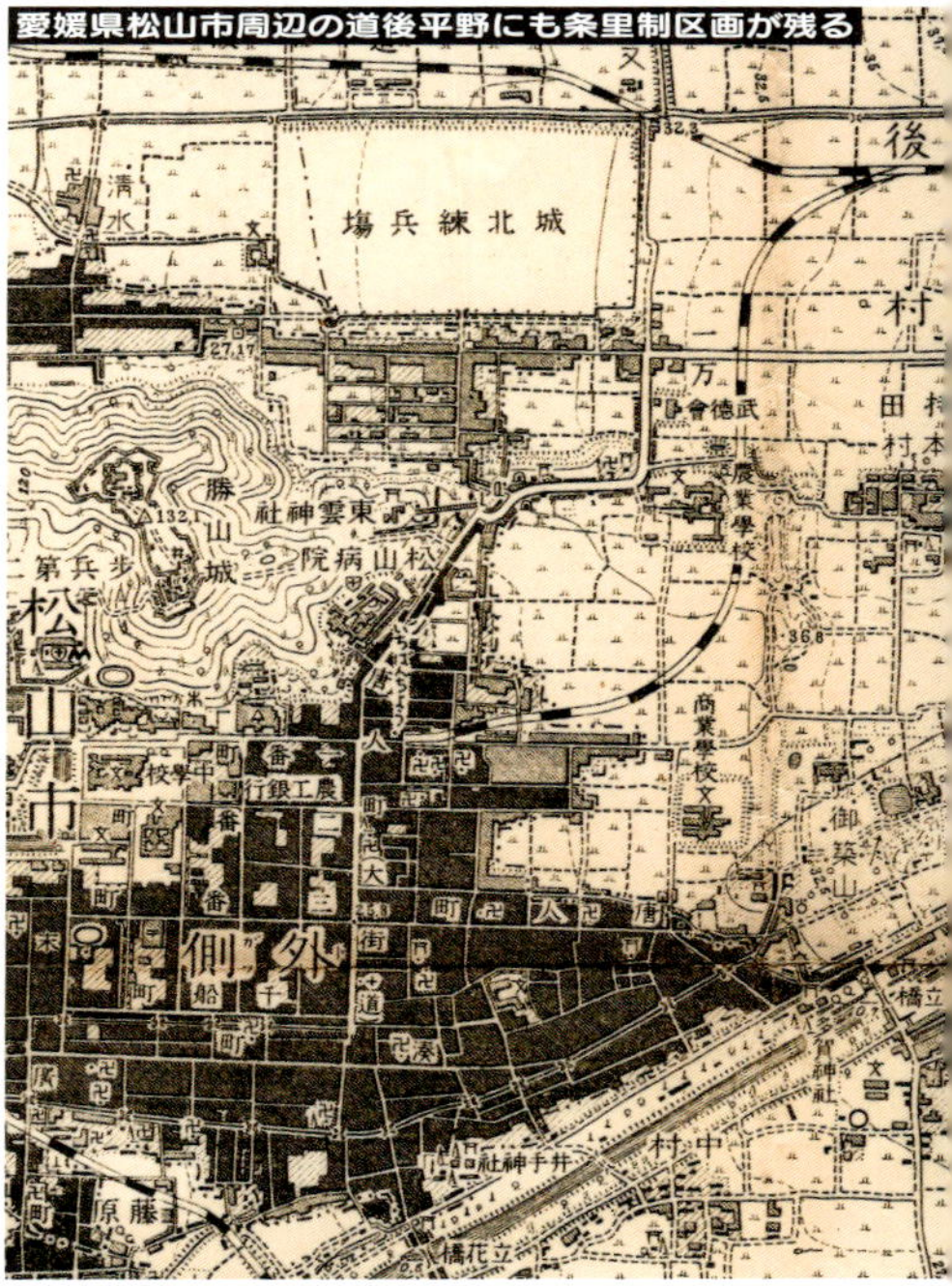

1:20,000「松山」明治 36 年（1903）測図×0.8

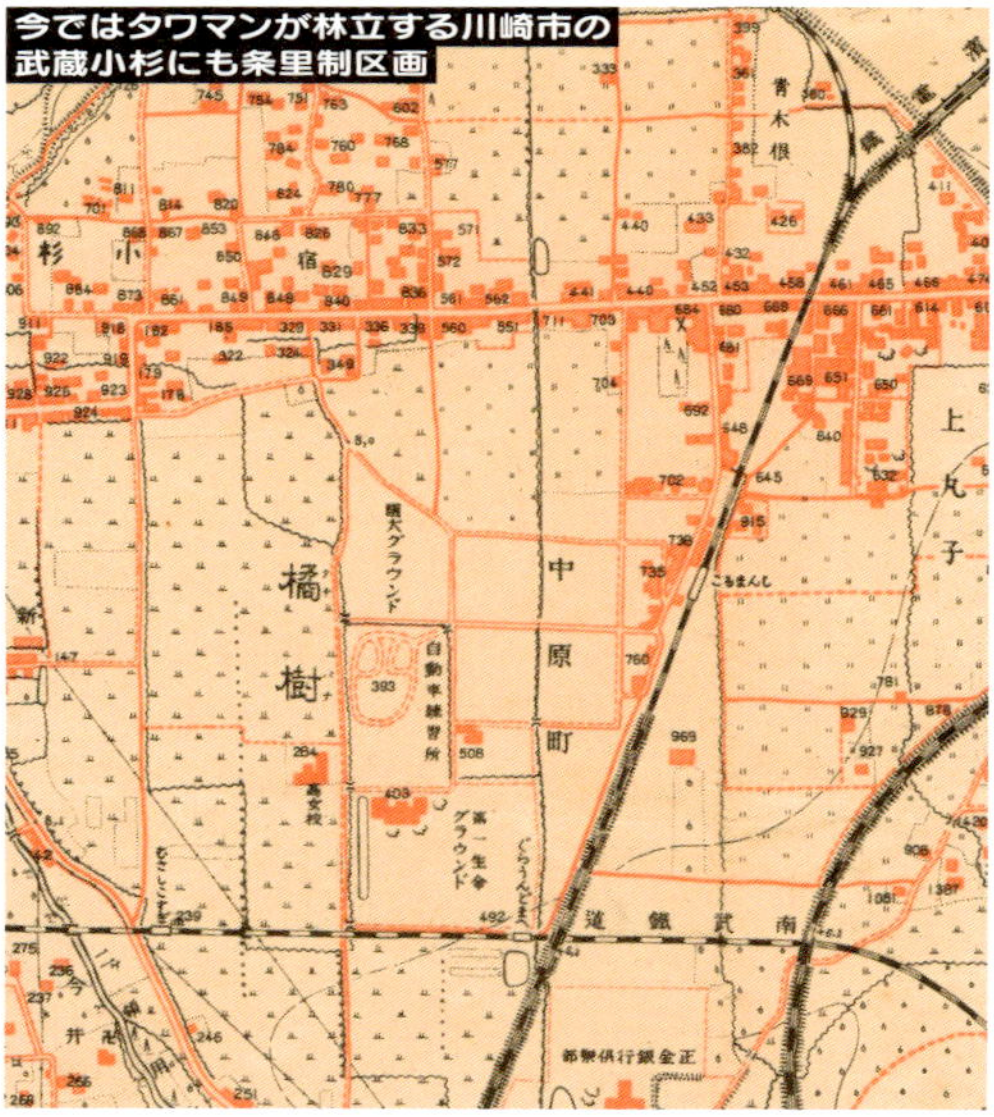

1:10,000「田園調布」昭和 4 年（1929）測図×0.6

条里制の名残の地名「一ノ坪」「八ノ坪」などが残っている。
1:10,000「長岡京」平成 3 年（1991）修正×0.6

澪筋あるラグーンの砂上都市――イタリア・ヴェネツィア

175の運河（全長38㎞）が張り巡らされている

ヴェネツィアとその周辺に広がるラグーナ・ヴェネタ（ヴェネタ潟）

NASAの宇宙飛行士 Tim Kopra による撮影　Venice and Murano, Italy, the NASA Johnson Space Center

イタリア・アルプスの南麓から流れ下るブレンタ川などがアドリア海に土砂を堆積させた無数の干潟のひとつに発達したのが商業都市ヴェネツィア。中央に目立つ逆S字のカナル・グランデ（大運河）はブレンタ川の北分流の痕跡――澪である。市の人口約25万のうちこの島の住民は5万人ほど。

ドイツのマイヤー百科事典の付図に見る約130年前のヴェネツィア

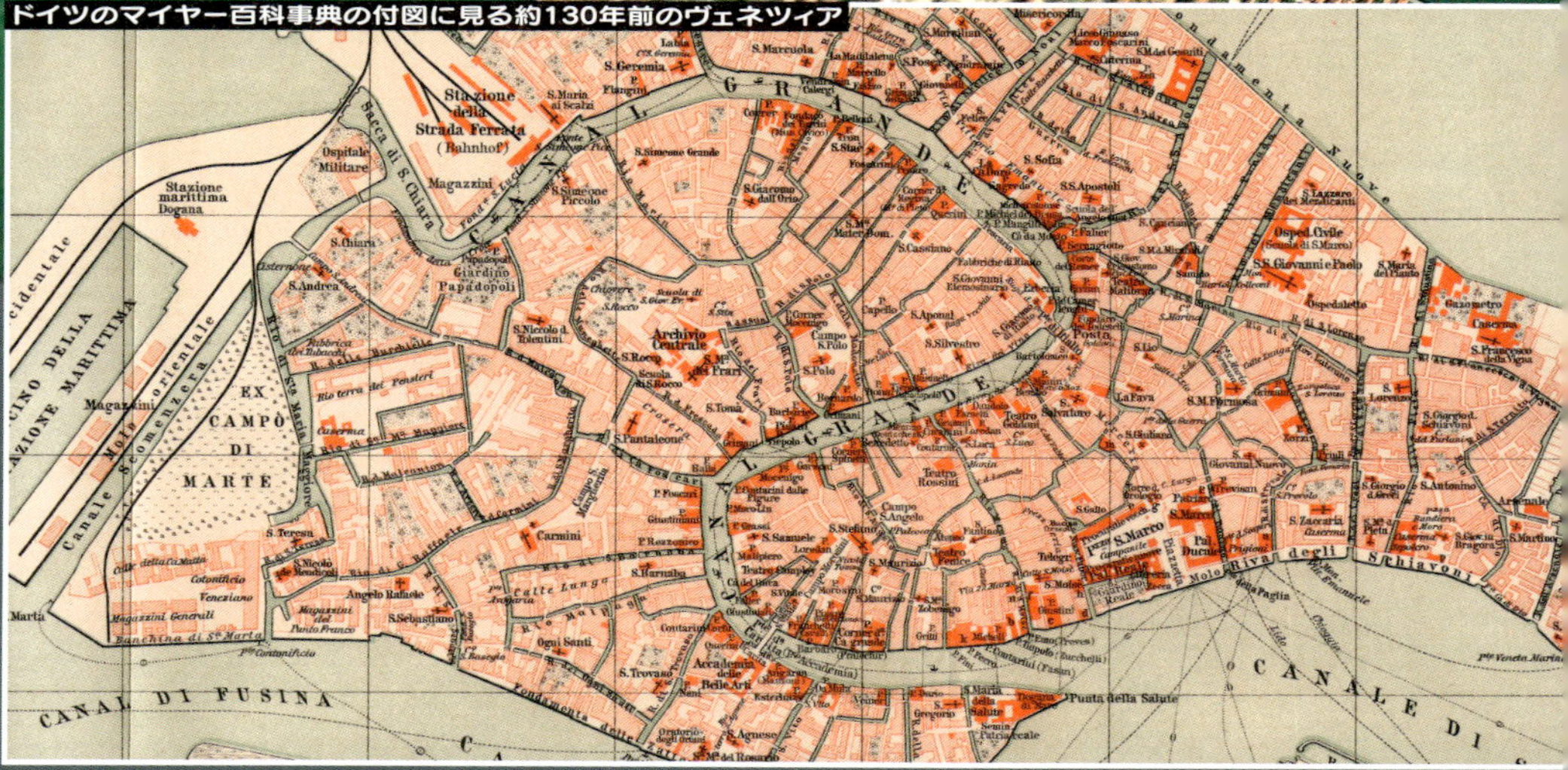

5. Auflage, Meyers Konversations-Lexikon 1893-1901

中世以来の迷路が保存された商業都市国家

約20年前に私がヴェネツィアへ行ったのは、番地を調べるためだった。ゴンドラに乗り、迷路をそぞろ歩きしつつリストランテで食事を楽しむのが通例だろう。ところがこの街の地番の並び方が珍しいと聞いた私は、自著『住所と地名の大研究』の取材で訪れた。都合で時間が最小限しかなく、大急ぎで家々の軒に表示されたナンバーを片っ端から地図に記入する作業に忙しく、観光できなかったのは痛恨の思い出である。

古代から中世にかけて地中海貿易で大いに名を馳せた商業都市国家ヴェネツィアは干潟の広がるラグーンに無数の木杭を打って立ち上げられた都市だ。ゴンドラで往来できる水路が網の目のように通じ、それを補完する道路は迷路の見本である。そんな中世以来の迷路が保存された旧市街、画像の左ページ上に見えるサンタルチア駅を降りた先は水上バスとゴンドラが主要交通機関だ。

逆S字型のカナル・グランデ（大運河）が水路の大動脈で、この街ではパトカーや救急車も船である。現代を象徴する自動車は門前払いだから小気味良く、狭い道でも気にせず歩けるのは嬉しい。肩幅程度しかないラモ（通路）を抜けるとまた新しい眺めが広がる。大運河の右手に見える巨大な広場はサンマルコ広場で、その右すぐ前がサンマルコ寺院だ。手前の広い「川」はジュデッカ運河である。

左上の地図は戦前に「東洋のヴェネツィア」と呼ばれた新潟市の中心部である。決して自賛ではなく、明治初期にここを訪れた英国人女性イザベラ・バードは「運河の縁には木が植えてあり、多くはしだれ柳です。そのあいだを川の水が流れているのでまことに美しく、また短い間隔を置いて細身の橋が架かっており、運河は新潟のとても魅力的な特徴」（『イザベラ・バードの日本紀行』時岡敬子訳）と称賛している。シンボリックな河岸の柳を表して「柳都」などとも呼ばれたが、残念ながら運河の大半は埋め立てられてその面影はない。運河の復活が期待されるところだ。

右下は北ドイツのリューベックで、かつてハンザ都市として隆盛を極めた。こちらも運河に囲まれているが、その形状から防塁を兼ねていることが読み取れる。左下は東京の日本橋付近だが、運河が四通八達していた震災前の大正期。町名を含めて江戸時代の面影がまだ色濃く、多くの河岸に荷物が積み卸しされて活気に満ちていた。かつての大阪も「八百八橋」を擁する運河の町だった。

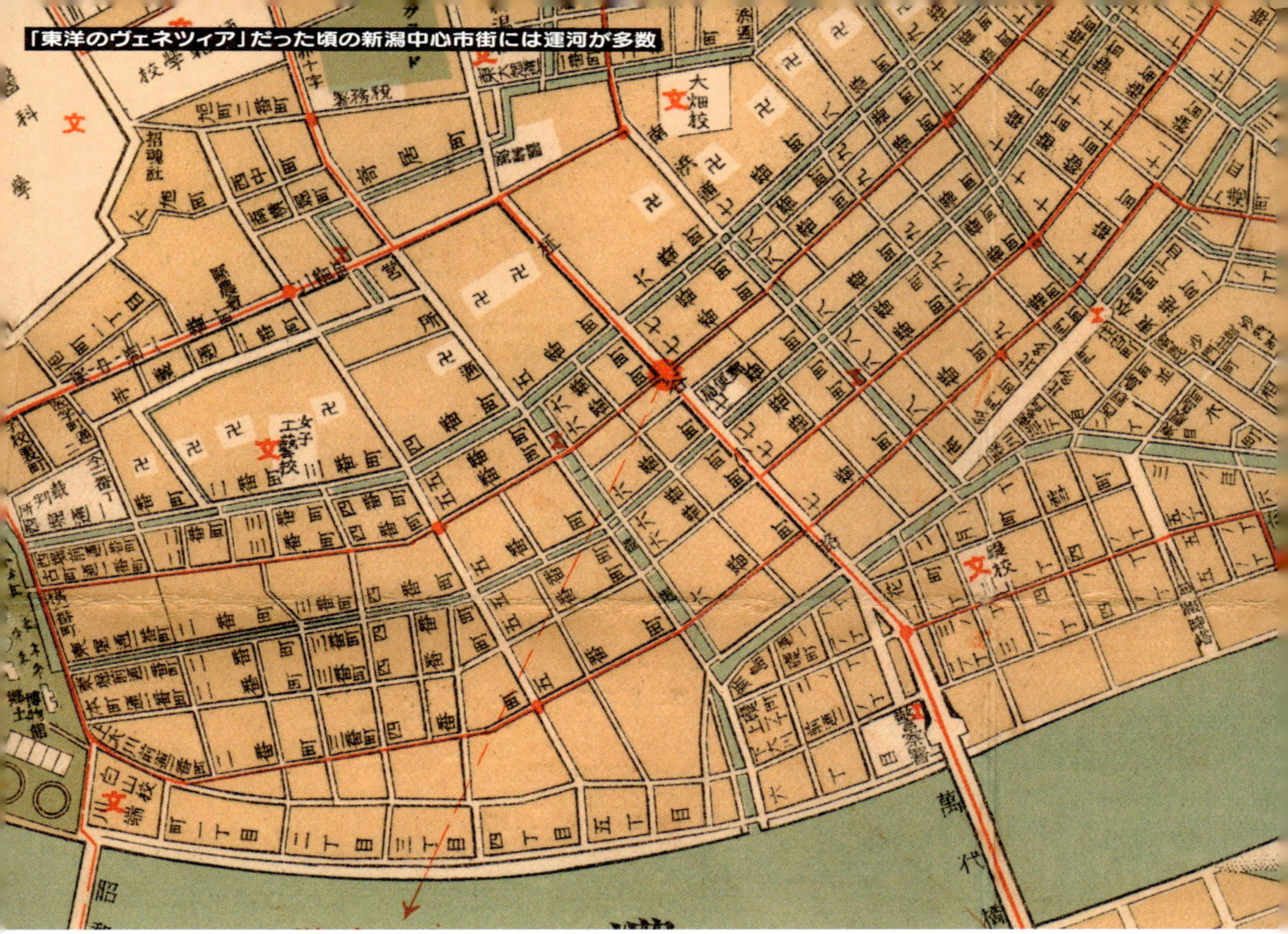

「東洋のヴェネツィア」だった頃の新潟中心市街には運河が多数

1:12,000「新潟市全図」石川六太郎 昭和 11 年（1936）発行

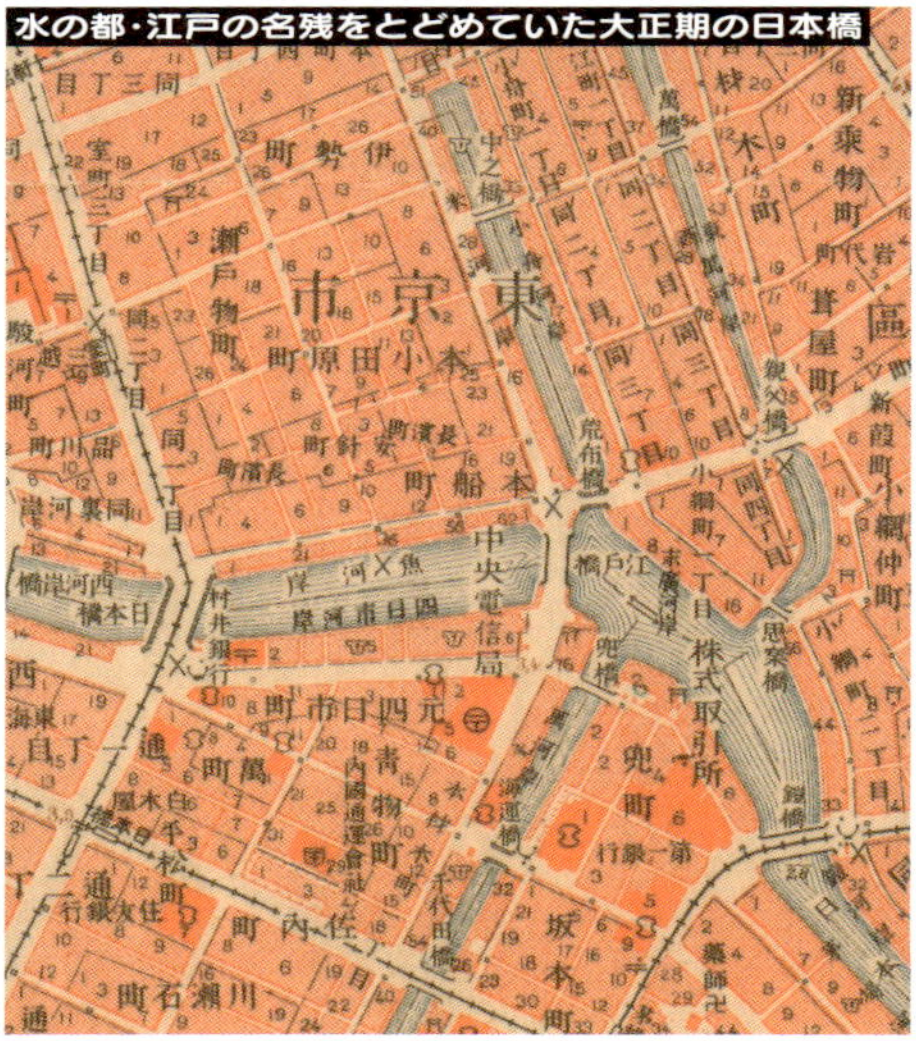

水の都・江戸の名残をとどめていた大正期の日本橋

1:10,000「日本橋」大正 8 年（1919）鉄道補入×0.8

ハンザ都市として発展した北ドイツの港町・リューベックの「水の都」

ドイツ・シュレスヴィヒ＝ホルシュタイン州官製 1:25,000「Lübeck」2003 年修正×0.6

人造湖中では世界最大

——カナダ・ルネルヴァスール島

衛星画像でカナダ東部のケベックあたりを見渡すと、ひときわ目立つのがこの丸い地形だ。直径53㎞の丸形は琵琶湖の3倍近い巨大な人造湖である。その水面に浮かぶのは東京都レベルの大きさの島。何から何までスケールが大きいが、その丸い形には原因が……。

人造湖を堰き止めているのは堤高214mの巨大ダム

カナダ
アメリカ
合衆国

巨大隕石が生み出した奇妙な丸い形

丸い形の人造湖の中に浮かぶ島である。直径はざっと53㎞で、東京駅を中心に同じサイズの円を描くと、北はさいたま新都心、東は千葉市の幕張、南は横浜駅、西は国分寺駅に至る。この島を囲むマニクアガン貯水池は１９４２㎢と琵琶湖の3倍近くで、大阪府の面積より少し大きい。この貯水池に囲まれたルネルヴァスール島は東京都とほぼ同じ２０２０㎢で、人造湖中の島としては世界最大である。

カナダ・ケベック州にこの島が誕生したのは１９７０年で、巨大なダニエル・ジョンソン・ダム（堤高２１４ｍ、長さ１３１４ｍ）の建設でマニクアガン川を堰き止めてできた。奇妙に丸い形となったのは約2億１４００万年前に落下した直径5㎞以上と想定される巨大隕石のためである。その際にできた直径１００㎞ほどの広大なマニクアガン・クレーターの中央に「地殻均衡」の原理でバベル山（標高９５２ｍ）が盛り上がった。それがダム湖の出現により、たまたまその輪郭の周囲が湛水されて丸く浮かび上がったのである。

さて、左ページ上の地図は米国アリゾナ州の広大な砂漠地帯にあるメテオール・クレーター。かつては噴火口とされていたが、これを隕石の衝突によるものと解明した地質学者の名をとって、バリンジャー・クレーターとも呼ばれる。約5万年前に直径50ｍ程度の隕石が衝突したとされ、直径約１２００ｍ、深さ１８３ｍのクレーターができた。ちなみに図の赤線グリッドは1マイル（約１６０９・３ｍ）間隔に引かれている。写真は南東から俯瞰したもの。

下の図はセダン・クレーターで、形こそ上と似ているが核実験によってできたものだ。図はネヴァダ核実験場で、上図と同縮尺に調整してある。このクレーターは実験場の中でも最大のもので、直径３９０ｍ、深さは98ｍ。今では考えられないが、この実験は鉱山採掘や港湾工事、交通路の切り通し工事などに核爆発を利用することで、経済性向上を探るためのものであった。実験は１９６２年7月6日に行われたが、遠くミシシッピ川を越えた東方にまで放射性物質が大気中に拡散、これが予想以上に広がったため結果的に工事等での利用は中止されている。このクレーターは米国最大の人工クレーターとして「アメリカ合衆国国家歴史登録財」となった。いずれにせよ、人類はとんでもない形で等高線に残る仕事をしたものである。

隕石の衝突で生じたメテオール・クレーター

米国官製 1：24,000「Meteor Crater (AZ)」1968 年×0.9

核実験でできたセダン・クレーター

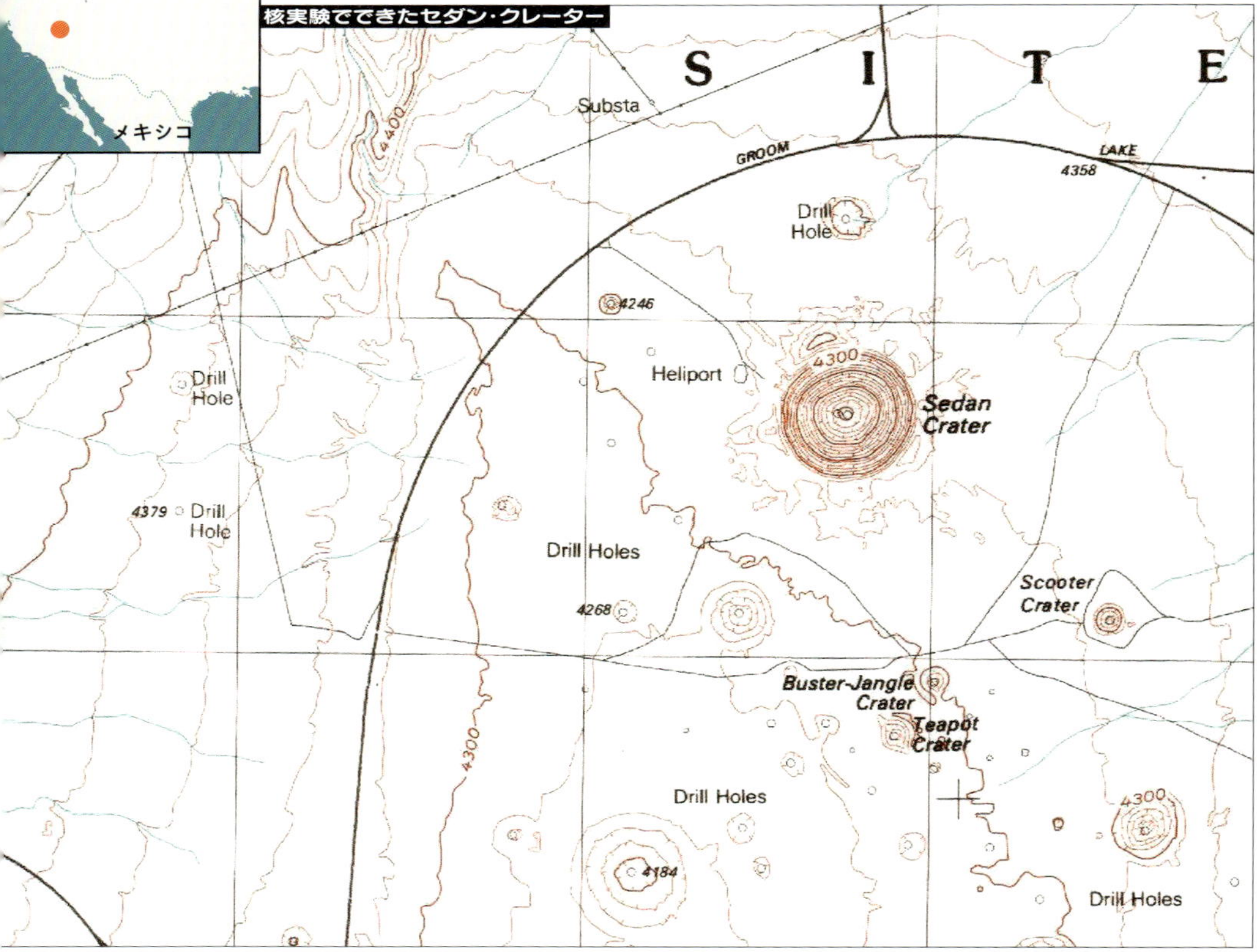

米国官製 1：24,000「Oak Spring (NV)」1986 年×0.9

溜池の中に日本列島がある理由

——伊丹・昆陽池

かつては東側のグラウンドなども池の水面だった

溜池の数で日本最多を誇る兵庫県。その中でも市街地の中にある昆陽池は奈良時代の高僧・行基が築造したとされるが、水面にはなぜか日本列島が。その理由は所在地が「伊丹市」であることがヒントになる。

埋め立てられる前の昆陽池とその周辺

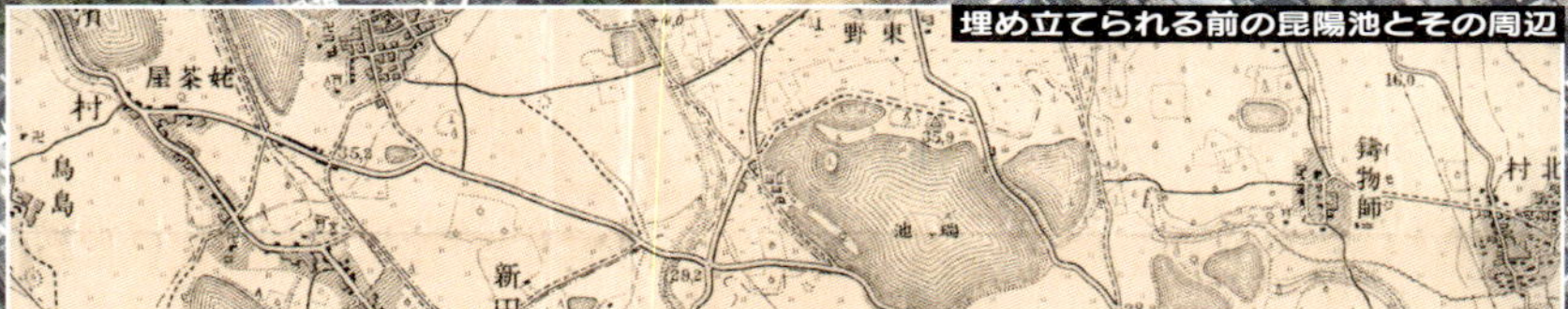

1:25,000「伊丹」昭和4年（1929）修正×0.9

周辺の市街化が進んだ現在の昆陽池

地理院地図 2024年2月14日ダウンロード

飛行機から眺められる小さな日本列島

奈良時代の高僧として知られる行基《ぎょうき》といえば、地図の世界では日本地図の「行基図」で知られている。饅頭の形をした国をいくつも連ねたシンプルな図案だが、彼は溜池も多数造った。その池を全部合わせたら相当な数になりそうだが、行基の年譜によれば天平3年（731）に摂津国川辺郡を実際に訪れ、昆陽上池と昆陽下池など5つの池や溝、それに「昆陽布施屋《こや》」を設けた記録もある。布施屋とは寺院が設けた救護施設・宿泊施設だ。これで行き倒れを免れた人は多い。現在の昆陽池《こやいけ》はこの記録にある昆陽上池と推定され、「猪名野《いなの》の昆陽池」は歌枕にもなった。

都道府県別では兵庫県が溜池の数で日本最多であるが、付近は大阪大都市圏に位置するため、特に高度経済成長期にはかなりの数が埋め立てられた。江戸時代には推定50ヘクタールあったとされる昆陽池も戦後に東側と南側が埋め立てられた結果、今では10・8ヘクタールの主部（島を含む）と4・2ヘクタールの貯水池部分を合わせて15ヘクタールと小さい（地理院地図で計測）。西国街道にあたる国道171号に面した伊丹市役所も池を埋め立てた土地にある。

昭和47年（1972）には昆陽池公園として整備され、翌48年に「地域のランドマークに」との伊丹市職員の発案で日本列島の形の「野鳥の島」を造成。この島は伊丹空港を離陸したばかりの航空機から間近に眺められる。その名の通り多くの野鳥をここで見ることができるという。

左上の図は同じ兵庫県の加古川市の東隣に位置する稲美《いなみ》町である。稲美町の名は昭和の大合併期に誕生した瑞祥（縁起を担いだ）地名で、一帯の印南野《いなみの》に由来する。明石川から加古川の間に位置する印南野台地は水を得にくく、古くから多くの溜池が存在した。このため溜池密度は日本有数という。図中で最大の加古大池は万治3年（1660）に姫路藩主榊原忠次が援助して築造を始めたが、天水だけでは水が不足がちのため、延宝5年（1677）に北を流れる草谷川の少し上流部から大溝（水路）を引いて安定化させている。

左下はここも溜池の多いことで知られる香川県丸亀市の土器《どき》川周辺で、表流水が乏しい土器川は涸れ川（破線）として描かれている。右端の大窪池は江戸前期の築造で、地形図ではわかりにくいが台地に挟まれた南北に長い谷（窪地）のため水量は安定していたという。左上に見える3つの池が集まった宝幢寺《ほうどうじ》池も同時期の築造で、かつて存在した宝幢寺が戦国時代の兵火で失われた跡地とされる。

兵庫県の中でも最も溜池が集中する東播エリア・稲美町

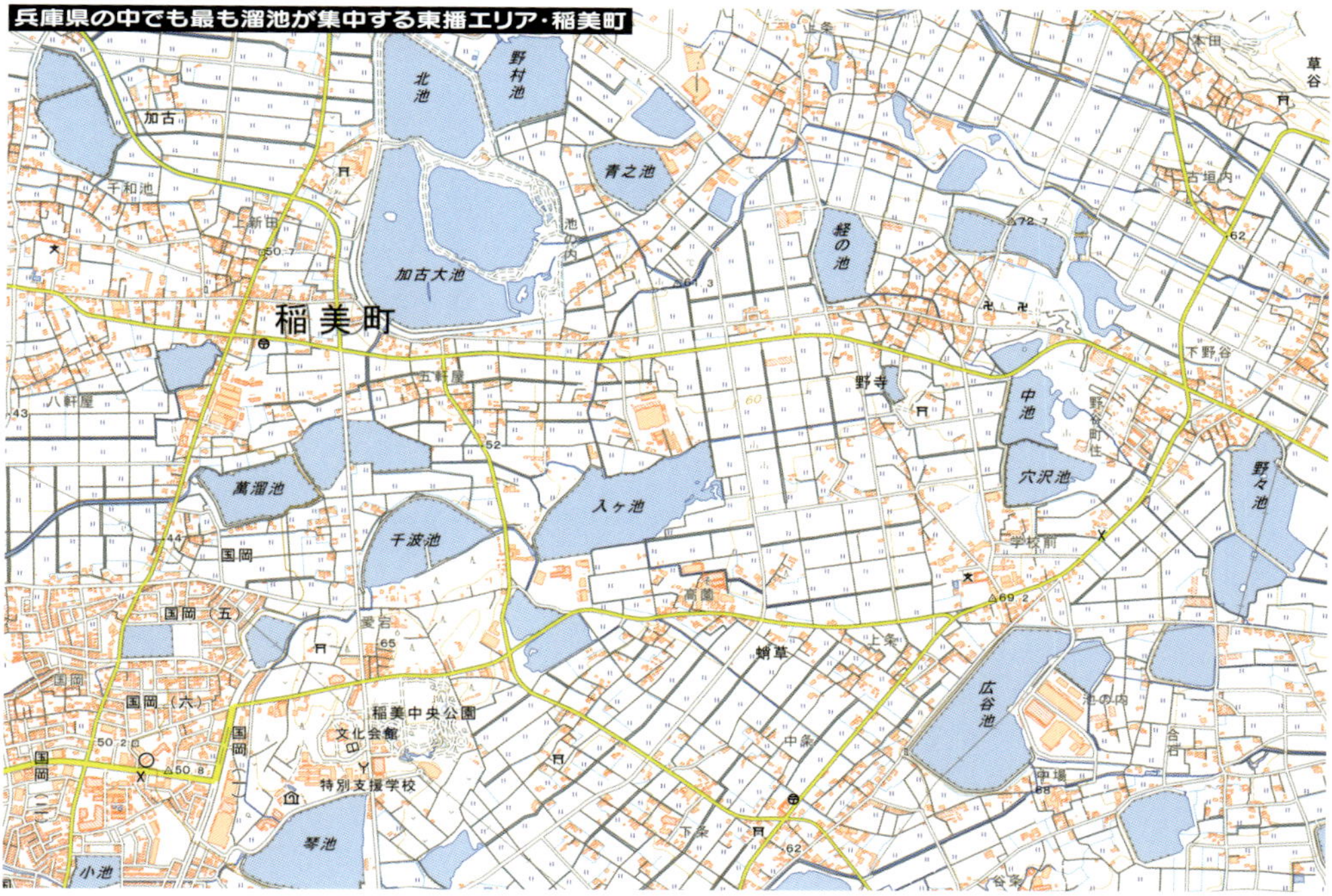

地理院地図 2024年2月17日ダウンロード

讃岐平野も溜池の宝庫（香川県丸亀市）

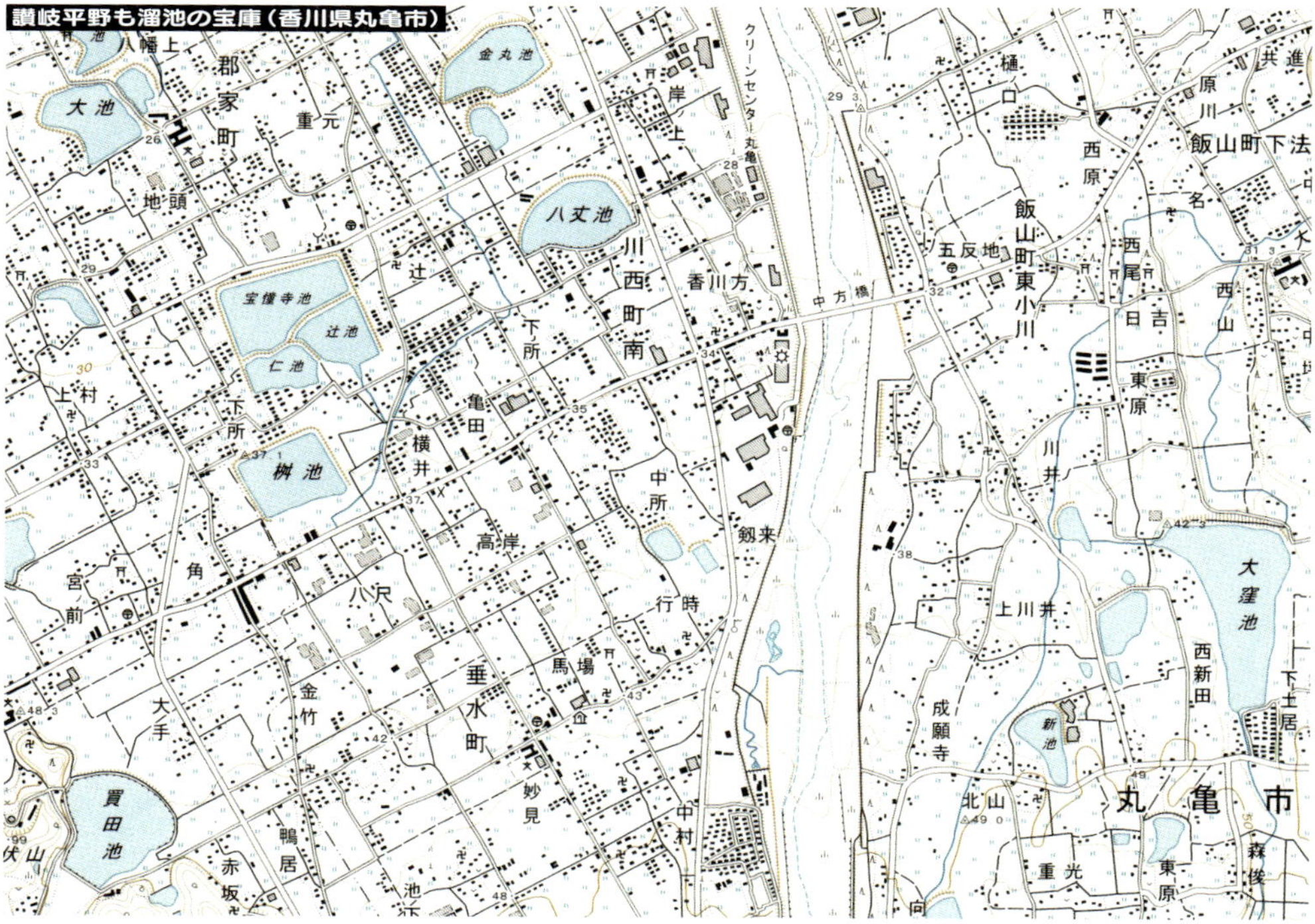

1:25,000「善通寺」平成18年（2006）更新×0.75

地図上に表れた円形

——横浜・米軍通信所跡

地上で見れば野球場がいくつもある広大な空き地に過ぎないが、上から見ればまん丸のエリアが印象的だ。地図上でこういう形を見つけたら、だいたいが軍関係の通信所とみて間違いない。時代は進んで直径１㎞の円形を確保する必要もなくなった。さてどんな跡地利用をするべきか。

鳥の頭に見える青森県の米軍姉沼通信所

地理院地図（写真）2024年4月10日ダウンロード

横浜市泉区和泉町と中田町にまたがる米軍深谷通信所跡地とその周辺

地理院地図 2024年4月9日ダウンロード

広大な円形を描く通信所の跡地

地図の中でひときわ目立つ円形は横浜市泉区の米軍深谷《ふかや》通信所の跡地である。横浜市営地下鉄ブルーライン立場《たてば》駅から大船駅行きのバスに乗れば、今でも現役当時のままの「通信隊前」という停留所を通る。円の中に9つもある野球場など運動場の利用者が乗降するのだろう。基地は平成26年（2014）には返還され、その後は防災拠点やスポーツ施設などを備えた公園として整備される予定だ。

戦前は日本海軍の通信基地で、西太平洋海域での送信力強化を目的に「東京海軍通信隊戸塚分遣隊」が設立され、戦争末期の昭和19年（1944）3月に開隊した。翌年には米軍に接収されてしまうから、結果的には占領軍にプレゼントしたようなものである。中央に建てられたアンテナから直径1㎞の円形に用地買収した理由は、電波干渉を防ぐためだという。

鳥の横顔を思わせるその右下の写真は、青森県三沢市にある米軍姉沼《あねぬま》通信所。青い森鉄道（旧東北本線）小川原《こがわら》駅は2・8㎞南西側にある。北側の水面が小川原《おがわら》湖、クチバシの下が姉沼だ。鳥の目の部分が「象のオリ（英語でもエレファント・ケイジと呼ぶ）」で、その愛称の通り、地上から見ると高い円形のフェンス状をしている。象の群れも収容できそうだが、その「フェンス」そのものが全方位アンテナだ。通信傍受衛星がなかった東西冷戦時代に無線を傍受するために建設されたものである。

左ページは船橋市行田《ぎょうだ》にある海軍無線電信所船橋送信所（通称・行田の無線塔）。大正4年（1915）に開所し、アメリカ本土との無線通信を初めて可能にした。関東大震災ではその被害状況を大阪の新聞社などにも伝えている。戦後は米軍が接収して昭和41年（1966）に返還、跡地は団地や学校、公園などとして利用されているのが図の変化からも読み取れる。

右下は沖縄県読谷村《よみたんそん》の楚辺《そべ》通信所である。ここにも通信傍受のための「象のオリ」があった。ここは激しい沖縄戦

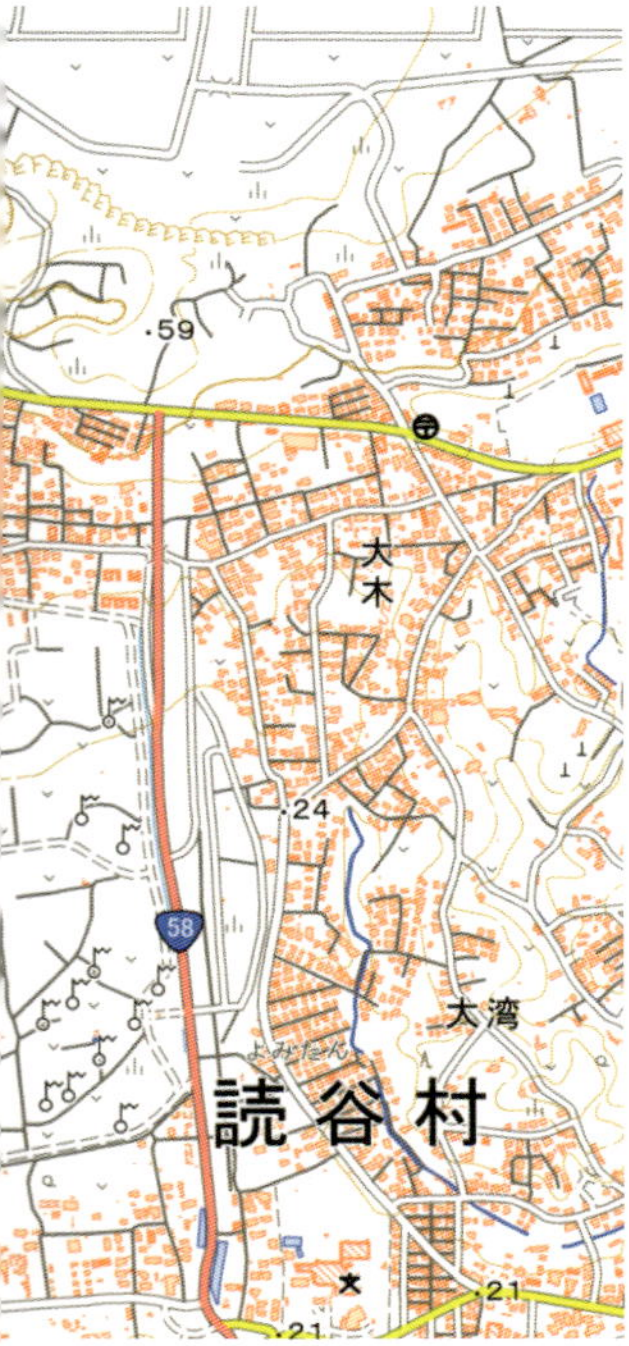

で最初に米軍が上陸した地点で、住民はそれに備えて国頭《くにがみ》村《そん》など県の北部に避難させられていた。敗戦後に地元に帰ったのもつかの間、昭和26年（１９５１）にアメリカ民政府はここに「トリイ基地」を建設するため全戸４００世帯に立ち退きを命じる。集落の元の位置は電波塔の記号が多数ある楕円形のあたりだ。平成28年（２００６）に基地は返還されたが、沖縄にきわめて過重な基地負担を強いる日本政府の姿勢はその後もまったく変わっていない。

1:25,000「船橋」昭和 2 年（1927）鉄道補入・原寸

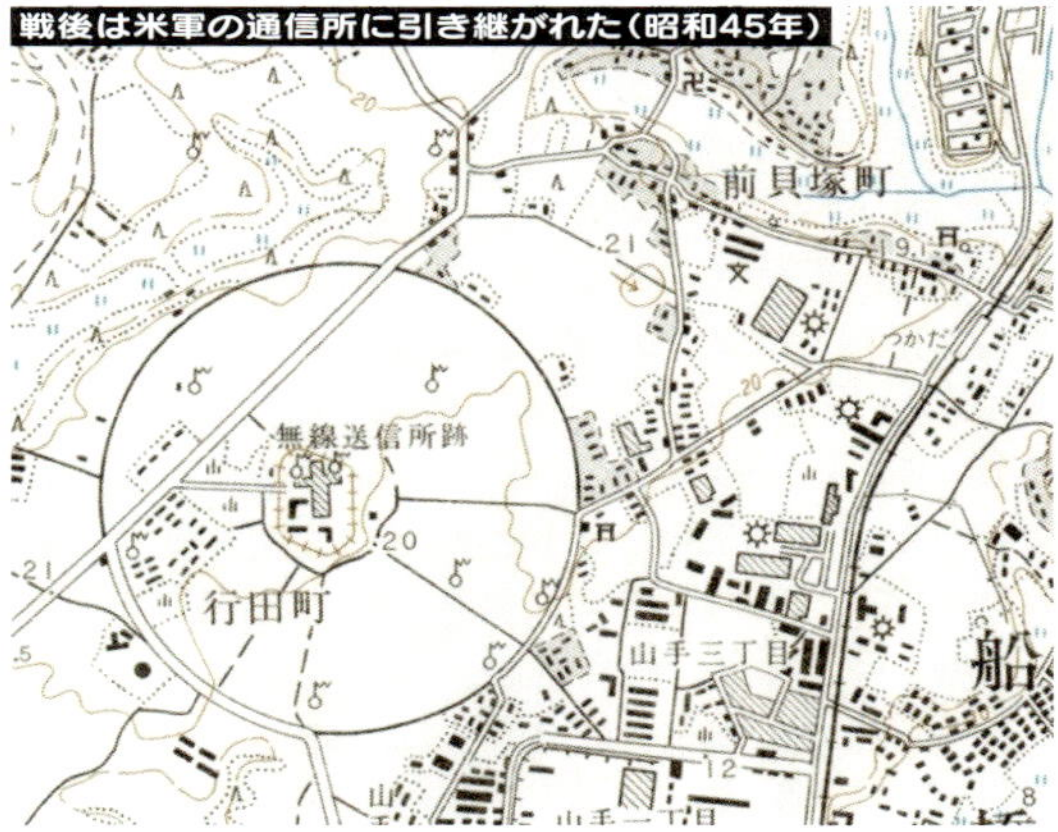

1:25,000「船橋」昭和 45 年（1970）修正・原寸

1:25,000「船橋」平成 19 年（2007）更新・原寸

地理院地図 2024 年 4 月 10 日ダウンロード

山の跡に敷き詰められたソーラーパネル
――千葉・富津

地球温暖化防止対策として設置が盛んに進められている太陽光発電。そのソーラーパネルは全国の休耕田や空き地、そして山の中まであらゆる場所に進出している。それでも大規模なものはこんな場所が最適だ。高度成長期に山砂を大量に採取した跡地である。

浅間山は跡形もなく姿を消し、山頂の神社は麓へ移転

1:50,000「富津」平成4年(1992)修正×0.7

山砂の採取が始まった頃の富津市中央部

1:50,000「富津」昭和46年(1971)編集×0.7

太陽光発電所が広がっている現在

地理院地図2024年4月5日ダウンロード

山砂採取が始まる前の
君津郡大佐和町と
天羽町（いずれも現富津市）

1:200,000「横須賀」昭和 32 年（1957）編集×0.7

山砂・山砂利の採取場が太陽光発電所に

再生可能エネルギーの世界的シェア拡大に伴って、日本でも太陽光発電所は急増している。福島第一原子力発電所の過酷な事故の反省からドイツではいち早く脱原発を決めてすでに実行済みだが、当事者だったはずのこちらの国民は「喉元過ぎれば熱さ忘れる」で、政府はせっせと原発見直し気運の醸成につとめている。

こちらは千葉県富津《ふっつ》市の東京湾から2㎞ほど山側へ入った場所で、左下の地理院地図に記されたのは「グリーンパワー富津太陽光発電所」と「富津ソーラー発電所」。図では空地のように見えるが、実際にはソーラーパネルがびっしり敷き詰められた状態だ。

実はこの土地、かつては山砂・山砂利の採取場であった。高度経済成長期、まさに首都圏が建設ラッシュに沸いていた頃の話である。東京近辺の川砂利は取り過ぎて河床低下が深刻となって採取禁止に。海砂は塩分除去が厄介だ。そこでターゲットになったのが東京の近場で比較的新しい地層から成る房総の山砂で、地質図によれば主に第四期更新世の258万年前〜77万年前の海成層である。

最盛期の平成2年（1990）頃にはこれが毎年約4000万トン（2500万㎥）も採取されていた。1辺300m弱の立方体が毎年消えた勘定だからすごい勢いである。当初はダンプカーによって運ばれて「ダンプ公害」が深刻だったが、後にベルトコンベアで採取場から海まで運んで船積みする方法も行われた。参考までに令和3年（2021）度には1475万トン（922万㎥）まで下がっている。

左ページは高浜原子力発電所（全4基が稼働中）、黒部川の黒三および新黒三水力発電所、愛知県の碧南《へきなん》火力発電所、そして北海道幌延《ほろのべ》町のオトンルイ風力発電所を地理院地図で見たものである。原子力発電所は大量の冷却水を必要とするため日本国内は例外なく海岸沿いだ。津波のリスクは東日本大震災で注目されたが、先頃は敦賀《つるが》原子力発電所直下の断層が活断層であることが否定できないとの判断から運転が事実上不可能となっている。日本列島の中に果たして原発の適地があるのか冷静に検討する時期だろう。左端は風力発電所で「風車」の記号が続くが、その長さは3・2㎞に及ぶ。地球温暖化の観点からは好ましいとはいえ、景観の点では課題が否めない。

稚内から南へ約50kmの砂浜に位置するオトンルイ風力発電所

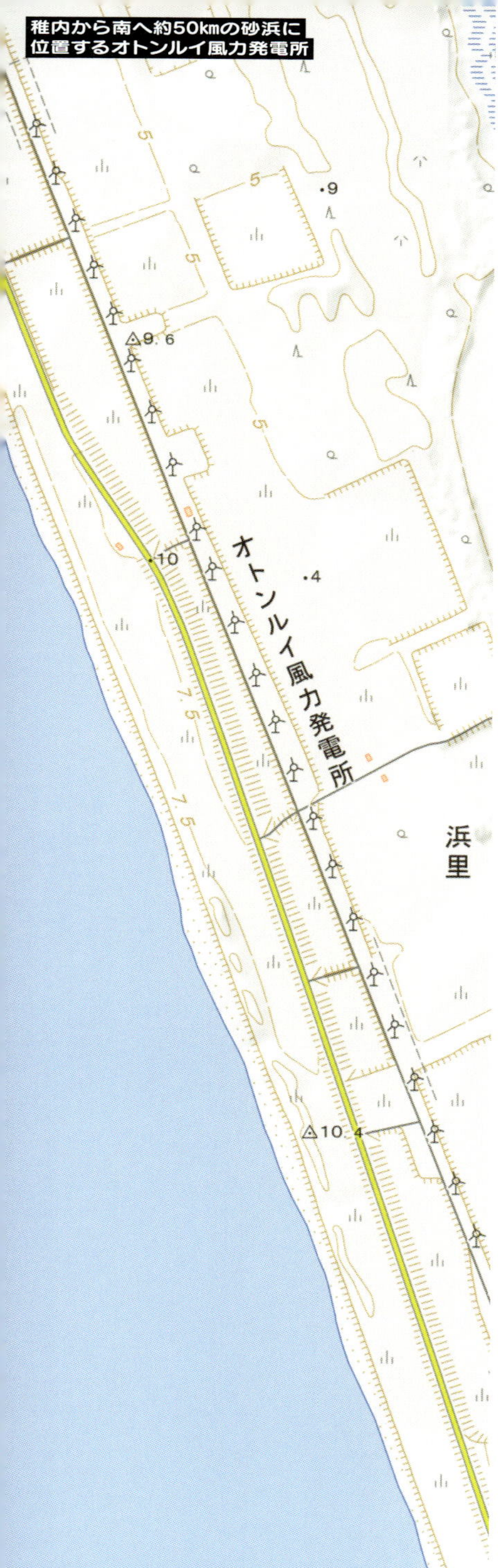

3.2kmにわたって風車が並ぶ。

地理院地図 2024年4月5日ダウンロード

福井県の若狭湾に面した高浜原子力発電所

地理院地図 2024年4月5日ダウンロード

黒部峡谷に設けられた黒三・新黒三の水力発電所

地理院地図 2024年4月5日ダウンロード

愛知県の衣浦湾に面したJERAの碧南火力発電所

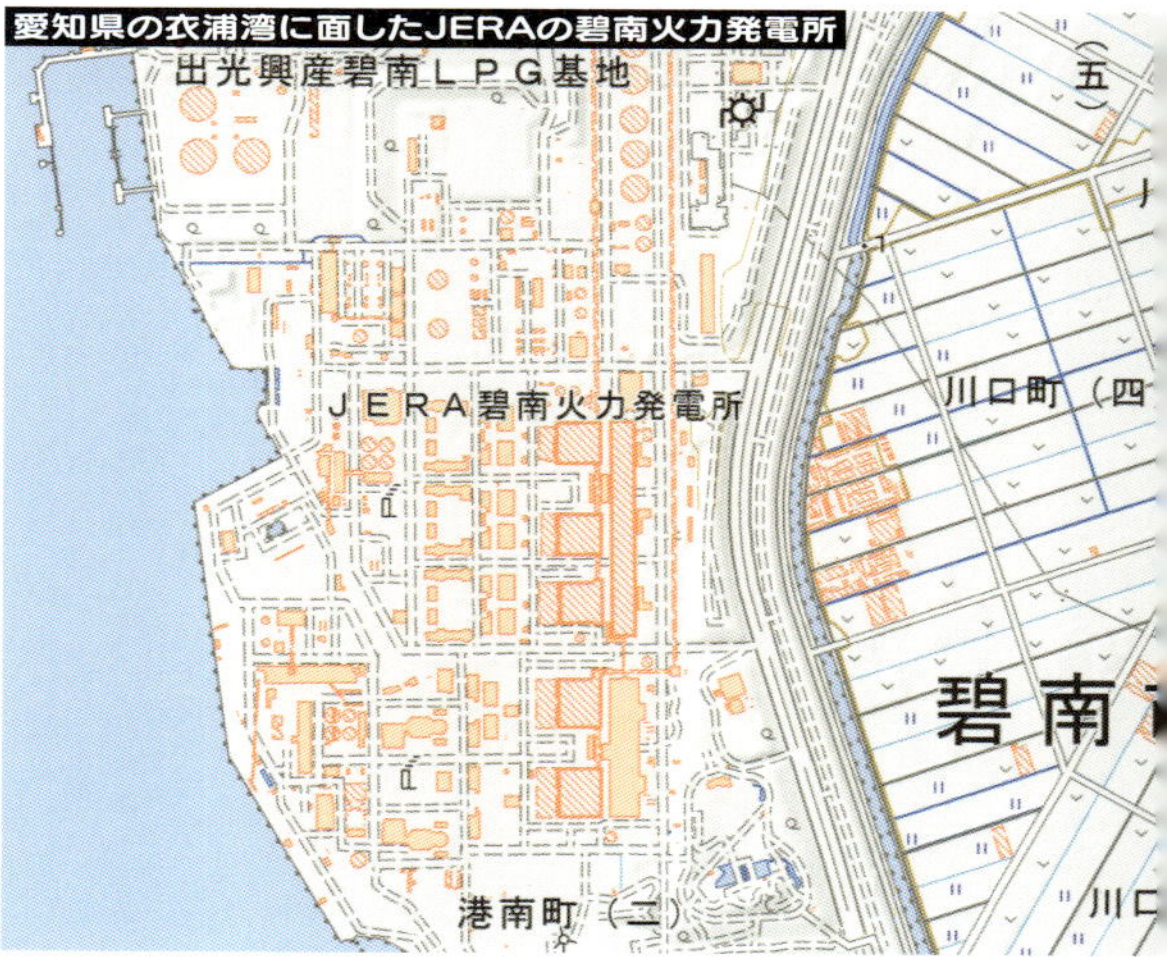

現在は石炭火力だが、アンモニアへの転換を目指す。

地理院地図 2024年4月5日ダウンロード

山をごっそり削った土は関西空港へ

——和歌山・加太

和泉山脈の西端で淡路島を指呼の間に望むこの地はかつての要塞地帯。地形図が公開されたのは太平洋戦争後のことだった。その山並みは80年代後半から軒並み崩されていく。泉州沖に造成が決まった関西国際空港用地の埋め立てのためである。採取跡地は工業団地となるはずがバブル崩壊でしばらく放置、今では太陽光発電所としてソーラーパネルが並ぶ。

切り崩される前の鶴部ヶ岳などの山並み

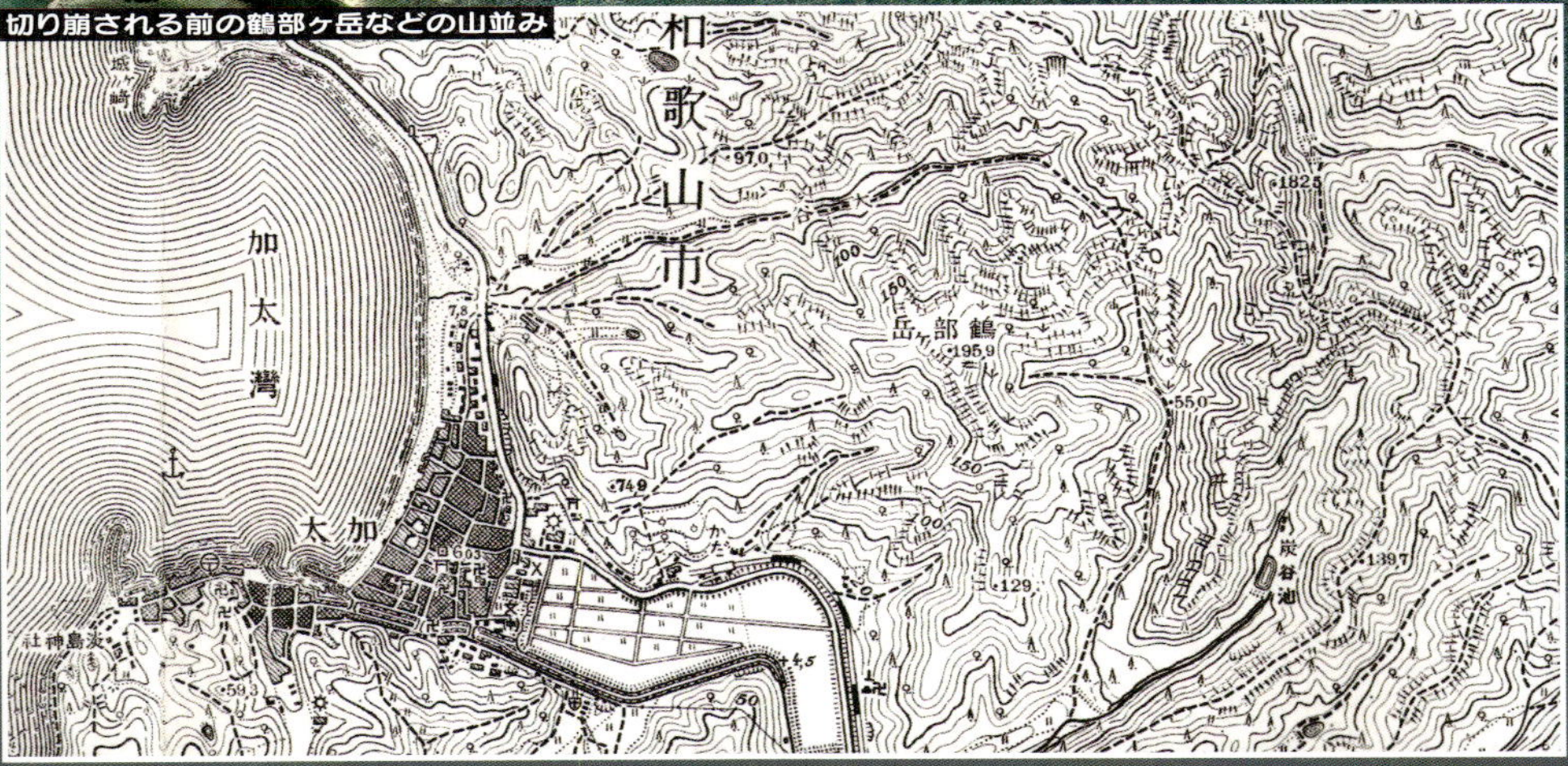

1:25,000「加太」昭和33年（1958）資料修正

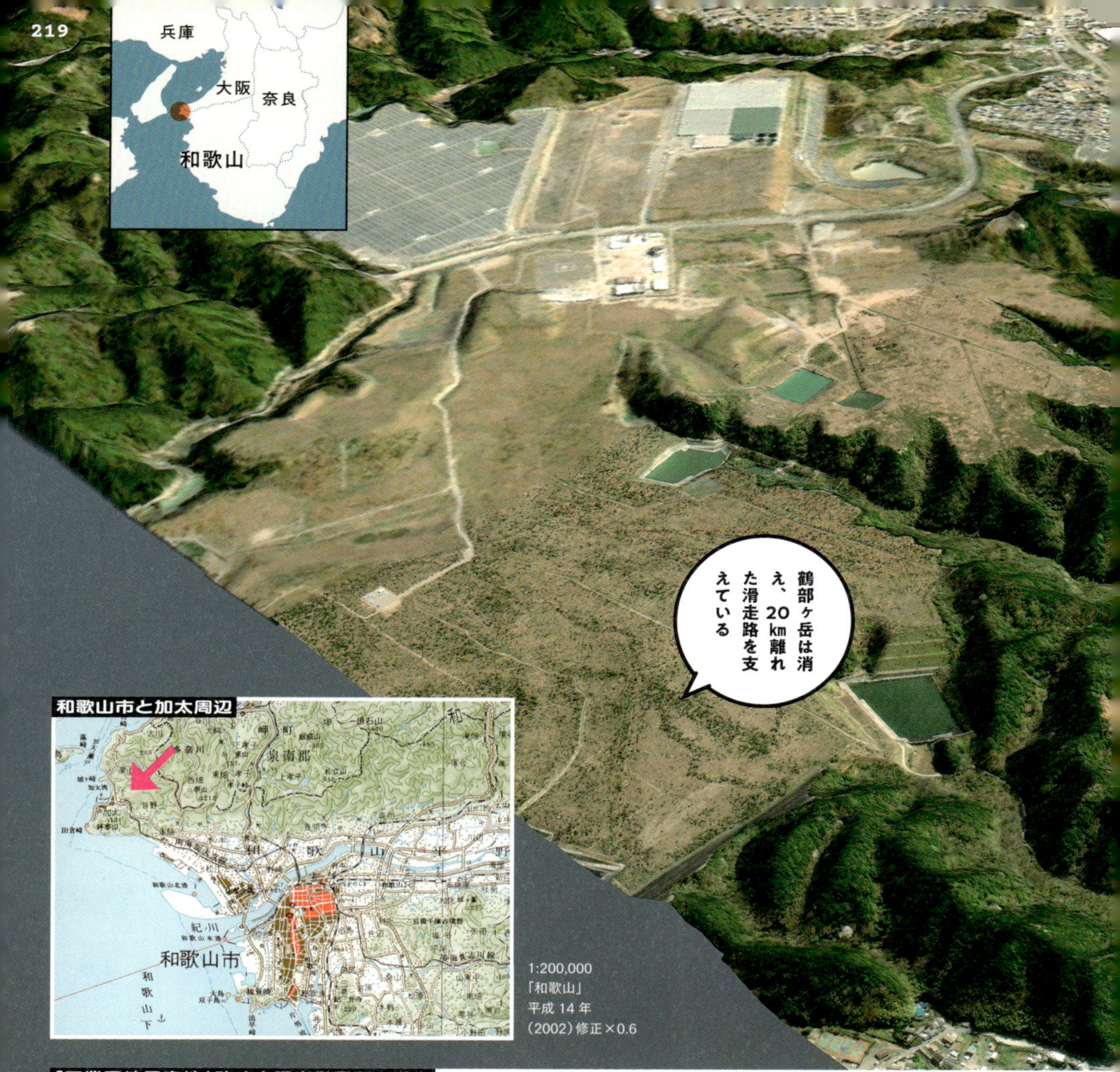

1:200,000
「和歌山」
平成 14 年
(2002) 修正×0.6

「工業団地予定地」改め太陽光発電所の現在

地理院地図 2024 年 4 月 26 日ダウンロード

山地を切り崩し等高線の様相が一変

和歌山市の北西端、紀淡《きたん》海峡に面した加太《かだ》は古代官道の南海道の経路にあたる。ルートは畿内からこの地を経て淡路から四国へ通じていた。海峡の好漁場であるため漁港の町でもあり、中でも鯛の一本釣りは知られている。

高度経済成長期を経て航空機利用者の激増に伴い、伊丹空港に取って代わる新空港が検討されたが、決定した場所は加太から20㎞ほど離れた泉州沖―現在の関西国際空港である。海上空港なので膨大な土砂が必要で、昭和63年（1988）から加太町の背後に広がる山地を切り崩すこととなった。約2・5㎢に及ぶ区域の土砂が約3㎞に及ぶ長いベルトコンベアで和歌山市の最北端にある大川港まで運ばれ、船積みされた。

土砂の採取跡地は工業都市「コスモパーク加太」として多くの企業を誘致する当初の計画だったがバブルが崩壊、しばらく放置された後に太陽光発電所への転用が決まったのである。再生可能エネルギーの固定価格買い取り制度も追い風で、図の通り太陽光発電所が建設された。

218ページの右図は土砂採取前の状態で、中央に見える鶴部《つるべ》ヶ岳は標高195・9mに及んでいたのが、左図では完全な平坦地になっている。この位置を現在の「地理院地図」に重ねると標高はわずか90mだから105m低い。その1㎞ほど北側の巽獄山《そんごくさん》（221・9m）は75mまで、つまり高さにして147mも削られたことになる。ついでながら、その更地に降った雨が流れ込む阿振《あぶり》川下流部の谷間には明治期から重砲兵営があった。要塞地帯である紀淡海峡に睨みを利かせる砲台の背後である。そんな場所のため和歌山付近の地形図は一般向けには販売されず、等高線のある地図を市民が目にしたのは第二次世界大戦後のことだ。

加太ほどでなくても、等高線の様相がまるっきり変わった場所は探せば意外に多い。左は愛知県の知多半島の先端部分に位置する師崎《もろざき》町付近で、一帯は5町村が昭和36年（1961）に合併して南知多町になっている。上の図に見える尾根と谷が交錯する丘陵特有の地形が明らかに平坦化された。これは昭和51年（1976）度から平成6年（1994）にかけて大規模に行われた「国営農地開発事業南知多地区」で、岐阜県の兼山《かねやま》ダムで取水してはるばる100㎞を超えて通じている愛知用水を利用するものだ。当時は中京圏のキャベツの供給地として知られていたが、これほど大規模な地形改変が自然環境に及ぼした影響は甚大だろう。

1:25,000「師崎」昭和 34 年（1959）修正×0.9

1:25,000「師崎」平成 9 年（1997）修正×0.9

●目潟・戸賀湾：男鹿半島・大潟ジオパーク＞男鹿目潟火山群ジオサイト

●米丸・住吉池の活動時期：気象庁＞日本活火山総覧（第4版）Web 掲載版＞88. 米丸・住吉池＞噴火活動史

P124

●大路池の面積・水面標高・海からの距離：地理院地図で実測

●大路池の出現年代：火山土地条件図「三宅島」裏面解説（国土庁 1987）

●古澪、新澪など：津久井雅志ほか「三宅島火山の形成史」（地学雑誌 110（2）156 − 167,2001）

●八重間マールの呼称：三宅島の見所スポット〔坪田エリアのジオスポット〕

P128

●伊豆急の標高関係：「伊東下田間線路縦断面図」伊豆急行技術課

●大室山と溶岩台地の形成：土地条件図「伊東」裏面解説

●その際にスコリアだけでなく大量の溶岩が：伊豆半島ジオパーク＞大室山

P132

●タフコーンとタフリング：ウィキ英語版＞ Phreatomagmatic eruption

●同上 『地形の辞典』＞タフリング

●ハナウマ湾：海食でつながった：ウィキ英語版 Koko Head

P136

●中央構造線の概論：大鹿村中央構造線博物館＞中央構造線ってなに？

P140

●横当島：『SHIMADAS』p1394

●一等三角点の設置：基準点成果等閲覧サービス

●青ヶ島：『SHIMADAS』p222

P144

●岩の数 25：現地案内図（2017 年 10 月写真 886 コマ）による

●長さ 870 m：地理院地図上で計測

●権現島など：「火山学者に聞いてみよう - トピック編 -」三宅康幸（信州大学・理学部・地質科学教室）02/24/03

●萩市 HP ＞（7）世界でもめずらしい火山地形が見られる活火山－阿武火山群

●笠山：現地案内看板：今尾撮影 2009 年 6 月 14 日

P146

●丹那断層の火雷（からい）神社：火雷神社（静岡県田方郡函南町田代 57）の案内看板

●日本経済新聞デジタル＞ねじメーカーが集積する東大阪（謎解きクルーズ）生駒山の水車 発展の源流 金属を細く延ばす動力

P150

●鮭の聖地の物語＞ Episode11 パイロットファームと格子状防風林

●北海道開発局 開局 70 年＞北海道開発のあゆみ＞酪農王国・北海道の始まり－根釧パイロットファーム

P154

●アオ取水は月 2 回、現在は行われていない：水資源機構筑後川局 Q&A（アオ取水は現在も行われているのか）

P158

●丸山千枚田サイト

●大山千枚田：安房文化遺産フォーラム＞安房の自然とくらし＞嶺岡山系の棚田と嶺岡牧

P162

●『わたしたちの山古志』山古志村教育委員会 1981 年

●山古志のコト＞泳ぐ宝石・錦鯉の発祥地は山古志だった！

●愛媛は全国 No.1 の水産王国＞みんなで食べよう えひめのおさかな

●愛知県のウナギ養殖：「全国のプライドフィッシュ」＞愛知県

P170

●関東ロームの定義：『地形の辞典』

P174

●株式会社野上緑化＞砺波散居の屋敷林について＞ 1. 屋敷林の変遷

●築地松景観保全対策推進協議会（出雲市役所建築住宅課）＞築地松とは

●胆沢扇状地：『角川日本地名大辞典』＞胆沢扇状地

立正大学地球環境学部地理学科＞今月の地理写真＞散居村の秋

P178

●火砕流の定義など：『地形の辞典』＞火砕流・火砕流台地

●美瑛の地形：「十勝岳ジオパーク 美瑛・上富良野エリア」＞波打つ丘

P180

●田の分類：大日本帝国陸地測量部『地形図図式詳解』昭和 10 年改訂 96 頁

P188

●北海道新聞＞「もう一つの五稜郭 長野・龍岡城跡 城内の小学校 カメラが見つめた最後の 1 年」

●中村勝実『もう一つの五稜郭』出版社：櫟 1982 年 236 ページ（国立国会図書館デジタルコレクション）

P192

●古墳の数・大阪府の順位：古墳にコーフン協会サイト（文化庁資料より）

●古市古墳群の形態別の数：藤井寺市＞古市古墳群ってなに？

P196

●『日本歴史地理用語辞典』藤岡謙二郎ほか編 柏書房 1981 年

● NHK 人間大学テキスト「景観から歴史を読む」足利健亮 1997 年 7 月～ 9 月期

P198

ヴェネツィアの運河数と距離：ウィキ独語版 Venedig ＞ Kanäle und Brücken

P200

●イザベラ・バード：『イザベラ・バードの日本紀行』時岡敬子訳 講談社学術文庫 2012 年 14 刷 p. 270

P204

●地殻均衡：『地形の辞典』＞アイソスタシー

●クレーターの深さ：地形図の読み取り（西のピーク 5723 フィート－最低点 5123 フィート＝ 600 フィート＝ 182.88 m）

●数値などはウィキペディア・英語版、ドイツ語版による

P208

●昆陽池の面積：地理院地図での計測（日本列島を含む）

P212

●横浜市「深谷通信所跡地利用基本計画」平成 30 年 2 月

●沖縄テレビ＞「読谷村楚辺集落」強制立ち退きの記憶 苦難の歴史を後世に伝えるために

P214

●浅間山の神社が麓へ移転：“房総の富士山”を跡形もなく削り取る

P216

●須藤定久ほか「房総半島の山砂利資源－開発と環境を見つめる－」地質ニュース 605号 36～39ページ 2005年1月

●経済産業省製造産業局素材産業課 国土交通省水管理・国土保全水政課「令和 3 年度砂利採取業務状況報告書集計表」令和 6 年 7 月

P220

●加太：日本加除出版『住民行政の窓』今尾連載より

●あいちの都市・農村交流ガイド＞国営農地開発事業南知多地区

●完了地区フォローアップ調査 南知多地区

＊インターネットの URL は省略しました。

出典・参考文献

P12
- 「形成される沿岸の性格で分類した砂嘴のタイプ」武田一郎　奈良大地理 vol. 29, 2023

P16
- 『地図でみる西日本の古代』島方洸一編集統括　平凡社　2009年　p.156～159
- 「由良の門･成ヶ島の要塞　歴史さんぽ」＞1. 由良の歴史

P20
- ときに外海とつながる：七山太ほか「イベント堆積物を用いた千島海溝沿岸域における先史～歴史津波の遡上規模の評価－十勝海岸地域の調査結果と根釧海岸地域との広域比較－」活断層・古地震研究報告　No. 2, p. 209-222, 2002（この3枚目）
- 湧洞沼の由来：『北海道地名分類字典』本多貢　北海道新聞社

＊湧洞沼の地理院地図での「実測」結果：4.44㎢
＊国土地理院「平成26年全国都道府県市区町村別面積調」による：4.43㎢

P24
- 海岸線の後退速度は年1m：「海蝕崖の崩落土砂の漂砂系への供給メカニズム」渡辺剛士ほか（2008）海洋開発論文集第24巻　2008年7月

P28
- 土佐湾沿いの海成段丘：日本地質学会＞室戸半島の第四期地殻変動と地震隆起（前杢英明）
- 枦山－西山台地：室戸ユネスコ世界ジオパーク＞ジオパークマップ＞吉良川
- 小丸川や平田川による砂礫層：「川南町の埋蔵文化財　遺跡詳細分布調査報告書」＞1. 川南町の地質と地形の概括・5段落冒頭

P36
- 湖の数：「ウィキペディア」ドイツ語版＞Finnland＞Geologie
- 島の数：同ドイツ語版＞多島海（Schärenmeer）

P37
- ドイツ語ウィキListe europäischer Inseln nach Fläche（50～100km2）
- 多島海･参照:Finnland Rundreisen＞Küsten- und Schärengebiet

P40
- バスが通じたのが昭和49年：角川「由良半島」

P44
- 山田茂昭「更新世における南琉球弧のサンゴ礁発達史と造構運動」（学位論文）熊本大学大学院自然科学研究科環境科学専攻 p. 156～164
- 山田茂昭ほか「多良間島の第四系琉球層群と水理地質的特徴」
- 国土庁・沖縄県「土地分類基本調査　沖縄本島周辺離島」p. 14

P46
- 国土地理院の島の定義：国土の情報に関するQ&A＞日本の島の数は

P50
- 蛇行する勾配:国交省河川局（信濃川の）河道特性＞上流部
- 六角川の河川勾配：『角川日本地名大辞典』＞六角川「河口から18キロ地点までは2万分の1ぐらい」と地理院地図での実測を併せて算出した
- 海水の遡上距離：ウィキ
- 八町の地名の由来：『角川日本地名大辞典』＞八町

P54
- 久留里～亀山間の河道距離：地理院地図にて実測
- 「掘切」:『角川日本地名大辞典』＞小櫃川
- 亀山ダム：ウィキ

P58
- 距離：グーグルマップで測距
- グリーンヴィル：ウィキ・ドイツ語版

P62
- 距離：グーグルマップで測距

P70
- 伊那谷の河岸段丘の形成：「日本の地形千景プラス」＞長野県：伊那盆地の天竜川右岸

P74
- 信砂川の左岸側が隆起：『角川日本地名大辞典』＞信砂川

P78
- ヘロドトスが命名：『地形の辞典』朝倉書店 p. 302
- 三角州性扇状地：「日本の地形千景プラス」＞静岡県：天竜川と扇状地（三角州性扇状地）

P86
- 日本の地形千景プラス＞京都府：木津川中流右岸の天井川群
- 日本の地形千景プラス＞岐阜県：養老山地東山麓の扇状地（般若谷など）

P90
- サスケハナ川が先行河川：ウィキ・ドイツ語版＞サスケハナ川＞Geologie
- 吉野川が讃岐山脈に敗北：産総研「香川をつくった1億年の歴史」＞研究の内容
- 阿賀野川が先行谷：国土交通省阿賀野川河川事務所「きらり四季彩阿賀野川」＞先行谷と河岸段丘

P94
- 山岳名：スイス国土地理院の電子地形図より
- アレッチ氷河の数値：ウィキ・ドイツ語版
- 氷河表面メディアルモレーン：『地形の辞典』＞モレーン
- 小窓など：「日本の地形千景プラス」＞富山県：剱岳の氷河地形

P96
- 石狩川の長さ：帝国書院『新選詳図』帝国之部 昭和9年（1934）発行
- 帝国書院『新撰詳図』帝国之部　昭和9年（1934）発行　3頁
- 冨山房『大日本地名辞書』吉田東伍　明治35年（1902）発行　昭和14年（1939）再版発行　116頁

P104
- 地質調査総合センター＞浅間火山の概略
- 日本火山学会＞第10回公開講座＞浅間火山の地質と活動史（高橋正樹）

P108
- 箱根火山全体：箱根ジオパーク＞箱根ジオパークについて
- 箱根町＞箱根火山のおいたち
- 二子山の形成年代：笠間友博「箱根二子山の形成と謎」（「自然科学のとびら」第17巻3号　2011年9月15日発行
- 東海道のルート変更

国交省関東地方整備局横浜国道事務所＞東海道への誘い＞
- 芦ノ湖の形成：箱根ジオパーク＞H7芦ノ湖

P112
- 大平台の緩斜面形成：「日本の地形千景プラス」神奈川県：早川渓谷
- 駅の標高12メートル低下：「箱根登山電車ご利用のお客さまへ」箱根登山鉄道プレスリリース　2013年11月29日

P116
- チャチャのアイヌ語：『地名アイヌ語小辞典』知里真志保
- 活火山:気象庁＞活火山とは＞「活火山」の定義と活火山数の変遷

爺爺岳の標高表記（単位メートル）：韓国1819　英語1819　ベラルーシ語1819　ロシア語1819　ウクライナ語1819　ブルガリア語1819（1822または1772）　フランス語1819　ポーランド語1819　ポルトガル語1819　中文1822
- 爺爺岳のカルデラ埋積：気象庁＞北海道地方の活火山＞爺爺岳

P120
- シャルケンメーレン・マールの寸法：現地の案内看板による

今尾恵介（いまお・けいすけ）

地図研究家。1959年横浜市出身。明治大学文学部ドイツ文学専攻中退。一般財団法人日本地図センター客員研究員、日本地図学会「地図と地名」専門部会主査などを務める。著書に『地図マニア 空想の旅』（集英社インターナショナル／第2回斎藤茂太賞受賞）、『今尾恵介責任編集 地図と鉄道』（洋泉社／第43回交通図書賞受賞）、『地名崩壊』（角川新書）、『地図帳の深読み』（帝国書院）、監修に『日本200年地図』（河出書房新社／第13回日本地図学会学会賞作品・出版賞受賞）など多数。

不思議《ふしぎ》3D地形図鑑《ちけいずかん》

2025年1月30日　第1刷発行

著　者　今尾恵介

編集協力　竹田宏之（Maxar intelligence Inc.）
雑賀崇志、吉田順平
（一般財団法人リモート・センシング技術センター）

装　丁　鯉沼恵一（ピュープ）

発行者　宇都宮健太朗

発行所　朝日新聞出版
〒104-8011 東京都中央区築地5-3-2

電　話　03-5541-8832（編集）　03-5540-7793（販売）

印刷所　大日本印刷株式会社

Published in Japan by Asahi Shimbun Publications Inc.
ISBN 978-4-02-252028-9
定価はカバーに表示してあります。